职业教育土建类系列教材

工 程 制 图

（第三版）

刘秀芩　杨桂林◎主编
朱恒英◎主审

中国铁道出版社有限公司

2024年·北京

内 容 简 介

本书主要介绍制图基本知识，投影作图的原理与方法，铁路工程图、房屋建筑工程图的内容、特点，以及各类典型图样作图的基本技能，简述了机械图的一般知识，以适应土建类学生阅读机械图的需要。本书配套出版《工程制图习题集》，注重训练指导，培养学生读图和绘图能力。

本书面向职业院校工程类专业，可作为铁道工程、建筑工程、地下与隧道工程、工程造价、工程测量等专业的教材，也可作为企业培训用书。

图书在版编目（CIP）数据

工程制图/刘秀芩，杨桂林主编 . —3 版 . —北京：
中国铁道出版社有限公司，2024.3
职业教育土建类系列教材
ISBN 978-7-113-28492-3

Ⅰ.①工…　Ⅱ.①刘…②杨　Ⅲ.①工程制图-职业教育-教材　Ⅳ.①TB23

中国版本图书馆 CIP 数据核字（2021）第 215911 号

书　　名：**工程制图**		
作　　者：刘秀芩　杨桂林		

策　　划：陈美玲		
责任编辑：陈美玲	编辑部电话：(010)51873240	电子邮箱：992462528@qq.com
封面设计：崔丽芳		
责任校对：苗　丹		
责任印制：赵星辰		

出版发行：中国铁道出版社有限公司（100054，北京市西城区右安门西街 8 号）
网　　址：http://www.tdpress.com
印　　刷：三河市宏盛印务有限公司
版　　次：1980 年 10 月第 1 版　2024 年 3 月第 3 版　2024 年 3 月第 1 次印刷
开　　本：787 mm×1 092 mm　1/16　**印张**：18.25　**插页**：3　**字数**：483 千
书　　号：ISBN 978-7-113-28492-3
定　　价：69.00 元

前　　言

　　《工程制图》于 1980 年 10 月出版，《工程制图》（第二版）于 1995 年 11 月出版，本教材是在前两版的基础上修订而成的。本教材保留了第二版的主要内容和特点，突出对学生分析问题、解决问题能力的培养，注重开发学生智力、调动学习兴趣，加强对学生绘图与识图实践的指导与训练。教材中编入了适量的综合题，按分析、作图、检验的步骤示范。自始至终贯彻绘图与识图并重的原则，对典型图样作出绘图方法与步骤的指导，包括草图画法，逐步提高学生绘图与识图的能力。本教材概念准确、重点突出、结构严谨、符合认识规律，且插图直观清晰、具有示范性。

　　相对于第二版，本次修订内容主要包括：

　　1. 针对现行技术制图标准、建筑类制图标准、机械制图标准和相关专业标准全面修改。例如《房屋建筑制图统一标准》（GB/T 50001—2017）、《几何公差形状、方向、位置和跳动公差标注》（GB/T 1182—2018）、《铁路工程制图标准》（TB/T 10058—2015）、《铁路工程图形符号标准》（TB/T 10059—2015）等。

　　2. 第一篇第一章制图工具和用品中，减少了不常用的工具和用品内容。

　　3. 在投影基础部分，减少了画法几何的理论知识，突出直观教学，降低学习难度。在目前较少的学时数安排中，突出重点，更好地体现对后续专业图学习的支撑作用。例如，除了正投影概念中涉及投影轴，全书不出现投影轴，这与制图标准、实际工程图样是一致的；第二版中第二篇第二章（点、直线、平面的投影），在本教材中缩减为第一章第三节（体表面上点、直线、平面的投影）。

　　4. 取消了第二版教材"计算机绘图简介"的相关内容。

　　与本教材配套出版的有《工程制图习题集》（第三版），其内容与教材各章节紧密配合。

　　本教材由天津铁道职业技术学院刘秀芩、杨桂林主编，天津铁道职业技术学院朱恒英主审，天津铁道职业技术学院任小满、李小林老师参加了部分章节内容审阅。

　　具体编写分工：杨桂林编写绪论、第一篇、第四篇，刘秀芩编写第二篇，武汉铁路桥梁职业学院杨振铸编写第三篇。

编　者

2024 年 1 月

目　　录

绪　　论

一、工程图样及其在生产中的作用

图样：根据投影原理、标准或有关规定，表示工程对象，并有必要的技术说明的图。

例如在建造房屋、桥梁及制造机器时，设计人员要画出图样来表达设计意图，生产部门则依据设计图纸进行制造、施工。技术革新、技术交流也离不开图样。因此，在现代化生产中，工程图样作为不可缺少的技术文件，起着十分重要的作用，被比喻为工程界的"语言"。对于铁路工程技术人员，学好这门"语言"，正确地绘制和阅读工程图样，是进行专业学习和完成本职工作的基础。

工程图样示例如图绪1所示。该建筑物的立体形状如图绪2所示。

在生产实践中，人类很早就用图形来表达物体的形状结构。如在1100年我国宋代李诫所著的建筑工程巨著《营造法式》中，用大量插图表达了复杂的结构，较正确地运用了正投影和轴测投影的方法，如图绪3所示。

经过长期的实践和研究，人们对工程图样的绘制原理和方法有了广泛深入的认识。1795年法国科学家蒙日发表了《画法几何》，系统地阐述了各种图示、图解的基本原理和作图方法，为工程制图提供了理论依据，并在此后两个多世纪得到广泛应用和长足发展。

我国制定了各个专业领域的制图标准，对工程制图进行全面规范。国际标准化组织也制定了ISO制图标准，为国际技术交流提供依据。

二、本课程的内容、学习要求和方法

工程制图是一门介绍绘制和阅读工程图样的原理、规则和方法，培养绘图技术，提高空间思维能力的学科，是工科土建类专业的一门重要的、实践性很强的技术基础课。

（一）课程内容

1. **制图基本知识**——介绍制图工具和用品的使用及保养方法，基本的制图标准和平面几何图形的画法。

2. **投影作图**——介绍绘制和阅读工程图样的基本原理和方法。

3. **土建工程图**——介绍房屋、铁路桥涵和隧道工程图的内容、特点，及其绘制和阅读的方法。

4. **机械图**——介绍一般机械图的内容、特点和阅读方法。

（二）学习要求

1. 掌握正投影法的基本原理和作图方法。

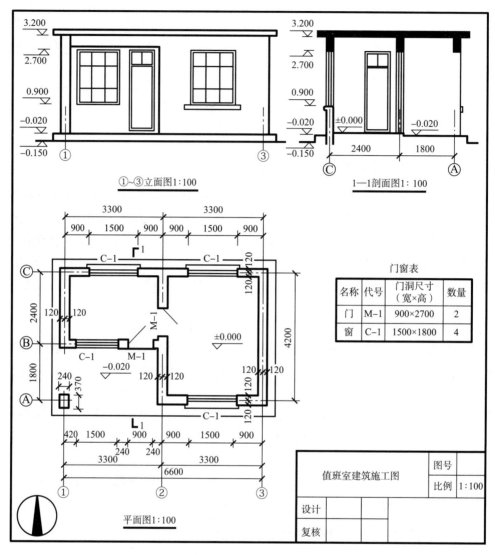

图绪 1　值班室建筑施工图

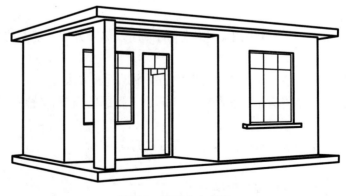

图绪 2　值班室立体图

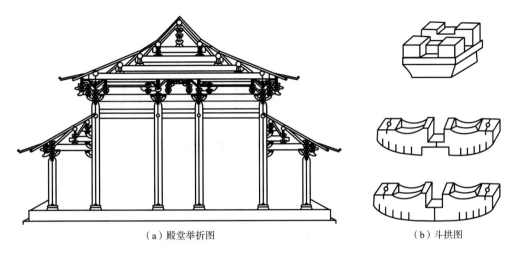

（a）殿堂举折图　　　　　　　（b）斗拱图

图绪 3　古代工程图样示例

2. 能够正确地使用常用绘图工具。

3. 能够正确地阅读和绘制土建工程图。所绘的图样符合国家制图标准。

4. 能够阅读一般机械图。

（三）学习方法

制图是一门实践性很强的课程，读图和画图的能力必须通过足够的训练才能提高。因此，尤其要重视实践环节。

1. 为了深刻理解和掌握制图原理、分析方法、作图方法，必须认真听课和复习。此外，还必须及时完成解题练习。因为物体的形状千差万别，其结构的复杂程度也很不一样。只有通过反复练习，才能熟悉物体的结构，巩固理论知识，使空间想象力与分析解题的能力得到提高。

2. 为了提高所绘图样的质量，要牢记制图标准，并通过多次的绘图训练提高绘图能力。

3. 要养成认真负责的工作态度和一丝不苟的工作作风。工程图样是重要的技术文件，错一条线、一个数字，都可能给工程带来损失。

4. 制图课的目的是培养学生有较高的空间思维能力和熟练的动手能力。读者在学习过程中，应随时了解自己在哪方面存在不足，并找出原因，重点提高，做到全面发展。

第一篇 制图基本知识

第一章 制图工具和用品

本章主要介绍常用的制图工具和用品的使用方法。

第一节 制 图 工 具

一、图 板

如图 1.1.1 所示，图板是铺放图纸用的。要求板面平整光滑，工作边（图板左侧边）平直。需要专用的透明胶带固定图纸。不要用图钉、小刀等损伤板面，并避免墨汁污染板面。

二、丁 字 尺

如图 1.1.1 所示，丁字尺用于画水平线，并与三角板配合画线。要求尺身与尺头垂直，尺身平直，刻度准确。

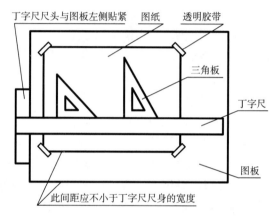

图 1.1.1 图板、丁字尺、三角板

使用丁字尺作图时，必须保证尺头与图板左边贴紧。用丁字尺画水平线的手法，如图 1.1.2 所示。

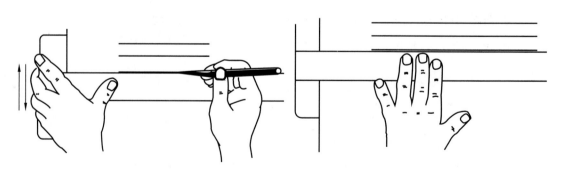

（a）左手移动丁字尺尺头至需要位置，保持尺头与图板左边贴紧，左手拇指按住尺身，右手画线

（b）当画线位置距丁字尺尺头较远时，需移动左手固定尺身

图 1.1.2 丁字尺的使用方法

三、三 角 板

三角板用于画直线。一副三角板有两块，如图 1.1.1 所示。三角板与丁字尺配合，可以画出各种特殊角度的直线，如图 1.1.3 所示。

图 1.1.4 所示为竖直线画法。注意应从下向上画线。

两块三角板进行配合，可以画出平行直线和垂直直线。图 1.1.5 介绍了垂直线的两种画法。

用三角板作图，必须保证三角板与三角板之间、三角板与丁字尺之间靠紧。

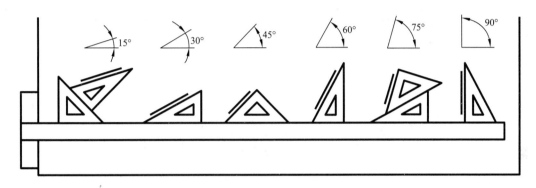

图 1.1.3　特殊角度的直线画法

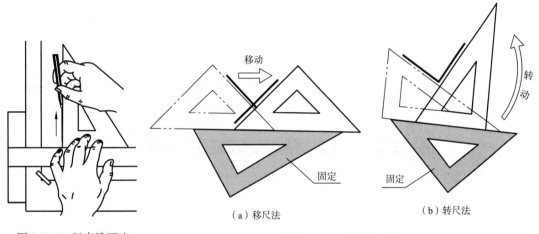

（a）移尺法　　　　（b）转尺法

图 1.1.4　竖直线画法　　　　图 1.1.5　垂直线画法

四、曲 线 板

曲线板用于画非圆曲线，其用法见表 1.1.1。

五、比 例 尺

比例尺是将实际长度按比例换算成图上的长度刻在尺身上，方便在图纸上直接按刻度绘图。图 1.1.6 所示称为三棱比例尺，尺身上有六种常用的比例刻度。

表 1.1.1　曲线板使用方法

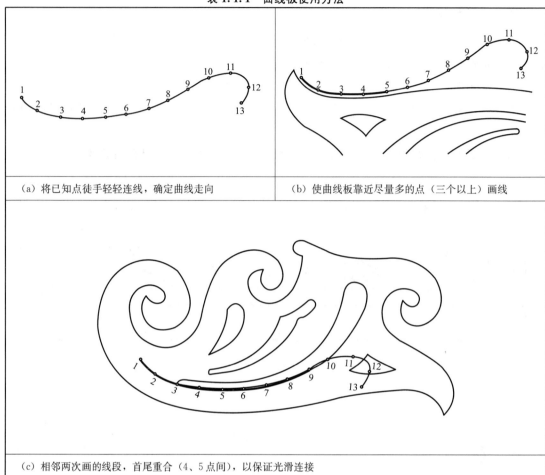

(a) 将已知点徒手轻轻连线，确定曲线走向	(b) 使曲线板靠近尽量多的点（三个以上）画线

(c) 相邻两次画的线段，首尾重合（4、5 点间），以保证光滑连接

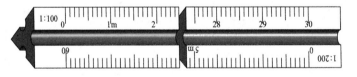

图 1.1.6　三棱比例尺

六、绘图墨水笔

绘图墨水笔又叫针管笔，用于画墨线，其结构如图 1.1.7 所示。

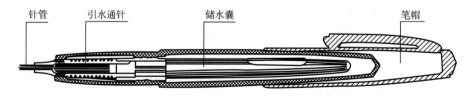

图 1.1.7　绘图墨水笔

使用时，应使笔杆垂直于纸面，并注意用力适当、速度均匀。下水不畅时，可竖直握笔上下抖动，带动引水通针通畅针管。较长时间不用时，应用水清洗干净。清洗时，一般不必取出通针，以防弯折。

将绘图笔安装在圆规上可以画圆，如图 1.1.8 所示。

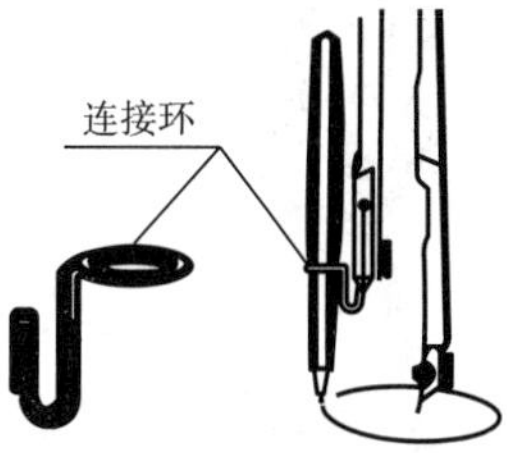

图 1.1.8 用绘图笔画圆

七、圆　　规

圆规用于画圆或圆弧，其结构如图 1.1.9 所示。装上不同的配件，可以画出铅笔圆、墨线圆、大圆或作为分规使用，其中定心钢针和铅芯的安装方法如图 1.1.10 所示。

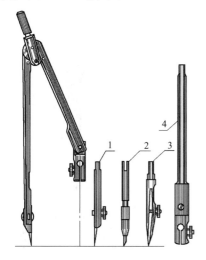

图 1.1.9　圆规

1—钢针插腿；2—铅笔插腿；
3—墨线笔插腿；4—延伸杆

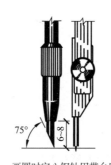

画圆时定心钢针用带台阶一端，以免扩大纸孔；针尖比笔尖略长

（a）正确　　　　　（b）错误

两脚不齐：钢针旋到螺栓外侧；铅芯斜面内向

图 1.1.10　定心钢针及铅芯的安装方法

圆规的用法如图 1.1.11 所示。使用要领是：**钢针与插腿均垂直于纸面；圆规略向旋转方向倾斜，以保持对纸面的压力；用力适当，速度均匀。**

小圆和大圆的画法如图 1.1.12 所示。

画直径很小的圆可使用点圆规，点圆规的结构如图 1.1.13 所示。

八、分　　规

分规的用途之一是量取线段，如图 1.1.14 所示。

分规的另一个用途是等分线段，在第一篇第三章第一节中介绍。

除了专用分规外，将圆规接上钢针插腿，并将定心针反转，即得到一支分规。

（a）左手辅助定位

（b）顺时针画法

（c）两脚与纸面垂直

图 1.1.11　圆规用法

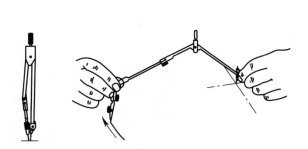
（a）画小圆时可将
插腿及针尖稍向里倾

（b）利用延伸杆画大圆

图 1.1.12　小圆和大圆的画法

图 1.1.13　点圆规

图 1.1.14　利用分规作全等形

第二节　制 图 用 品

一、图纸和透明胶带

图纸分为绘图纸和描图纸（半透明）两种。画图时，应通过试验找到正面（橡皮擦后不易起毛、上墨不洇的一面）画图。

透明胶带专用于固定图纸。

二、绘图铅笔

为满足绘图需要，铅笔的铅芯有不同的硬度，用硬度符号表示。如"HB"表示中等硬度，"B"表示稍软，而"H"表示稍硬，"2B"则更软，"2H"更硬。软铅芯适合画粗线，硬铅芯用于画细线。根据不同的用途，木杆铅笔和圆规铅芯需要的硬度及形状见表1.1.2。

木杆铅笔的削法是：先用小刀削去木杆，露出一段铅芯，如图1.1.15所示，然后用细砂纸磨成需要的形状。**在整个绘图过程中，各类铅芯要经常修磨，以保证图线质量。**

图1.1.15　木杆铅笔（单位：mm）

绘图也可以使用自动铅笔。注意应购买符合线宽标准的绘图用自动铅笔，并选用符合硬度要求的铅芯。

表1.1.2　木杆铅笔和圆规铅芯

类型	木　杆　铅　笔			圆　规　铅　芯	
铅芯形状					
硬度	2H 或（3H）	HB	B	HB	2B
用途	画底稿线	画细线、中粗线、写字	画粗线	画底稿线、细线、中粗线	画粗线

三、其他用品

绘图钢笔——又叫小钢笔，用于写字、画箭头、修饰图线，如图1.1.16所示。

绘图橡皮——用于擦除铅笔线。有一种硬质橡皮专用于擦除墨线。

擦图片——用于保护有用的图线不被擦除。同时提供一些常用图形符号，供绘图使用，如图1.1.17所示。

图 1.1.16　绘图钢笔

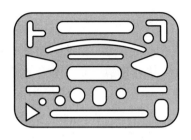
图 1.1.17　擦图片

小刀和砂纸——用于削磨铅笔。

刀片——用于刮除墨线和污迹。

第三节　制图的基本程序及注意事项

画图时，无论繁简，一般按下列步骤进行：

一、准备工作

1. 制图室的光线应从左前方照射，并充足柔和。制图桌应有坡度，桌、凳的高度应适合于站着和坐着绘图。

2. 准备好工具用品，并擦拭干净。图板上要少放物品，以免影响工作或弄脏图纸。

3. 贴好图纸。

二、画 底 稿

1. 用 2H 或 3H 铅笔绘制图样的底稿，图线要轻、细，尺寸要准确。

2. 检查底稿，修改错误，并擦去错误的线条和辅助作图线，注意不要使图纸起毛。

三、图线描深

1. 根据需要，将图样画成墨线图或铅笔描深图。

2. 改错，修饰图样。

四、结束工作

洗净、擦净工具用品，并妥善保管。清理工作场地。

第二章 基本制图标准

我国有两类制图标准。一类是技术制图标准，是通则类标准。另一类是各专业领域制图标准，如房屋建筑制图标准、机械制图标准、铁路制图标准、电力工程制图标准、水利水电工程制图标准等。这些专业制图标准是在遵从技术制图标准的基础上，结合本专业领域特点和需求制定的。

本章内容依据《房屋建筑制图统一标准》（GB/T 50001—2017）。编号中 GB 表示为国家标准，T 表示为推荐标准。

第一节 图 纸 幅 面

一、图幅及图框

为了便于保管和装订图纸，制图标准对图纸的幅面及图框尺寸作了统一规定，见表 1.2.1，图幅格式如图 1.2.1 所示。

表 1.2.1 幅面及图框尺寸（mm）

尺寸代号	幅面代号				
	A0	A1	A2	A3	A4
$b \times l$	841×1189	594×841	420×594	297×420	210×297
c	10			5	
a	25				

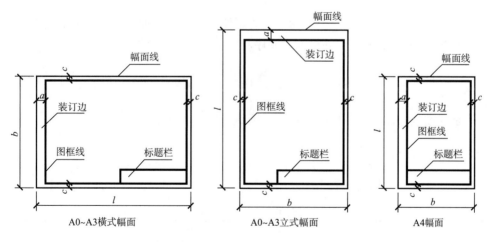

图 1.2.1 图幅格式

当表 1.2.1 中的图幅不能满足使用要求时，可将图纸的长边加长后使用，加长后的尺寸应符合制图标准的规定。

制图时，A0～A3 图纸宜横式使用，必要时也可以立式使用；A4 图纸只能立式使用，如图 1.2.1 所示。

图框是图样的边界。图框线的宽度应符合表 1.2.2 的规定。

表 1.2.2　图框线、标题栏线的宽度

幅面代号	图 框 线	标题栏分格线幅面线
A0、A1	b	0.25b
A2、A3、A4	b	0.35b

二、标 题 栏

每张图纸的右下角都应设一个标题栏，用来填写图名、制图人名、设计单位、图纸编号等内容。标题栏在图纸中的位置如图 1.2.1 所示。

制图标准中仅规定了标题栏的基本格式，而未规定其详细内容。图 1.2.2 所示为本课作业用格式。标题栏边框用粗实线绘制，分格线用细实线绘制。

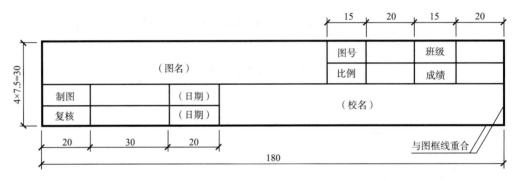

图 1.2.2　标题栏格式

一项工程或建筑需要绘制一整套图纸。为了便于使用和管理，这些图纸要按规定的方法折叠成 A4 或 A3 幅面的尺寸，并按专业顺序和主从关系装订成册。

第二节　图　　　线

图形是由图线组成的。制图标准规定了图线的种类和画法。

一、图线的形式及用途

图线的形式及一般用途见表 1.2.3。

表 1.2.3　线　　　型

名　　称		线　　型	线　宽	用　　途
实线	粗		b	主要可见轮廓线
	中粗		0.7b	可见轮廓线、变更云线
	中		0.5b	可见轮廓线、尺寸线
	细		0.25b	图例填充线、家具线

名　称		线　型	线　宽	用　途
虚线	粗	━ ━ ━ ━ ━ ━ ━	b	见各有关专业制图标准
	中粗	─ ─ ─ ─ ─ ─ ─	$0.7b$	不可见轮廓线
	中	─ ─ ─ ─ ─ ─ ─	$0.5b$	不可见轮廓线、图例线
	细	‑ ‑ ‑ ‑ ‑ ‑ ‑	$0.25b$	图例填充线、家具线
单点长画线	粗	━ ▪ ━ ▪ ━	b	见各有关专业制图标准
	中	─ ▪ ─ ▪ ─	$0.5b$	见各有关专业制图标准
	细	─ ▪ ─ ▪ ─	$0.25b$	中心线、对称线、轴线等
双点长画线	粗	━ ▪▪ ━ ▪▪ ━	b	见各有关专业制图标准
	中	─ ▪▪ ─ ▪▪ ─	$0.5b$	见各有关专业制图标准
	细	─ ▪▪ ─ ▪▪ ─	$0.25b$	假想轮廓线、成型前原始轮廓线
折断线	细	─────／\─────	$0.25b$	断开界线
波浪线	细	∿∿∿	$0.25b$	断开界线

图样中的线型及用途示例如图 1.2.3 所示。

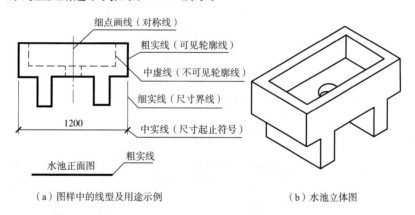

（a）图样中的线型及用途示例　　　　　　（b）水池立体图

图 1.2.3　线型示例

图线的基本线宽 b，宜按照图纸比例及图样性质从 1.4 mm、1.0 mm、0.7 mm、0.5 mm 线宽系列中选取。每个图样，应根据复杂程度与比例大小，先选定基本线宽 b，再选用表 1.2.4 中相应的线宽组。

表 1.2.4　线　宽　组

线宽比	线　宽　组			
b	1.4	1.0	0.7	0.5
$0.7b$	1.0	0.7	0.5	0.35
$0.5b$	0.7	0.5	0.35	0.25
$0.25b$	0.35	0.25	0.18	0.13

二、图线画法

绘制图线时，除了遵守上述基本规定外，还应符合表 1.2.5 的要求，以保证图样的规范性。

表 1.2.5　图 线 画 法

注意事项	正确画法	错误画法
粗实线宽度要均匀，边缘要光滑平直		
1. 虚线间隔要小，线段长度要均匀 2. 虚线宽度要均匀，不能出现"尖端"	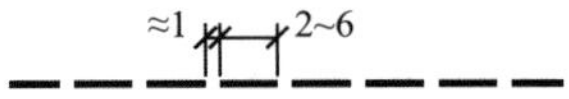 ≈1　2~6	
1. 点画线的"点"要小，间隔要小 2. 点画线的端部不得为"点"	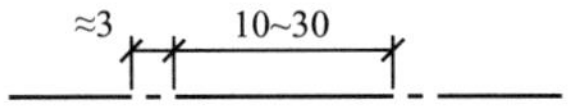 ≈3　10~30	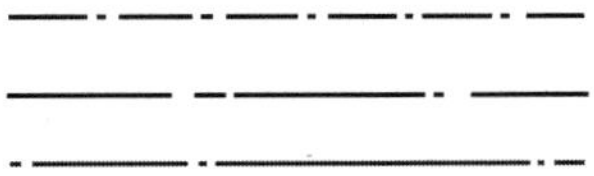
图线的结合部要美观		
图线应线段相交，不应交于间隙或交于点画线的"点"处	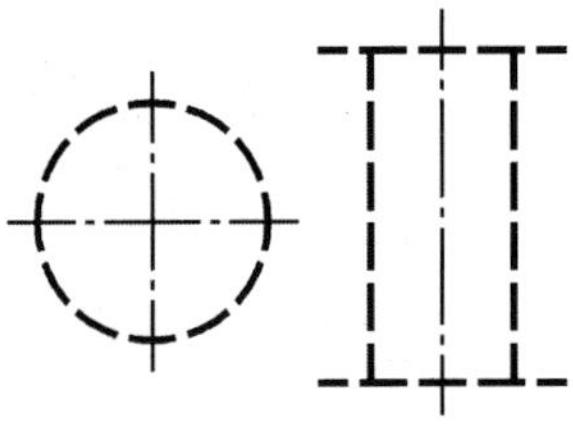	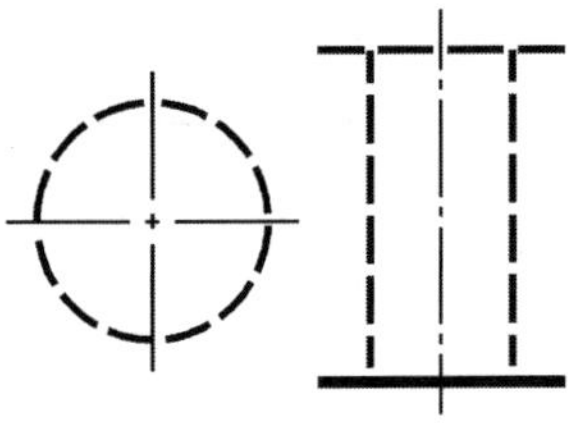
1. 点画线应超出图形 3~5 mm 2. 点画线的"点"应在图形范围内 3. 图形很小时，点画线可用实线代替	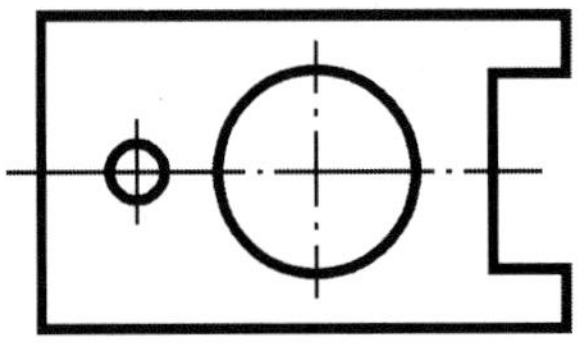	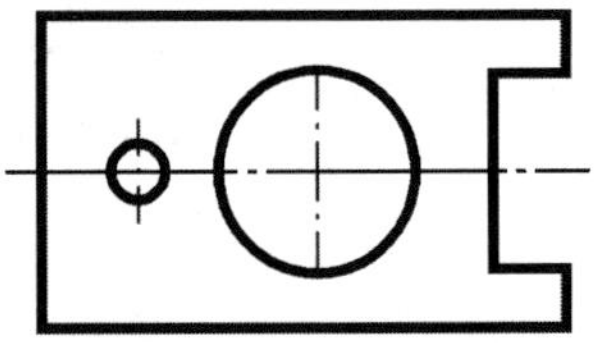
两线相切时，切点处应是单根图线的宽度	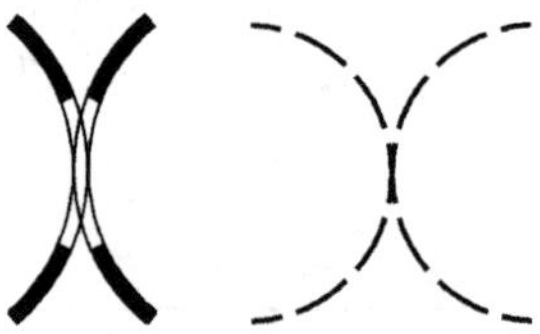	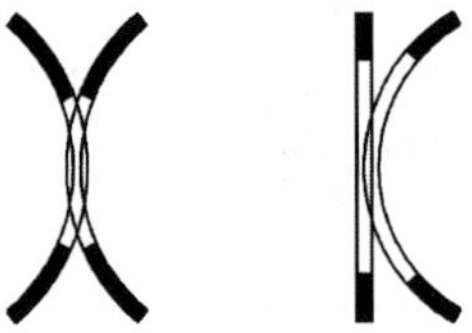
两平行线间的空隙不小于粗线的宽度，同时不小于 0.7 mm		
虚线为实线的延长线时，应留有空隙	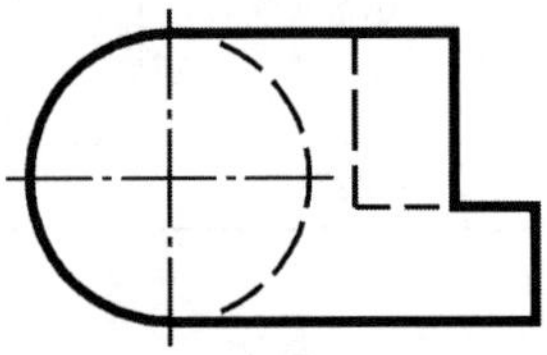	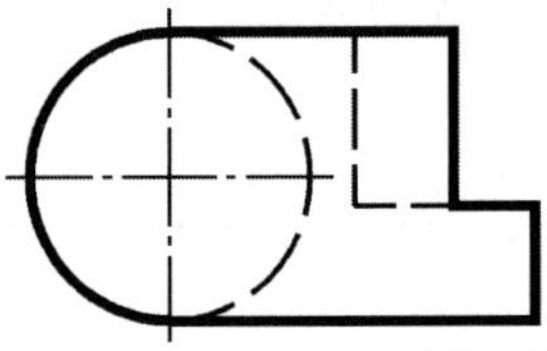

· 14 ·

第三节 字 体

图样中除了用图形来表达物体的形状外，还要用文字来说明它的大小、技术要求等。

图样上的文字、数字或符号等，必须用黑墨水书写。并应做到：**笔画清晰、字体端正、排列整齐、标点符号清楚正确。**

文字的字高，应从如下系列中选用：2.5 mm、3.5 mm、5 mm、7 mm、10 mm、14 mm、20 mm。如果需要书写更大的字，其高度按 $\sqrt{2}$ 的比值递增。汉字的字高应不小于 3.5 mm，拉丁字母、阿拉伯数字或罗马数字的字高，应不小于 2.5 mm。习惯上将字体的高度值称为字的号数，如字高为 5 mm 的字，称为 5 号字。

一、汉 字

图样上的汉字，应采用长仿宋字体，并应采用国家正式公布的简化字。

长仿宋体字的宽高比约为 0.7，高宽关系见表 1.2.6。

表 1.2.6 长仿宋体字的高宽关系（mm）

字 高	3.5	5	7	10	14	20
字 宽	2.5	3.5	5	7	10	14

长仿宋体汉字的示例如图 1.2.4 所示。

铁路房屋水利工程学校制图设计测量审核
机车站场信号桥隧涵洞轨道枕木岔辙驼峰
建筑结构梁柱城市规划给排供电暖气基础
楼梯踏步墙门窗扶手栏杆雨篷阳台阶坡度板材钢筋
施预应力剪切扭矩弯曲沉降空蒸痛填混凝砟砼砂槽
平正背左右立剖面投影透视线题详符布置尺寸标高
厘米毫偏差齿轮螺栓钉弹簧轴承焊接零件装配热轧淬冷拉锻
大小口国上下土云古文日中内外里火关石东西南北春夏秋冬

图 1.2.4 长仿宋体汉字示例

长仿宋体字的字形方整、结构严谨，笔画刚劲挺拔、清秀舒展。书写要领是：**横平竖直、起落分明、结构匀称、写满方格。**

下面详细介绍长仿宋体汉字的写法。

（一）基本笔画

长仿宋体字的基本笔画为横、竖、撇、捺、点、挑、钩、折。掌握基本笔画的特点和写法，是写好字的先决条件。

基本笔画的运笔方法见表 1.2.7。

表 1.2.7　长仿宋体汉字的基本笔画

基本笔画	外　形	运笔方法	写　法　说　明	字　例
横	一	一	起落笔须顿，两端均呈三角形；笔画平直，向右上倾斜约 5°	二量
竖	丨	丿	起落笔须顿，两端均呈三角形，笔画垂直	川侧
撇	丿	丿	起笔须顿，呈三角形，斜下轻提笔，渐成尖端	人后
捺	乀	乀	起笔轻，捺笔重；加力顿笔，向右轻提笔出锋	史过
点	丶	丷	起笔轻，落笔须顿，一般均呈三角形	心滚
挑	丿	丿	起笔须顿，笔画挺直上斜轻提笔，渐成尖端	习切
钩	亅	亅	起笔须顿，呈三角形，钩处略弯，回笔后上挑速提笔	创狠
折	𠃌	𠃌	横画末端回笔呈三角形，紧接竖划	陌级

应正确掌握笔画书写的两点要领：

1. 横平竖直——横和竖是汉字的骨架，横平竖直，字就端正安稳。不仅如此，长仿宋字的撇和捺也应写得近于"直"，不能柔软弯曲。当然也不能写得过于呆板。

2. 起落分明——除了通过笔力的轻重使笔画产生粗细的变化外，还应在起、落笔（及转折）时回笔筑锋，使字显得挺拔。但是，笔锋不能过大过重，切记"笔锋"只是"笔画"的装饰。

（二）部首

大部分汉字是合体字，由部首和其他部分组成。熟练掌握常用部首的写法，对练好长仿宋字能起到事半功倍的作用。

常用部首的书写示例见表 1.2.8。

表 1.2.8　常用部首书写示例

部首	说明	字例	部首	说明	字例
亻	撇坡度宜大，竖宜长	低倾	阝	右"耳"比左"耳"略长	际郊
扌	横不宜长，挑位置不宜过高	抛描	口	左竖出两头，下横托右竖	员和
木	竖无钩，撇和点与竖相接	机械	广	横起笔无锋，与撇相接	度库
讠	横宜短，竖要直	说讲	艹	横宜长；左为竖右为撇	荣蓝
土	横宜短，挑坡度宜小	堵块	竹	点与横接	简等
纟	撇应平行，挑坡度宜小	继续	宀	第一点右斜，其余三点左斜	窗帘
氵	第二点略偏左，挑坡度要大	河流	灬	第一点左斜，其余三点右斜	黑蒸
钅	第一横宜短，且与撇中部相接	铝铸	辶	横不宜过高，捺中部较"直"	通速

（三）整字写法

整字的书写要领是结构匀称、写满方格。结构匀称是指字的笔画疏密均匀，各组成部分安排适当；写满方格是指先按字体高宽画出框格，然后顶格书写，这样既便于控制字体结构，又使各字之间大小一致。

长仿宋字的基本书写规则见表 1.2.9。

表 1.2.9　长仿宋字的某本书写规则

说明	字例
顶格写字——字的主要笔画或向外伸展的笔画，其端部与字格框线接触	井直教师
适当缩格——横或竖画作为字的外轮廓线时，不能紧贴格框	图工日日
平衡——字的重心应处于中轴线上，独体字尤其要注意这一点	王玉上大

说　　明	字　　例
比例适当——合体字各部分所占位置应根据它们笔画的多少和大小来确定，各部分仍要保持字体正直	伸　湖　售　票
平行等距——平行的笔画应大致等距	重　量　侧　修
紧凑——笔画适当向字中心聚集；字的各部分应靠紧，可以适当穿插	处　风　册　纺
部首缩格——有许多左部首的高度比字高小，并位于字的中上部。如氵、口、日、白、石、山、纟、阝等	坡　砂　踢　时

二、拉丁字母、阿拉伯数字及罗马数字

拉丁字母、阿拉伯数字及罗马数字可写成斜体和直体。斜体字字头向右倾斜，与水平线成 $75°$ 角。字母和数字分 A 型和 B 型。A 型字体的笔画宽度为字高的十四分之一，B 型字体的笔画宽度为字高的十分之一。

拉丁字母、阿拉伯数字、罗马数字的示例如图 1.2.5 所示。

阿拉伯数字的写法如图 1.2.6 所示。

需要强调指出，图样中文字书写的优劣，对图面质量影响很大，而练好字体又非一日之功。因此，在学习过程中要仔细分析字体的结构特点，认真练习，并保持兴趣，持之以恒。

图　1.2.5

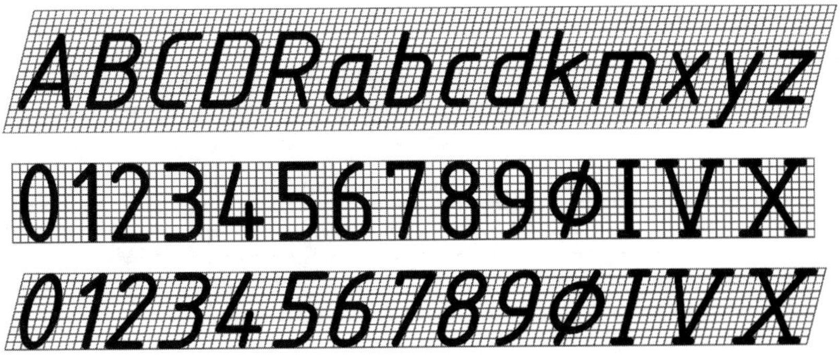

ABCDRabcdkmxyz
0123456789φIVX
0123456789φIVX

图 1.2.5　拉丁字母、阿拉伯数字及罗马数字示例（B 型）

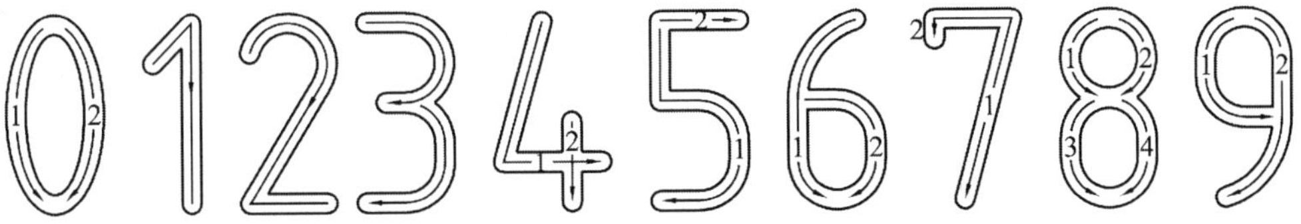

0123456789

图 1.2.6　阿拉伯数字的书写方法

第四节　尺 寸 标 注

尺寸用来确定图形所表达物体的实际大小，是图样的重要组成部分。

一、尺寸的组成

一个完整的尺寸由尺寸界线、尺寸线、尺寸起止符号和尺寸数字四部分组成，称为尺寸的四要素，如图 1.2.7 所示。下面以线性尺寸为例，分别介绍。

尺寸界线（细实线）
尺寸界线（细实线）
尺寸数字
尺寸起止符号
（中粗斜短线）
1200
2000
1300
3500

图 1.2.7　尺寸的组成

（一）尺寸界线——用来指明所注尺寸的范围，用细实线绘制。

（二）尺寸线——用来标明尺寸的方向，用细实线绘制。尺寸线应与所注长度平行，与尺寸界线垂直。

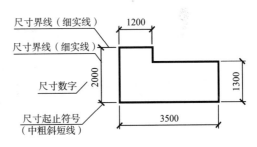

（三）尺寸起止符号——用中粗斜短线绘制，其倾斜方向应与尺寸界线成顺时针 45°角，长度为 2～3 mm。直径、角度、弧长的尺寸起止符号及半径的尺寸终止符号，应用箭头表示。

（四）尺寸数字——用来表示物体的实际尺寸。以 mm 为单位，并省略 mm 字样。同一图样上的数字大小应一致。

二、尺寸的基本注法

尺寸的基本标注方法和注意事项见表 1.2.10，绘图时应严格遵守（在后续章节中还将介绍其他尺寸注法）。

表 1.2.10 尺寸的基本注法及注意事项

内容	说　明	正确图例	错误图例
尺寸界线	1. 尺寸界线的一端离开图样轮廓线不小于 2 mm；另一端超出尺寸线 2～3 mm 2. 可以用轮廓线或点画线的延长线作为尺寸界线	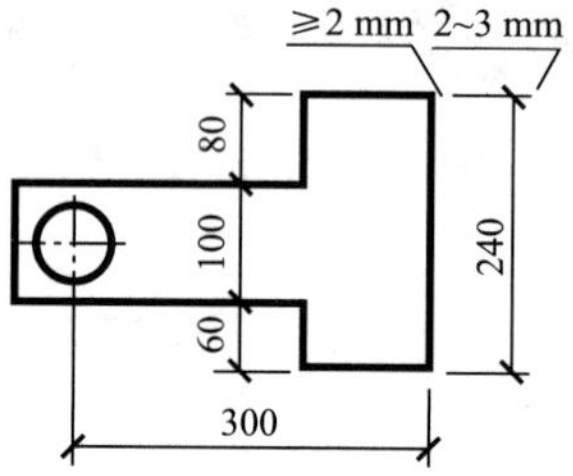	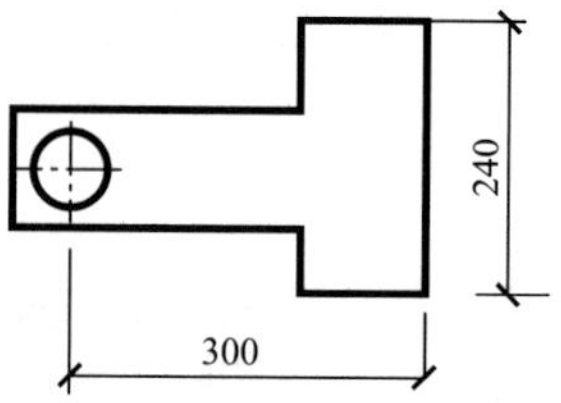
尺寸线	1. 尺寸线与所注长度平行 2. 尺寸线不得超出尺寸界线 3. 尺寸线必须单独画，不得与任何图线重合	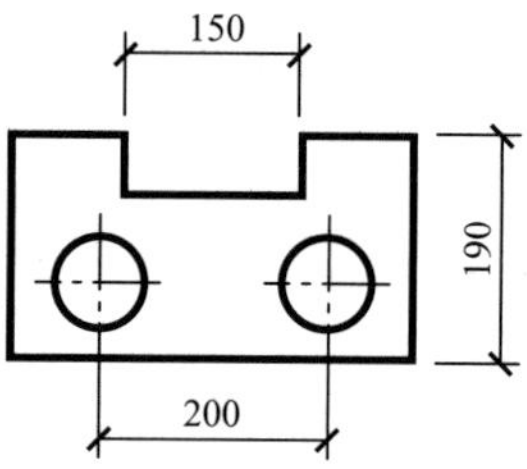	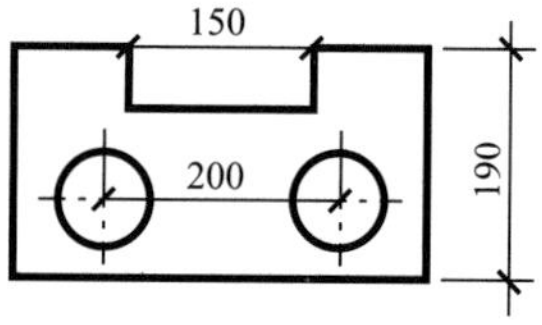
尺寸排列	1. 尺寸线到轮廓线的距离 ≥10 mm；尺寸线之间的距离为 7～10 mm，并保持一致 2. 相互平行的尺寸，应小尺寸在里，大尺寸在外	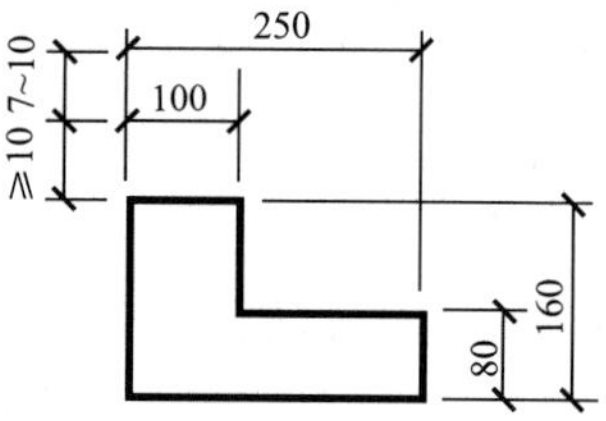	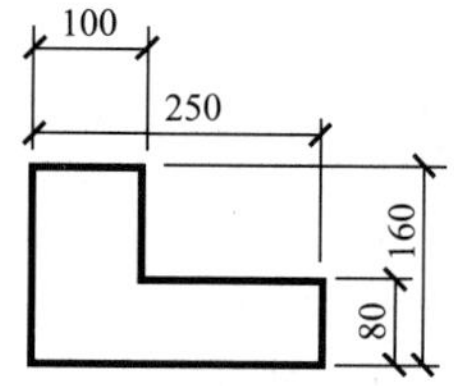
尺寸起止符号	1. 中粗斜短线的倾斜方向与尺寸界线成顺时针 45°，长度 2～3 mm 2. 箭头画法如图（b）所示	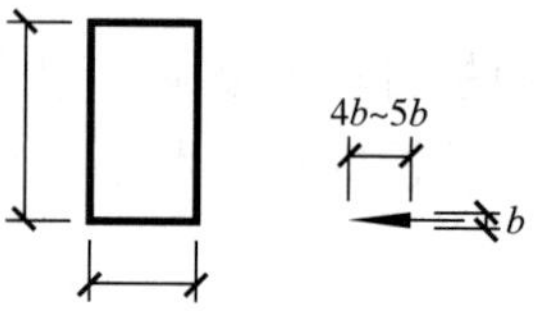 （a）中粗短斜线　（b）箭头	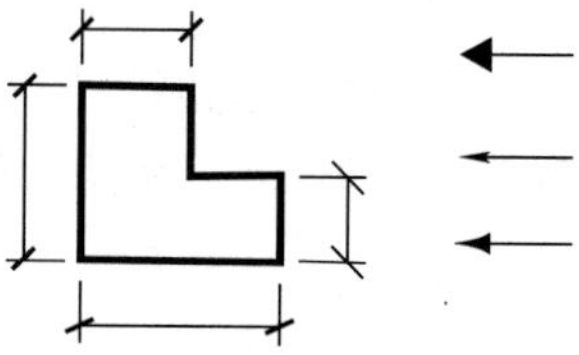 （a）中粗短斜线　　（b）箭头

内容	说　　明	正确图例	错误图例
尺寸数字的读数方向	1. 水平尺寸数字字头朝上 2. 竖直尺寸数字字头朝左 3. 倾斜尺寸数字的字头朝向与尺寸线的垂直线方向一致，并不得朝"下"	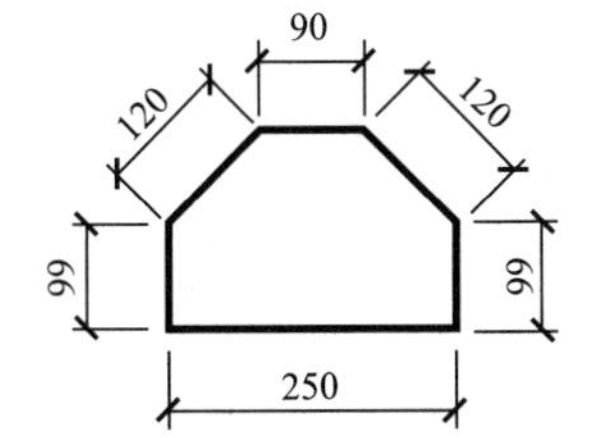	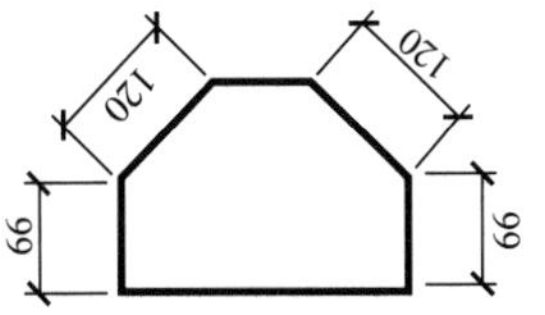
	4. 当尺寸线与竖直线的顺时针夹角 $\alpha \leqslant 30°$ 时，宜按图示方法标注	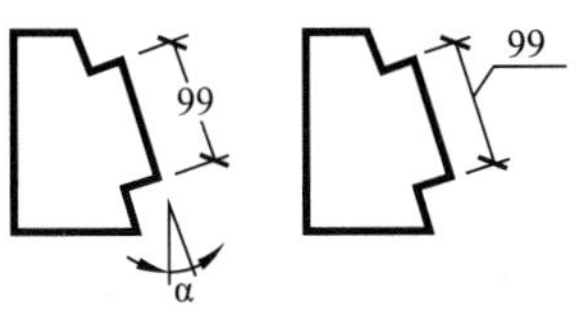	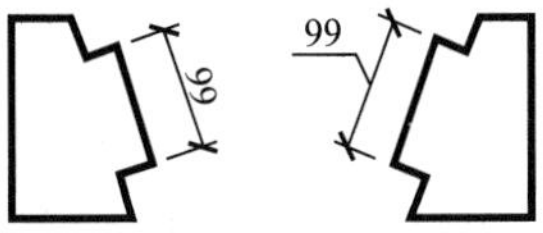 （a）此注法仍可采用，但不推荐　（b）此注法没有必要
尺寸数字的注写位置	1. 尺寸数字应依其读数方向注写在靠近尺寸线的上方中部 2. 如果没有注写位置，最外边的尺寸数字可注写在尺寸界线的外侧，中间相邻的尺寸数字可错开注写，也可以引出注写	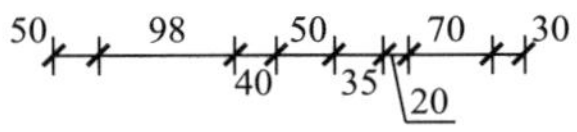	
	3. 尺寸数字应尽量避免与任何图线重叠，不可避免时应将数字处的图线断开	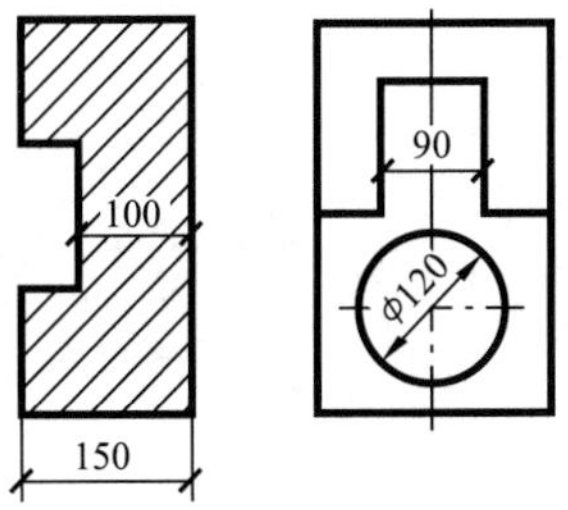	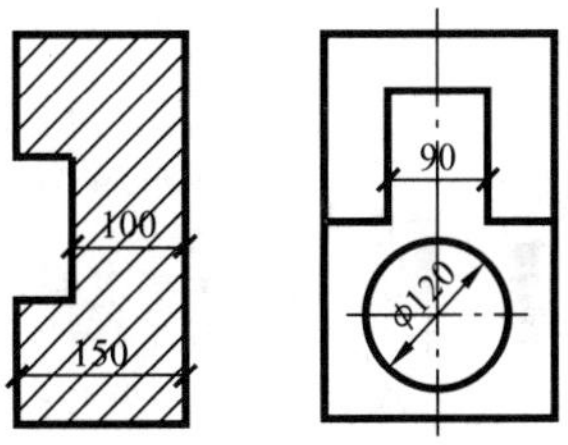
圆	1. 圆应注直径，并在尺寸数字前加注"ϕ" 2. 一般情况下，尺寸线应通过圆心，两端画箭头指至圆弧，如图（a）所示 3. 也可以采用图（b）的注法	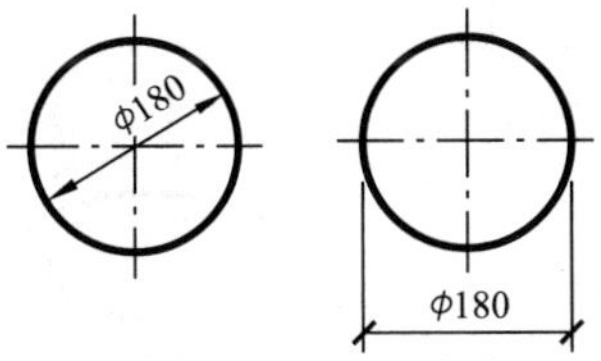 （a）　　　（b）	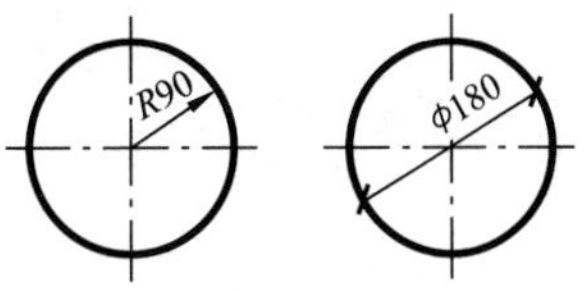
	4. 当圆较小时，可将箭头和数字之一或全部移出圆外（注意不要因圆小而将箭头画小）	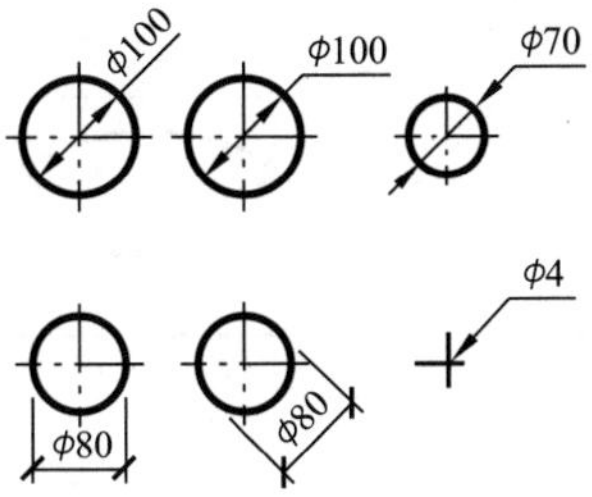	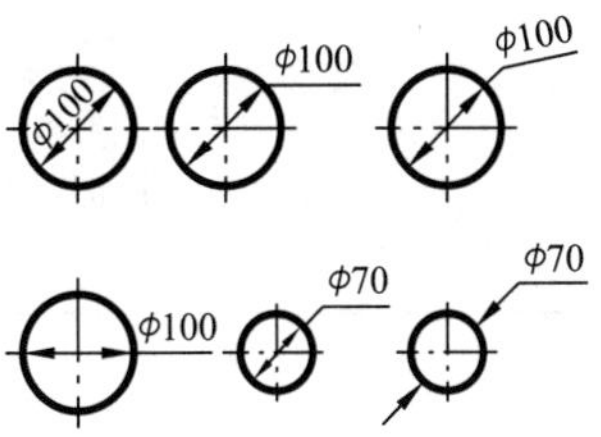

内容	说　明	正确图例	错误图例
圆弧	1. 圆弧应注半径，并在尺寸数字前加注"R" 2. 尺寸线的一端从圆心开始，另一端用箭头指至圆弧	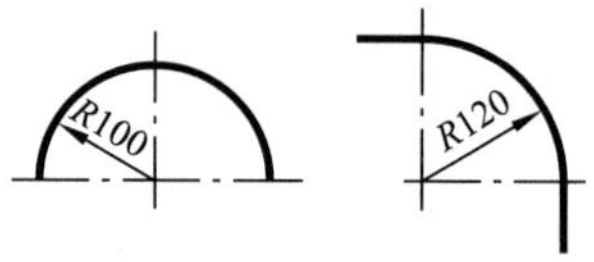	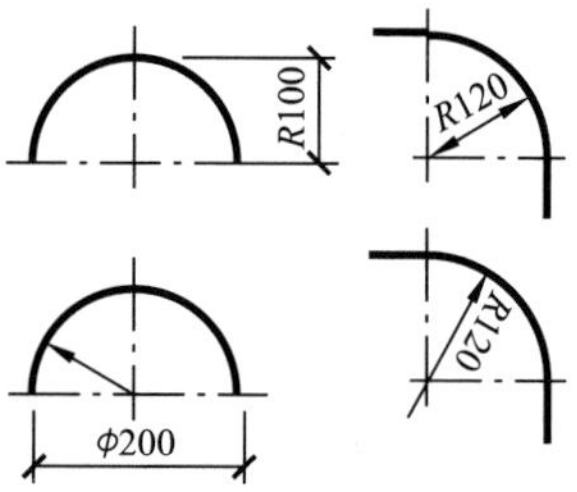
	3. 当圆弧较小时，可将箭头和数字之一或全部移到圆弧外	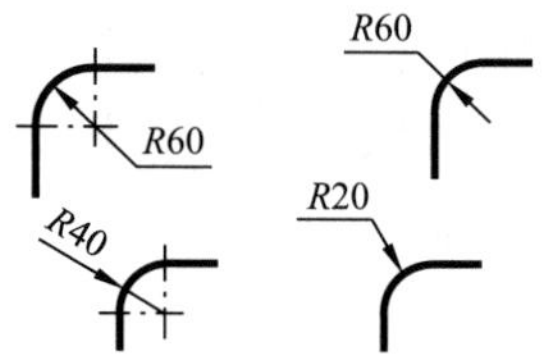	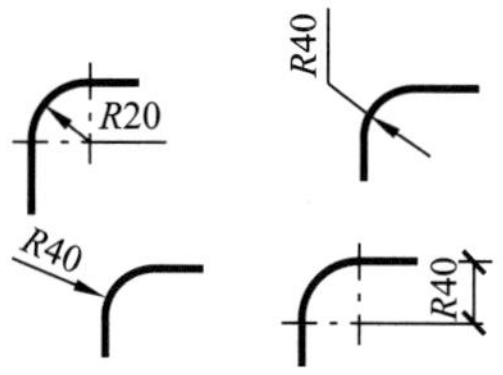
	4. 较大圆弧半径的注法如图所示。图（a）表示圆心在点画线上；图（b）中尺寸线的延长线应通过圆心	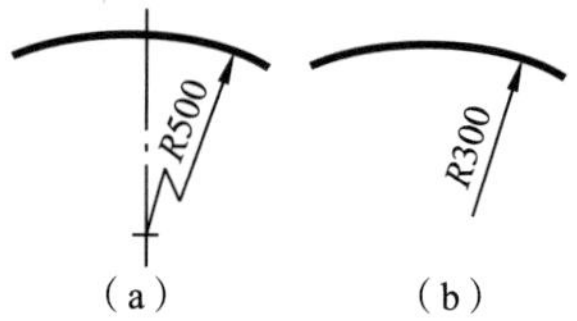 （a）　　　　（b）	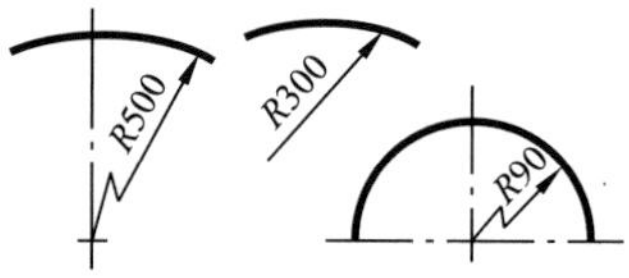
角　度	1. 尺寸界线沿径向引出 2. 尺寸线画成圆弧，圆心是角的顶点 3. 起止符号为箭头，位置不够时用圆点代替 4. 尺寸数字一律水平书写	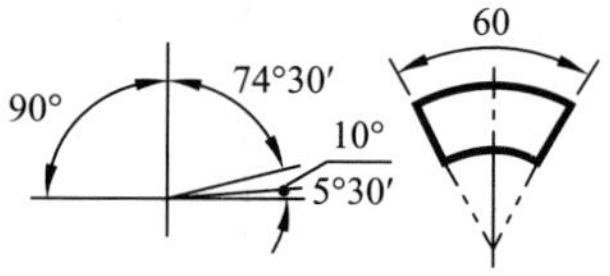	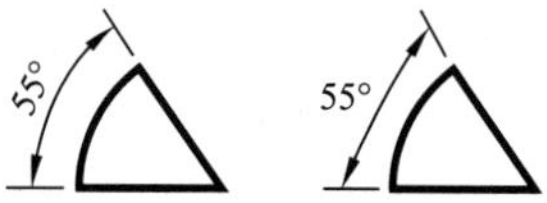
弧　长	1. 尺寸界线垂直于该圆弧的弦 2. 尺寸线用与该圆弧同心的圆弧线表示 3. 起止符号用箭头表示 4. 弧长数字上方或前方加注圆弧	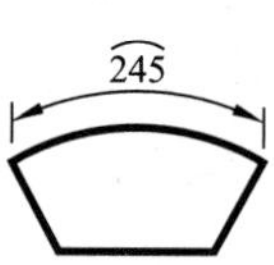	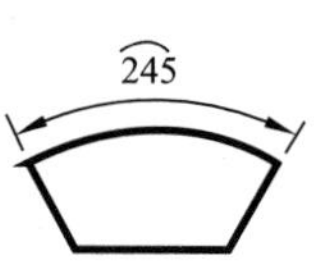
弦　长	1. 尺寸界线垂直于该弦 2. 尺寸线平行于该弦 3. 起止符号用中粗斜线表示	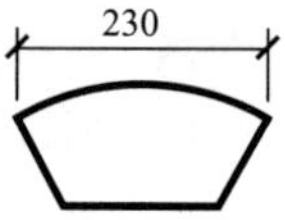	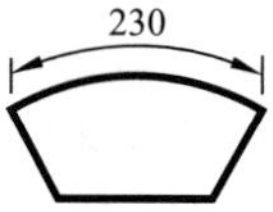

第五节 比例和比例尺的用法

一、比　例

图样不可能都按建筑物的实际大小绘制，常常需要按比例缩小，如图 1.2.8 所示。

图样的比例是指图形与实物相对应的线性尺寸之比。

绘图所用的比例，应根据图样的用途和被绘对象的复杂程度，从表 1.2.11 中选用，并优先选用表中的常用比例。

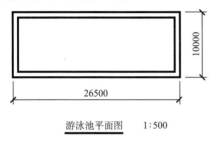

游泳池平面图　1∶500

图 1.2.8　比例及比例的标注

表 1.2.11　绘图所用的比例

常用比例	1∶1，1∶2，1∶5，1∶10，1∶20，1∶30，1∶50，1∶100，1∶150，1∶200，1∶500，1∶1 000，1∶2 000
可用比例	1∶3，1∶4，1∶6，1∶15，1∶25，1∶40，1∶60，1∶80，1∶250，1∶300，1∶400，1∶600，1∶5 000，1∶10 000，1∶20 000，1∶50 000，1∶100 000，1∶200 000

当同一图纸内的各图样采用相同比例时，应将比例注写在标题栏内；各图比例不相同时，应在每个图样的下方注写比例，比例宜注写在图名右侧，字的底线取平，比例的字高应比图名的字高小一号或二号，如图 1.2.8 所示。

二、比例尺的用法

为了提高作图效率，把常用的比例刻成比例尺，供作图时使用。工程制图所用的三棱比例尺有六种常用比例（一般为 1∶100，1∶200，1∶300，1∶400，1∶500，1∶600）。

当比例尺上刻有所需要的比例时，可按尺面上的刻度直接度量，不用作任何计算。如图 1.2.9 中，举了在 1∶500 的比例尺上确定长度为 26 500 mm 的方法。因为在比例尺上只标注有较大的刻度值，所以**在度量前，应先认清尺面上的最小刻度值**。从图 1.2.9 可以看出，在 1∶500 的比例尺上，一小格代表 0.5 m（最小刻度值）。

比例尺不能用来直接画线，因为那样做会损坏比例尺的刻度，画出的图线也不直、不光滑。

当尺面上没有所需要的比例时，可以通过比例变换的方法，将一个适当的比例尺改造成为一个新的比例尺，再直接量距。具体方法本书不作介绍。

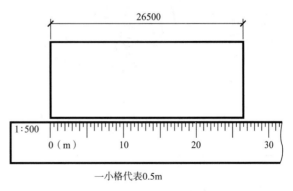

一小格代表0.5m

图 1.2.9　比例尺的用法

如果用软件绘图时，通常按实际尺寸绘图，在打印到图纸时再按比例缩小。

第三章 几 何 作 图

本章介绍平面几何图形的作图方法。

几何图形是图样的主要组成部分，因此，必须掌握几何作图的基本方法和技巧，同时在保证图形正确的基础上，提高作图效率和图面质量。

第一节 直 线

一、作已知直线的垂直平分线

作已知直线垂直平分线的方法见表 1.3.1。

表 1.3.1 作已知直线的垂直平分线

方法 1：利用圆规、直尺作 AB 的垂直平分线 CD	 （a）已知线段 AB	 （b）分别以点 A、B 为圆心作弧得交点 C、$D\left(R>\frac{1}{2}AB\right)$	 （c）连接 CD，则 CD 直线即垂直平分 AB
方法 2：利用三角板作 AB 的垂直平分线 CD	 （a）使三角板Ⅰ的一边与 AB 平行，然后保持板Ⅱ不动	 （b）利用三角板Ⅱ求得 C 点，使 CAB 为等腰三角形，C 为其顶点	 （c）作直线 $CD \perp AB$，则 CD 垂直平分 AB

二、等分直线

等分直线的方法见表 1.3.2。

表 1.3.2 等 分 直 线

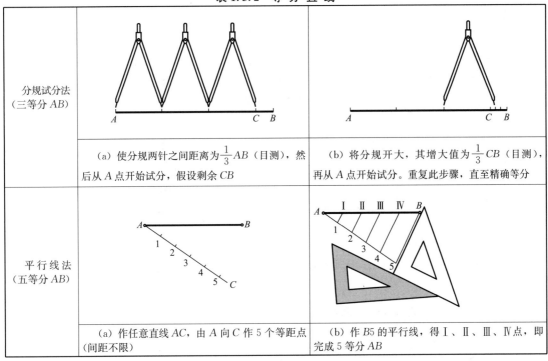

分规试分法 (三等分 AB)	(a) 使分规两针之间距离为 $\frac{1}{3}AB$（目测），然后从 A 点开始试分，假设剩余 CB	(b) 将分规开大，其增大值为 $\frac{1}{3}CB$（目测），再从 A 点开始试分。重复此步骤，直至精确等分
平行线法 (五等分 AB)	(a) 作任意直线 AC，由 A 向 C 作 5 个等距点（间距不限）	(b) 作 B5 的平行线，得 Ⅰ、Ⅱ、Ⅲ、Ⅳ点，即完成 5 等分 AB

在表 1.3.2 介绍的两种方法中，分规试分法适用于等分数较少的情况，一般试分两次即可保证精度，同时此法也适用于等分圆弧；使用平行线法时，应注意 A5 的长度与 AB 的长度不要相差太长。

表 1.3.3 介绍了用直尺（或三角板）等分两平行线间距离的方法，此法简明快捷。

表 1.3.3 等分平行线间距离

五等分 AB 至 CD 之间 的距离	(a) 转动直尺，使刻度值 0 在 CD 线上，5 在 AB 线上；画出直线 MN，并标出 5 等分点	(b) 过各等分点作 AB 的平行线，则 AB 至 CD 间的距离被 5 等分

第二节 作正多边形

一、作正方形

已知边长，画正方形的方法见表 1.3.4。

表 1.3.4　已知边长画正方形

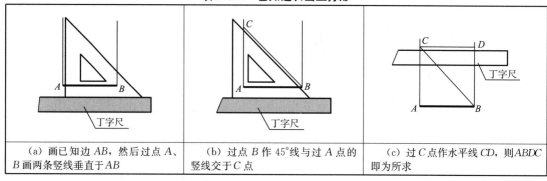

（a）画已知边 AB，然后过点 A、B 画两条竖线垂直于 AB	（b）过点 B 作 45°线与过 A 点的竖线交于 C 点	（c）过 C 点作水平线 CD，则 ABDC 即为所求

二、等分圆周并作圆内接正多边形

（一）作 15°的倍数角

用三角板可以与丁字尺配合作圆内接正三、四、六、八、十二边形，其中正三、六边形的画法见表 1.3.5。

表 1.3.5　作圆内接正三、六边形（用丁字尺、三角板）

作正三角形	作正六边形（方法一）	作正六边形（方法二）

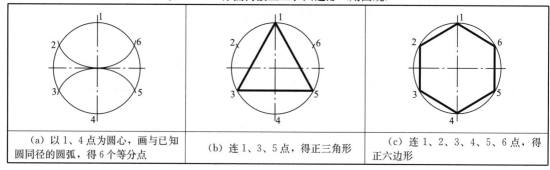

（二）作圆内接正三、六、十二边形

用圆规作正三、六边形的画法见表 1.3.6。

表 1.3.6　作圆内接正三、六边形（用圆规）

（a）以 1、4 点为圆心，画与已知圆同径的圆弧，得 6 个等分点	（b）连 1、3、5 点，得正三角形	（c）连 1、2、3、4、5、6 点，得正六边形

（三）作圆内接正五边形

作圆内接正五边形的方法见表 1.3.7。

表 1.3.7　作圆内接正五边形

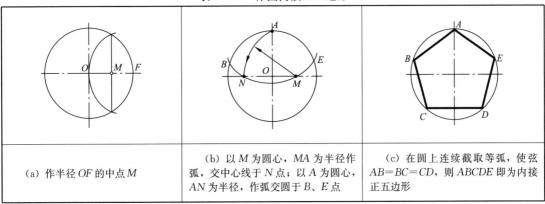

（a）作半径 OF 的中点 M	（b）以 M 为圆心，MA 为半径作弧，交中心线于 N 点；以 A 为圆心，AN 为半径，作弧交圆于 B、E 点	（c）在圆上连续截取等弧，使弦 AB＝BC＝CD，则 ABCDE 即为内接正五边形

（四）作圆内接任意正多边形

作圆内接任意正多边形的近似方法，见表 1.3.8。

表 1.3.8　作圆内接正七边形

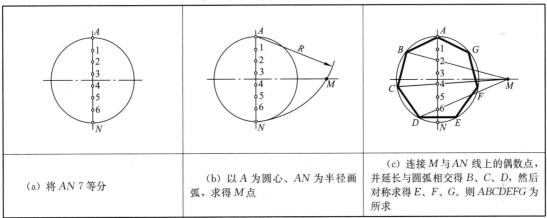

（a）将 AN 7 等分	（b）以 A 为圆心、AN 为半径画弧，求得 M 点	（c）连接 M 与 AN 线上的偶数点，并延长与圆弧相交得 B、C、D，然后对称求得 E、F、G。则 ABCDEFG 为所求

第三节　坡　　度

坡度等于坡高与坡长之比，表明坡面的倾斜程度。坡度标注方法如图 1.3.1 所示。图中箭头指向下坡方向，可以是普通双面箭头也可以是单面箭头。

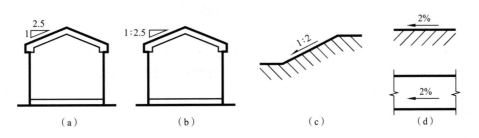

图 1.3.1　坡度标注方法

第四节 图 线 连 接

图 1.3.2 所示是扳手的轮廓图。可以看出，在画物体的轮廓形状时，经常需要用圆弧将直线或其他圆弧光滑圆顺地连接起来，或者用直线将圆弧连接起来，这种情况称为图线连接。

一、图线连接的基本原理

两条图线光滑连接的基本原理，就是保证两条线相切。相切的形式有两种，即直线与圆相切、圆与圆相切，见表 1.3.9。

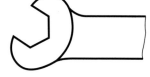

图 1.3.2 扳手

表 1.3.9 图线连接的基本原理

直线与圆相切	圆与圆相切	
	外　切	内　切
 1. 圆心与直线的距离为 R 2. 切点 K 为过圆心向切线所作垂线的垂足	 1. 圆心距为 R_1+R_2 2. 切点 K 在圆心连线上	 1. 圆心距为 R_1-R_2 2. 切点 K 在圆心连线的延长线上

二、图线连接的作图方法

通常是用已知半径的圆弧连接已知直线或已知圆弧，这个已知半径的圆弧称为连接弧。图线连接的类型多种多样，但其作图的基本方法是一样的，即根据图线连接的基本原理，首先求出连接弧的圆心和切点，然后作图。尤其要注意，切点就是连接点，必须准确求出，以保证两图线能光滑连接。

〔例题 1.1〕作圆弧连接已知圆弧（外连）和已知直线，见表 1.3.10。

分析：

1. 因为连接弧与已知弧外切，故两圆弧的圆心距为 R_1+R；因为连接弧与已知直线相切，故连接弧圆心与直线的距离为 R。因此，可以用轨迹法求得连接弧的圆心 O 点。

2. 进而可求得两个切点，并作出连接弧。

作图：作图的方法、步骤见表 1.3.10。

图线连接的画法示例见表 1.3.11。

表 1.3.10　作连接弧连接已知圆弧和直线

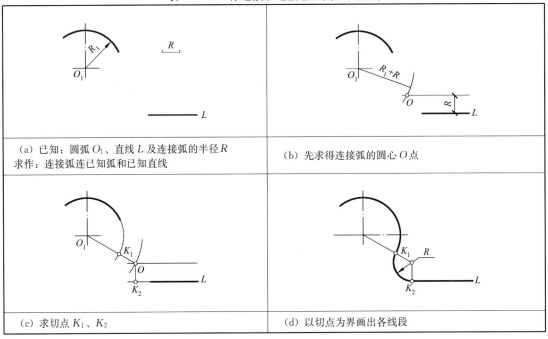

（a）已知：圆弧 O_1、直线 L 及连接弧的半径 R 求作：连接弧连已知弧和已知直线	（b）先求得连接弧的圆心 O 点
（c）求切点 K_1、K_2	（d）以切点为界画出各线段

表 1.3.11　图线连接的画法示例

连接类型	已知条件和求作要求	作图方法	
作圆弧连接 两垂直直线	（a）已知：垂直直线 L_1、L_2 及连接弧的半径 R 求作：连接弧	（b）以 L_1、L_2 的交点为圆心，以 R 为半径画弧，得切点 K_1、K_2	（c）分别以 K_1、K_2 为圆心，以 R 为半径画弧，其交点 O 为连接弧的圆心。然后画弧连线并描深
作圆弧连接 两斜交直线	（a）已知：直线 L_1、L_2 及连接弧半径 R 求作：连接弧	（b）作分别与 L_1、L_2 平行且相距为 R 的直线，其交点 O 为连接弧圆心	（c）求切点 K_2、K_2。连线并描深

连接类型	已知条件和求作要求	作图方法
作圆弧连接两已知圆弧	(a) 已知：圆弧 O_1、O_2 及连接弧的半径 R 求作：连接弧与 O_1 外切，与 O_2 内切	(b) 以 O_1 为圆心、$R+R_1$ 为半径画弧，以 O_2 为圆心、$R-R_2$ 为半径画弧，交点 O 为连接弧的圆心 (c) 求切点 K_1、K_2。连线并描深
作圆弧连接已知圆弧	(a) 已知：圆弧 O_1、直线 L 及连接弧的半径 R 求作：连接弧与圆弧 O_1 外切，并使其圆心在 L 上	(b) 以 O_1 为圆心、$R+R_1$ 为半径画弧，与 L 交于 O 点，则 O 点为所求连接弧的圆心 (c) 求切点 K。以 O 为圆心、R 为半径画弧，与圆弧 O_1 相切。连线并描深
作直线连接两已知圆弧（简便画法）	(a) 已知：圆弧 O_1、O_2 求作：连接直线与 O_1、O_2 圆弧外切	(b) 使三角板 Ⅰ 的一个直角边与两圆相切（目测），再使板 Ⅱ 紧贴板 Ⅰ 的斜边 (c) 板 Ⅱ 不动，移动板 Ⅰ，过 O_1、O_2 作切线的垂线，得两切点 K_1、K_2。连线并描深

  为了使图线光滑连接，必须保证两线段在切点处相连，即切点是两线段的分界点。为此，应准确作图。当因作图误差致使两图线不能在切点处相连时，可通过微量调整圆心位置或连接弧半径，最终使图线在切点处相连。

  三、椭圆画法

  目前尚没有适用的椭圆规用来画椭圆。作图时，常用数段光滑连接的圆弧近似地代替椭圆。表 1.3.12 所示为已知椭圆长短轴，用四心圆法画四段圆弧来表示椭圆。

表 1.3.12　四心圆弧法作椭圆

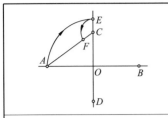	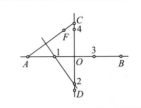	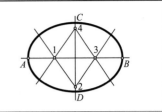
(a) 已知：长轴 AB、短轴 CD 作图：连接 AC，求出点 E、F，使 OE=OA，CF=CE	(b) 作 AF 的垂直平分线，交轴线于 1、2 两点；对称求出 3、4 两点	(c) 以点 1、2、3、4 为圆心，以四条连心线为分界线，过 A、B、C、D 四点分别作四段圆弧

另外，描点法也是画椭圆及双曲线、抛物线等非圆曲线的一种常用画法，此法将在第二篇内进行介绍。

第五节　平面图形的画法

绘制平面图形，一方面要求图形正确、美观，另一方面又要求作图迅速、熟练。为此，要养成先分析后作图的习惯，按照正确的作图顺序，高质量地绘制图样。

一、平面图形的分析

在动手画平面图形之前，要先进行分析。分析的目的是确定图形的作图顺序，包括两个方面：一是要先确定图形的基准线，并进一步分析哪些是主要线段，哪些是次要线段，从而决定整体绘图的大致顺序；二是要确定哪些线段能够直接画出来，哪些线段不能直接画出来，从而决定相邻线段的作图顺序。

图形分析包括尺寸分析和线段分析两方面的内容。

（一）尺寸分析

平面图形中的尺寸分为两大类：

1. 定形尺寸——确定平面图形各组成部分大小的尺寸。圆的直径、圆弧半径、线段长度及角度等都属于定形尺寸。例如图 1.3.3 中的 ϕ30、R16、R14 及 52、6 等尺寸。

2. 定位尺寸——确定平面图形各组成部分相对位置的尺寸。如图 1.3.3 中的 36、100、76 等尺寸。尺寸 80 既是定形尺寸（图形下部总长度），又是定位尺寸（确定 R14 的圆弧位置）。

在平面图形中，应确定水平和垂直两个方向的基准线，它们既是定位尺寸的起点，又是最先绘制的线段。通常选图形的重要端线、对称线、中心线等作为基准线，如图 1.3.3 所示。

尺寸分析是线段分析的基础。

（二）线段分析

平面图形中的线段，根据所给定的尺寸可分为三种：

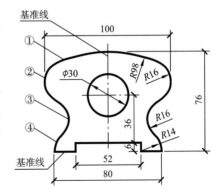

图 1.3.3　平面图形

1. 已知线段——具备完整的定形尺寸和定位尺寸，可以直接画出的线段。如图 1.3.3 中的直线段、$\phi30$ 的圆和线段①、④等。

2. 中间线段——需要通过与一条已知线段相连接才能画出的线段。如图 1.3.3 中的线段②，只有先画出线段①，才能画出线段②。

属于中间线段的圆弧，通常仅具备定形尺寸（半径）和一个定位尺寸。

3. 连接线段——根据与前后两端的已知线段均相连接的关系，才能画出的线段。如图 1.3.3 中的线段③，必须先画出线段②和④，才能画出线段③。

仅有半径尺寸而没有定位尺寸的圆弧，为连接线段。

作图时，总是先画已知线段，再画中间线段，最后画连接线段。其中，中间线段和连接线段按第一篇第三章第四节中介绍的图线连接方法绘制。

应当说明，通常平面图形的大部分线段属于已知线段，对这些线段仍应进行分析，确定合理的作图顺序，以利提高图样的质量和作图效率。

二、绘图步骤

下面以图 1.3.3 为例，介绍绘制平面图形的一般步骤。

（一）图形分析

通过尺寸分析和线段分析，确定作图的基准线和绘图顺序。

（二）绘制底稿

1. 根据图形的大小和复杂程度，确定图幅和比例，画出图框和标题栏。

2. 布图［表 1.3.13（a）］。

表 1.3.13　平面图形的画图步骤

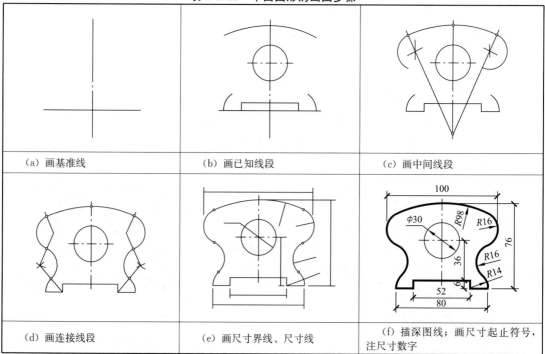

| （a）画基准线 | （b）画已知线段 | （c）画中间线段 |
| （d）画连接线段 | （e）画尺寸界线、尺寸线 | （f）描深图线；画尺寸起止符号，注尺寸数字 |

要周密考虑图样（包括图形和尺寸）在图纸上的位置，作到布图匀称。画出基准线后即完成布图。

3. 按照预定的作图顺序画出图形［表1.3.13（b）、（c）、（d）］。

4. 注尺寸［表1.3.13（e）］。

仅需画出尺寸界线和尺寸线。尺寸起止符号和数字在描深阶段一次完成。

5. 检查图样，修改错误。

（三）描深图样［表1.3.13（f）］

1. 描深次序

图样应根据需要上墨或铅笔描深。描深次序为：

（1）先曲线后直线，先粗线后细线，先实线后虚线，最后画点画线。

（2）先上方后下方，先左方后右方，先水平后垂直。

（3）同类线成批画，同方向线集中画。

（4）最后画尺寸起止符号并填写数字、文字。

2. 描深注意事项

（1）对于铅笔图，应在描深之前将多余的底稿线擦净；对墨线图，可在上墨后再擦除底稿线，以防纸面起毛造成洇墨。

（2）要注意保持同类线型的宽度一致。另外，粗实线的中心位置应与底稿线重合，如图1.3.4所示。

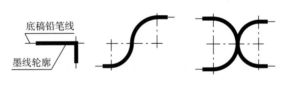

图1.3.4　描深粗实线

（3）铅笔描深时，尺寸线、尺寸界线、中心线等各类细线仍要描深，以保证图样中各类图线的深度大体一致。

（四）图样修饰

用橡皮擦掉错线，并擦干净图纸。对于画错的墨线，可以用刀片轻轻刮除。图线的结合处不够美观时，可用铅笔或绘图钢笔进行修饰。

三、平面图形尺寸的标注

（一）平面图形的尺寸标注要求

1. 正确——尺寸标注符合制图标准的规定。

2. 完整——尺寸必须齐全，不能遗漏。同时在尺寸数量上应力求简洁。

3. 清晰——尺寸要注在图形的最明显处，且布置整齐，便于看图。

（二）标注尺寸的步骤

1. 确定尺寸基准。

2. 标注定形尺寸。

3. 标注定位尺寸。

（三）平面图形的一些尺寸注法和注意事项（表1.3.14）。

表 1.3.14 平面图形的尺寸标注示例

说　明	正确注法	不适当注法
1. 应有"总长"和"总高"尺寸 2. 非对称图形通常选择端线作为尺寸基准	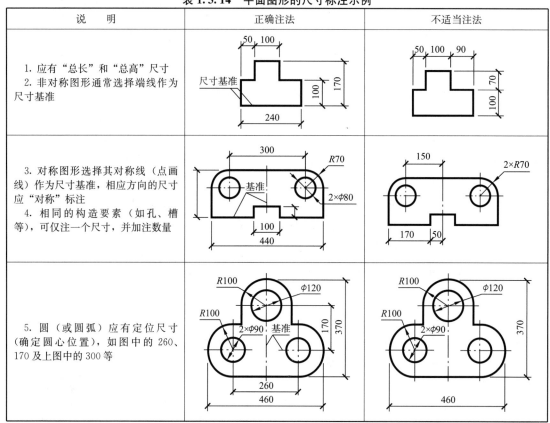	
3. 对称图形选择其对称线（点画线）作为尺寸基准，相应方向的尺寸应"对称"标注 4. 相同的构造要素（如孔、槽等），可仅注一个尺寸，并加注数量		
5. 圆（或圆弧）应有定位尺寸（确定圆心位置），如图中的 260、170 及上图中的 300 等		

第六节　徒手作图

在实物测绘、工程设计和技术交流过程中，常需要徒手快速作图。因此，徒手作图是工程技术人员一种不可缺少的基本功。

一、基本要领

图纸不必固定，可根据需要转动。握笔姿势要轻松，画线也不必过于用力，线条要舒展。图形的比例通过目测控制。

二、作图方法

徒手作图的基本方法和技巧见表 1.3.15。

三、注意事项

徒手画的图又叫草图，但草图不是潦草的图样。草图表达的内容与仪器图一样，并常作为仪器图的依据。因此画草图时，图线要尽量符合规定，做到直线平直、曲线光滑、线型分明。图形要完整、清晰，各部分比例恰当，尺寸数字工整。较复杂的图仍应分画底稿和描深两步进行。

表 1.3.15 徒手作图的基本方法

直线	
	本图所示方法，用于画各种角度的直线。也可以转动图纸，使图线处于方便的角度，然后画线
特殊角	
	先按一定比例画出直角边，然后画斜线
小圆和大圆	
	先确定圆周上适当数量的点，然后分两段画线
平面图形	平面图形的画图步骤： 1. 画基准线 2. 画图形 3. 注尺寸

第二篇 投 影 作 图

工程图样是应用投影法绘制的。本篇介绍正投影的概念、性质、规律和图样画法的规定，培养读者绘制和阅读工程图样的能力。

第一章 正投影法和物体的三面投影图

本章概述投影原理、投影特性及三面投影的形成、规律及画法，为学习和绘制形体投影图奠定基础。

本章名词概念和画法依据《技术制图 通用术语》（GB/T 13361—2012）、《技术制图 投影法》（GB/T 14692—2008）。

第一节 正 投 影 法

一、投影法基本概念和分类

（一）投影法概念

类似于日光照射物体在地面投下影子，在工程制图中用投影法实现三维物体到平面图形的转变，如图 2.1.1 所示。

投影法：投射线通过物体，向选定的面投射，并在该面上得到图形的方法。

投影：根据投影法所得到的图形。

投影面：投影法中，得到投影的面。

可以看出：

点 A 的投影为点 a。通常空间点用大写字母表示，投影用小写字母表示。

直线 AB 的投影是其端点投影的连线 ab。

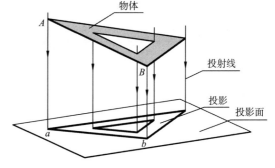

图 2.1.1 投影法概念

平面的投影用围成该平面的各直线的投影来表示。

（二）投影法分类

按投射线汇交或者平行，投影法分为中心投影法和平行投影法。

中心投影法：投射线汇交一点的投影法，如图 2.1.2 所示。

平行投影法：投射线互相平行的投影法，如图 2.1.3 所示。

平行投影法又分为斜投影法和正投影法。

斜投影法：投射线与投影面相倾斜的平行投影法，如图 2.1.3（a）所示。

正投影法：投射线与投影面相垂直的平行投影法，如图 2.1.3（b）所示。

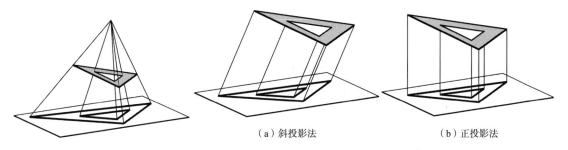

（a）斜投影法　　　　　　　　（b）正投影法

图 2.1.2　中心投影法　　　　　　　　图 2.1.3　平行投影法

正投影（正投影图）：根据正投影法得到的图形。

二、正投影的基本性质

正投影的基本性质如图 2.1.4 所示。

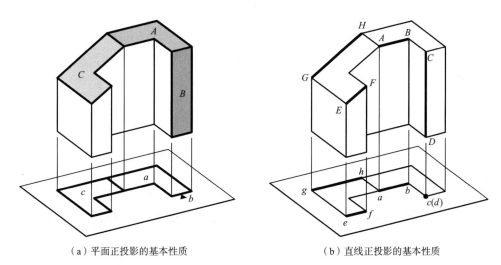

（a）平面正投影的基本性质　　　　　（b）直线正投影的基本性质

图 2.1.4　正投影的基本性质

1. 显实性。平面平行于投影面时，其正投影反映实形，如图 2.1.4（a）中的平面 A；直线平行于投影面时，其正投影反映实长，如图 2.1.4（b）中的直线 AB。

2. 积聚性。平面垂直于投影面时，其正投影积聚为直线。如图 2.1.4（a）中的平面 B；直线垂直于投影面时，其正投影积聚为点，如果图 2.1.4（b）的直线 CD。

3. 类似性。平面倾斜于投影面时，其正投影为类似的多边形（面积缩小），如图 2.1.4（a）中的平面 C；直线倾斜于投影面时，其正投影为直线（长度缩短），如图 2.1.4（b）中的直线 EF。

4. 平行性。两条互相平行的直线的正投影仍然保持平行，如图 2.1.4（b）中的 GH 与 EF。

由于上述这些特性，使得正投影法成为工程制图主要的表达方法。为叙述简便，本课后续内容中"投影"这个词均表示用正投影法得到的图形。

第二节　物体的三面投影图

物体的投影用围成物体的表面的投影来表示。

一个物体需要多个投影，才能表达准确完整。最常用的是三面投影。

一、物体三面投影的形成

（一）三面投影体系

如图 2.1.5 所示的空间直角坐标系，构成了一个投影体系。

三个投影轴分别为：OX（X 轴）、OY（Y 轴）、OZ（Z 轴）。

三个投影面分别为：V 面（又称为正立投影面）、H 面（水平投影面）、W 面（侧立投影面）。

后文出现的"X 轴""Y 轴""Z 轴""V 面""H 面""W 面"均为此含义。

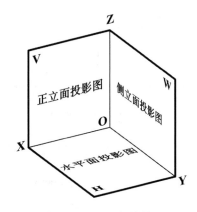

图 2.1.5　三面投影体系

（二）物体三面投影的形成方法

如图 2.1.6 所示，将物体放在三面投影体系中，得到三个投影，分别如下。

正面投影：将物体从前向后投射得到的投影。

水平投影：将物体从上向下投射得到的投影。

侧面投影：将物体从左向右投射得到的投影。

如图 2.1.7 所示，我们设想自己作为观察者，视线相当于投射线，从三个不同角度"看"物体，同样得到上述三个投影。这三个投影也称为主视图、俯视图、左视图。

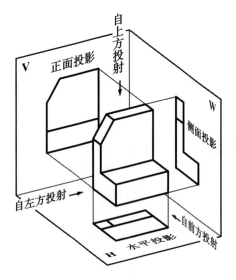

图 2.1.6　三面投影的形成

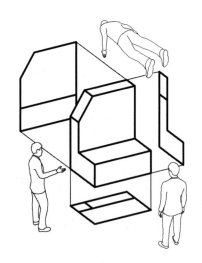

图 2.1.7　观察者从三个方向"看"

（三）物体三面投影在图纸上的配置关系

将物体的三个投影画在同一张图纸上，按图 2.1.8（a）所示位置关系放置，称为基本配置关系。即：以正面投影为基准，水平投影放在下方，侧面投影放在右侧。

三面投影图：上述三个基本投影组成的图。

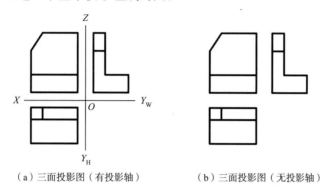

（a）三面投影图（有投影轴）　　　　　（b）三面投影图（无投影轴）

图 2.1.8　三面投影图的基本配置关系

图 2.1.8（a）同时画出了投影轴，其中 *OX-OZ* 构成了正立投影面，*OX-OY*H 构成了水平投影面，*OZ-OY*W 构成了侧立投影面。

在掌握三面投影图形成方法的基础上，工程师们按图 2.1.7 那样去想象着"看"，不用投影面也能画出工程图样。

实际绘制工程图样时并不画出投影轴，如图 2.1.8（b）所示。本课后续内容均不画投影轴。

二、物体三面投影图的规律

物体在投影体系中放好后（想象作为观察者面对物体站立），我们统一规定其方位关系（上、下、左、右、前、后）和长度度量关系（长、高、宽）如图 2.1.9 所示。

如图 2.1.10 所示，每个投影反映出物体的二维方位和度量：

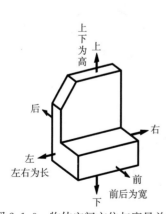

图 2.1.9　物体空间方位与度量关系

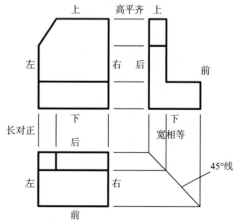

图 2.1.10　三面投影图中方位与度量关系

正面投影反映出物体左右的长度、上下的高度，不反映前后的宽度。

水平投影反映出物体左右的长度、前后的宽度，不反映上下的高度。

侧面投影反映出物体上下的高度、前后的宽度，不反映左右的长度。

两个投影之间的度量关系：

正面投影的各部分长度与水平投影的相应长度对正。

正面投影的各部分高度与侧面投影的相应高度平齐。

水平投影的各部分宽度与侧面投影的相应宽度相等。

上述度量关系简称为：**"长对正、高平齐、宽相等"**，是三面投影图的基本规律（又称为**"三等关系"**）。

强调说明：清晰理解、熟练掌握和运用上述方位关系和基本规律，是学好本课的基础。在学习过程中，一定要想象自己作为观察者与物体之间的关系，如图 2.1.7 所示。

当你根据物体画三面投影图时，你作为图 2.1.7 中的观察者分别从不同方向去"看"，从而得到每个投影。

当你根据三面投影图（图 2.1.8）想象空间物体时，针对每一个投影，要想象观察者相对应的站位和视线：

你在看正面投影时，想象你正站在物体前方，从前向后看物体。

你在看侧面投影时，想象你正站在物体左方，从左向右看物体。

你在看水平投影时，想象你的眼睛从物体上方，从上向下看物体。

最终想象出物体的全貌。

三、物体三面投影图的画法和尺寸标注

下面通过一个简单的例子说明物体三面投影图的画法和尺寸注法。

〔例题 2.1〕根据物体的立体图，画出其三面投影图，并标注尺寸，如图 2.1.11 所示。

绘制步骤：

1. 放置物体

将物体按图 2.1.12 所示放置，使正面投影反映物体主要的形状特征。

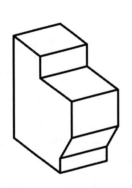

图 2.1.11　物体立体图

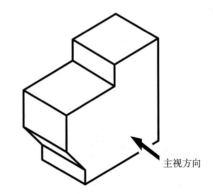

主视方向

图 2.1.12　放置物体

2. 画三面投影图

先画正面投影，如图 2.1.13（a）所示。正面投影放映了物体的长度和高度。画图时尺

寸从立体图（或模型）直接量取。根据图纸幅面选取适当比例，本例按1∶1比例画图。

画出水平投影和侧面投影，如图2.1.13（b）所示。各个部分都要符合长对正、高平齐、宽相等的"三等"关系。其中，长对正可画竖直辅助线，高平齐可画水平辅助线，宽相等可画45°斜辅助线。各图形之间保持适当距离。

整理图形，如图2.1.13（c）所示。可见轮廓线用粗实线表示，不可见轮廓线用中虚线表示，擦除辅助图线。

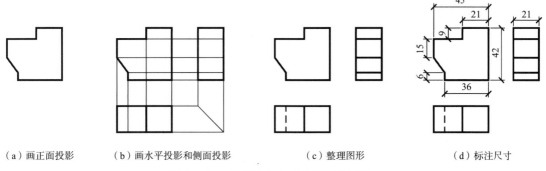

（a）画正面投影　　　（b）画水平投影和侧面投影　　　　　（c）整理图形　　　　　　（d）标注尺寸

图2.1.13　画物体的三面投影图并标尺寸

3. 标注尺寸

首先在正面投影上标注反映物体的主要形状的尺寸，然后在其他投影补齐尺寸。

第三节　体表面上点、直线、平面的投影

一、点的投影

如图2.1.14所示，A点的三面投影分别记为a、a′、a″。B点的三面投影分别记为b、b′、b″。

点的投影同样符合前面所述的"三等关系"，即正面投影与水平投影在长度方向"对正"，正面投影与水平投影在高度方向上"平齐"，水平投影与侧面投影在宽度方向上位于物体相应的位置。

物体上两点之间的位置关系，也在其投影图中得到反映。如图2.1.14（a）中A点位于B的左、后方，两点同高度。在图2.1.14（b）三面投影图中也反映出这个三个方向的位置关系。

二、直线的投影

直线的投影就是直线端点投影的连线。如图2.1.15中，直线AB的水平投影为直线ab，正面投影为a′b′，侧面投影为a″b″。

根据直线在投影面中所处不同的位置，其投影具有不同的特点，并且具有规律性。

（一）投影面垂直线的投影

垂直于某一投影面的直线称为投影面垂直线。该线同时平行于另两个投影面。

投影面垂直线分为：

（1）正垂线——与V面垂直，与H面和W面平行，如图2.1.15（a）中的AB。

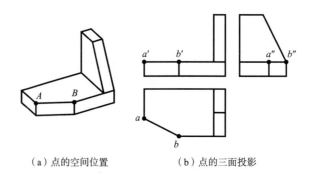

（a）点的空间位置　　　　　　（b）点的三面投影

图 2.1.14　点的投影

（2）铅垂线——与 H 面垂直，与 V 面和 W 面平行，如图 2.1.15（b）中的 CD。

（3）侧垂线——与 W 面垂直，与 V 面和 H 面平行，如图 2.1.15（c）中的 EF。

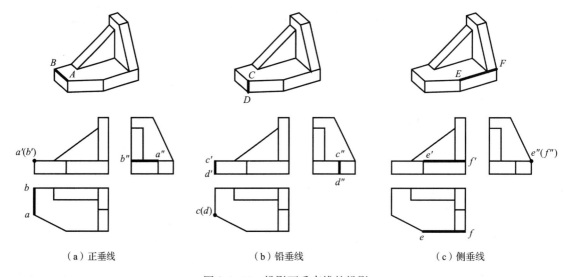

（a）正垂线　　　　　　　（b）铅垂线　　　　　　　（c）侧垂线

图 2.1.15　投影面垂直线的投影

图 2.1.15（a）中，直线 AB 垂直于 V 面，因此其正面投影积聚为一点，同时另两个投影垂直于相应的投影轴；AB 平行于 H 面和 W 面，因此在这两个面上的投影 ab 和 $a''b''$ 反映 AB 的实长。

直线 CD、EF 具有类似的投影特征。

投影面垂直线的投影特征为：

1. 直线在所垂直的投影面上的投影积聚成一点。

2. 直线的另外两个投影反映实长，且分别垂直于相应的投影轴。

（二）投影线平行线的投影

平行于某一投影面且倾斜于另两个投影面的直线称为投影面平行线。

投影面平行线分为：

（1）正平线——与 V 面平行，如图 2.1.16（a）中的 AB。

（2）水平线——与 H 面平行，如图 2.1.16（b）中的 CD。

（3）侧平线——与 W 面平行，如图 2.1.16（c）中的 EF。

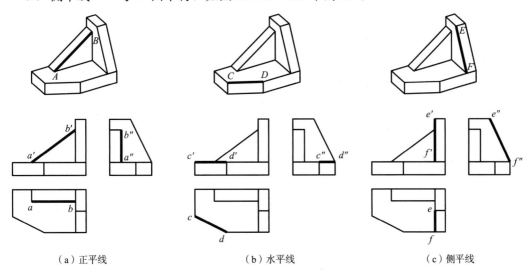

（a）正平线　　　　　　　（b）水平线　　　　　　　（c）侧平线

图 2.1.16　投影面平行线的投影

图 2.1.16（a）中，AB 平行于 V 面，因此其正面投影反映实长，同时反映 AB 与另两个投影面的倾角（显实性）；AB 倾斜于另两个投影面，因此这两个投影仍为直线，但长度变短（类似性）。

直线 CD、EF 具有类似的投影特征。

投影面平行线的投影特征为：

1. 直线在所平行的投影面上的投影反映实长，同时反映直线对另外两个投影面的倾角。

2. 直线的另外两个投影仍为直线，比实长短，且分别平行于相应的投影轴。

（三）一般位置直线的投影

对三个投影面均处于倾斜位置的直线称为一般位置直线，如图 2.1.17 所示。

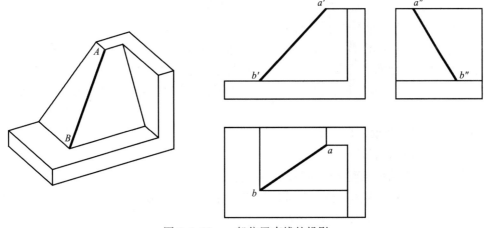

图 2.1.17　一般位置直线的投影

一般位置直线的投影特征为：

1. 三个投影均为直线，且比实长短。

2. 三个投影均与投影轴倾斜。

掌握各种位置直线的投影特征可以帮助我们快速准确地画图（根据空间位置画三面投影图）和读图（根据投影图想象空间位置）。

〔**例题 2.2**〕如图 2.1.18（a）所示，已知物体棱线 *AB*、*CD* 的水平投影和正面投影，判断其空间位置，并标出其侧面投影。

分析：首先根据图 2.1.18（a）想象出物体形状以及 *AB*、*CD* 直线在物体表面的位置，如图 2.1.18（b）所示；根据 *ab*、*a'*(*b'*)，可知 *AB* 为正垂线；根据 *cd*、*c'd'*，可知 *CD* 为正平线。

作图：如图 2.1.18（c）所示。

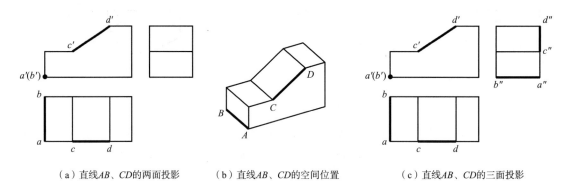

（a）直线*AB*、*CD*的两面投影　　　（b）直线*AB*、*CD*的空间位置　　　（c）直线*AB*、*CD*的三面投影

图 2.1.18　根据直线两面投影补画第二投影

三、平面的投影

（一）投影面平行面的投影

平行于某一投影面的平面称为投影面平行面。该面同时垂直于另外两个投影面。

投影面平行面分为：

（1）正平面——与 *V* 面平行，与 *H* 面、*W* 面垂直，如图 2.1.19（a）所示。

（2）水平面——与 *H* 面平行，与 *V* 面、*W* 面垂直，如图 2.1.19（b）所示。

（3）侧平面——与 *W* 面平行，与 *V* 面、*H* 面垂直，如图 2.1.19（c）所示。

图 2.1.19 中，平面 *A* 平行于 *V* 面，因此其正面投影反映实形（显实性）；*A* 垂直于另两个投影面，因此其另两个投影积聚为直线（积聚性）。同时 *A* 的另两个投影平行于相应的投影轴。

平面 *B*、*C* 具有类似的投影特征。

投影面平行面的投影特征为：

1. 在它所平行的投影面上的投影反映实形。

2. 另外两个投影积聚为直线，且分别平行于相应的投影轴。

（二）投影面垂直面的投影

垂直于某一投影面且倾斜于其他两个投影面的平面称为投影面垂直面。

投影面垂直面分为：

（1）正垂面——与 *V* 面垂直，如图 2.1.20（a）所示。

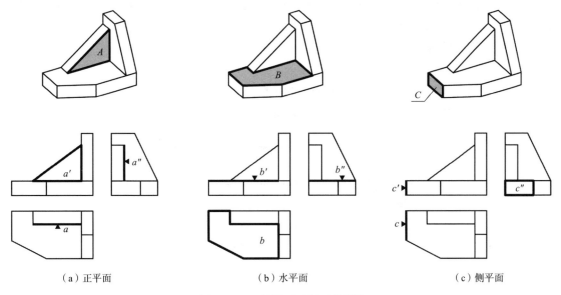

（a）正平面　　　　　　　　　　（b）水平面　　　　　　　　　　（c）侧平面

图 2.1.19　投影面平行面的投影

（2）铅垂面——与 H 面垂直，如图 2.1.20（b）所示。

（3）侧垂面——与 W 面垂直，如图 2.1.20（c）所示。

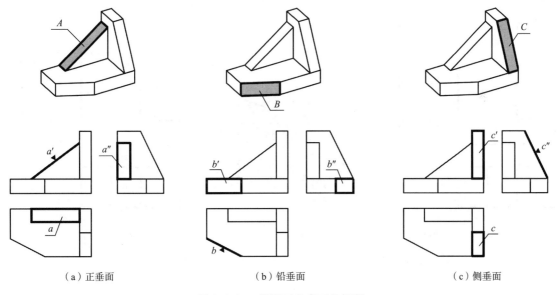

（a）正垂面　　　　　　　　　　（b）铅垂面　　　　　　　　　　（c）侧垂面

图 2.1.20　投影面垂直面的投影

图 2.1.20 中，平面 A 垂直于 V 面，因此其正面投影为一条直线（积聚性）；与另两个投影面倾斜，因此这两个投影为 A 的相似形（积聚性）。

平面 B、C 有类似的投影特征。

投影面垂直面的投影特征为：

1. 在它所垂直的投影面上的投影积聚成一条直线，此线与投影轴的夹角反映该平面对另外两个投影面倾角的真实大小。

2. 另外两个投影为类似形。

（三）一般位置平面的投影

对三个投影面均处于倾斜位置的平面称为一般位置平面，如图 2.1.21 中的 A 面。

一般位置平面的投影特征为：三面投影均为类似形。

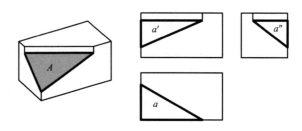

图 2.1.21　一般位置平面的投影

〔**例题 2.3**〕如图 2.1.22（a）所示，已知物体表面中平面 A、B 的正面投影，判断其空间位置，并标出其另两投影。

分析： a′为一个多边形，在水平投影上没有对应的类似形，因此其水平投影 a 是一条直线，且与 X 轴平行，因此平面 A 是正平面，位于物体的前面；b′为一条斜线，平面 B 为正垂面，另两个投影应为类似形，对应为矩形。空间位置如图 2.1.22（b）所示。

作图： 如图 2.1.22（c）所示。

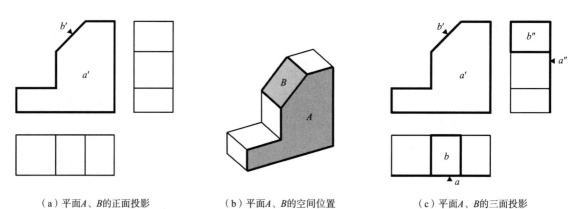

（a）平面 A、B 的正面投影　　（b）平面 A、B 的空间位置　　（c）平面 A、B 的三面投影

图 2.1.22　根据平面 A、B 的正面投影求另外两个投影

第二章　体 的 投 影

第一节　基本体的投影

按表面性质不同，形体可分为平面体和曲面体两大类。如果形体表面全部由平面构成，则称为平面体，如果形体表面有曲面部分，则称为曲面体。

形体的投影由其表面的投影来表示。平面体的投影就是其表面上棱线投影的集合，而对于曲面体，其表面上曲面部分的投影要按特定的画法绘制。

一、平面体的投影

（一）棱柱体的投影

图 2.2.1 为正六棱柱的立体图和投影图。该体上下底面是全等的正六边形且为水平面，各侧面是全等的矩形，前后侧面为正平面，左右侧面为铅垂面。

从图 2.2.1（b）中可以看出，其水平投影为一正六边形，它是上下底面的投影（重影），且反映实形；六边形的各边为六个侧面的积聚投影；六个角点是六条侧棱的积聚投影。

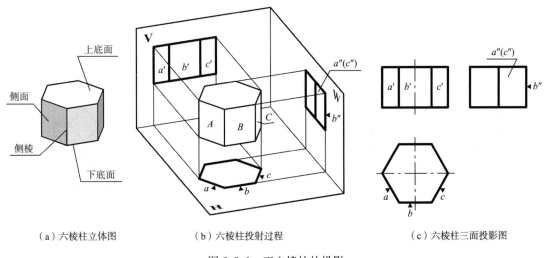

（a）六棱柱立体图　　　　　（b）六棱柱投射过程　　　　　（c）六棱柱三面投影图

图 2.2.1　正六棱柱的投影

正面投影是并列的三个矩形线框，中间的线框是棱柱前后侧面的投影（重影），反映实形；左右的线框是其余四个侧面的投影，为类似形；线框上下两条水平线是上下底面的积聚投影；四条竖直线是侧棱的投影，反映实长。

侧面投影是并列的两个矩形线框，它是棱柱左右四个侧面的投影（重影），为类似形；两侧竖直线是棱柱前后侧面的积聚投影；中间的竖直线是侧棱的投影；上下水平线则为底面的积聚投影。图 2.2.1（c）是六棱柱的三面投影图。

棱柱体的投影特征：**一个投影反映底面的实形（多边形），其他两个投影为矩形或几个并列的矩形。**

工程形体绝大部分是由棱柱体组成的，图2.2.2为各种棱柱体的投影图。

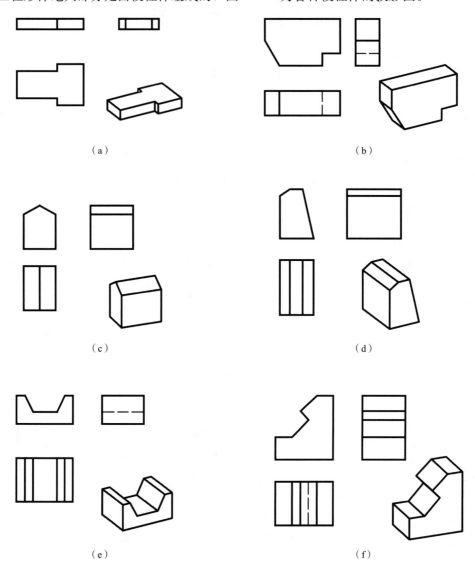

图2.2.2　各种棱柱体的投影

（二）棱锥体的投影

图2.2.3（a）为正三棱锥的立体图。

从图2.2.3（b）中看出，三棱锥水平投影中的外形三角形 *abc* 是底面的投影，反映实形；*s* 是锥顶的投影，位于三角形 *abc* 的中心，它与三个角点的连线 *sa*、*sb*、*sc* 是三条侧棱的投影；中间三个小三角形是三个侧面的投影。

正面投影是两个并列的全等三角形，是三棱锥三个侧面的投影。底面及侧棱的正面投影读者自行分析。

侧面投影是一个非等腰三角形，*s″a″*（*c″*）为三棱锥后侧面的积聚投影，*s″b″* 为三棱锥侧棱的投影，其他部分投影由读者自行分析。

图 2.2.3（c）为其三面投影图。

棱锥体的投影特征：**一面投影为反映底面实形的多边形（内含反映侧表面的几个三角形），另外的两面投影为并列的三角形。**

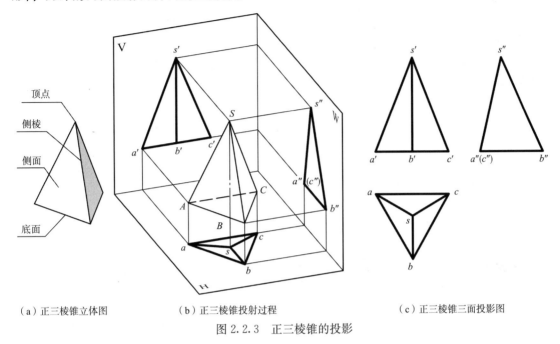

（a）正三棱锥立体图　　　　　（b）正三棱锥投射过程　　　　　（c）正三棱锥三面投影图

图 2.2.3　正三棱锥的投影

（三）棱台体的投影

图 2.2.4（a）为四棱台的立体图，图 2.2.4（b）为其三面投影图。

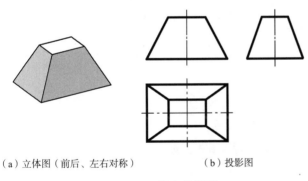

（a）立体图（前后、左右对称）　　　　（b）投影图

图 2.2.4　四棱台的投影

图 2.2.4 中四棱台的上下底面为水平面，其水平投影反映实形，其他两个投影为水平线；前后两个侧面为侧垂面，其侧面投影为一条斜线，其他两个投影为相似形；左右两个侧面为正垂面，其正面投影为一条斜线，其他两个投影为相似形。由于四棱台前后、左右对称，因此其水平投影也是前后、左右对称。

棱台体的投影特征：**一个投影为反映上下底面实形的多边形和反映侧面的多个梯形；其他两个投影为梯形或几个并列的梯形。**

四棱台是常见的工程形体。图 2.2.5 所示为各种四棱台的投影图。

（四）平面体投影图的画法

画平面体的投影，就是画出构成平面体的侧面（平面）、侧棱（直线）、角点（点）的投影。

画平面体投影图的一般步骤如下：

1. 研究平面体的几何特征，决定安放位置即确定正面投影方向，通常将体的表面尽量

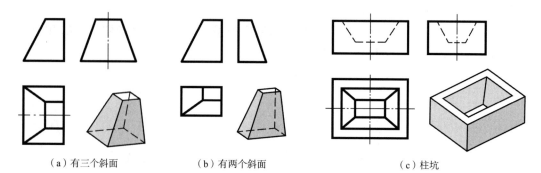

| （a）有三个斜面 | （b）有两个斜面 | （c）柱坑 |

图 2.2.5　各种四棱台的投影图

平行投影面。

2. 分析该体三面投影的特点。

3. 布图（定位），画出中心线或基准线。

4. 先画出反映形体底面实形的投影，再根据投影关系作出其他投影。

5. 检查、整理加深，标注尺寸。

〔例题 2.4〕已知正六边形外接圆直径及柱高，求作其三面投影图。作图步骤如图 2.2.6 所示。

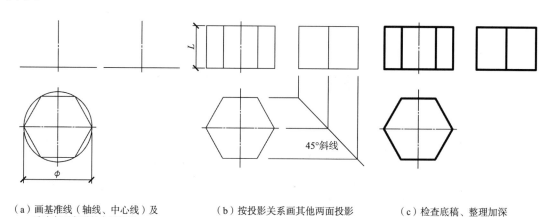

| （a）画基准线（轴线、中心线）及
反映底面实形的水平投影 | （b）按投影关系画其他两面投影 | （c）检查底稿、整理加深 |

图 2.2.6　正六棱柱投影图作图步骤

二、回转体的投影

工程中的曲面体大多是回转体。回转体的曲面可看成一条线围绕轴线回转形成，这条运动着的线称母线，母线运行到任一位置称**素线**。常见的回转体有圆柱、圆锥、球等。

（一）圆柱体的投影

矩形 O_1OAB 以其一边 OO_1 为轴，回转一周形成圆柱，如图 2.2.7（a）所示。圆柱的水平投影为一圆形，反映上下底面的实形（重影），圆周则为圆柱面的积聚投影；正面投影为一矩形，上下两条水平线为上下底面的积聚投影，左右两条线为圆柱最左最右两条素线（轮廓素线）的投影，也是圆柱面对 V 面投影时可见部分与不可见部分的分界线；侧面投影为一矩形，竖直的两条线为圆柱最前、最后两条素线的投影，是圆柱左半部与右半部的分界线。

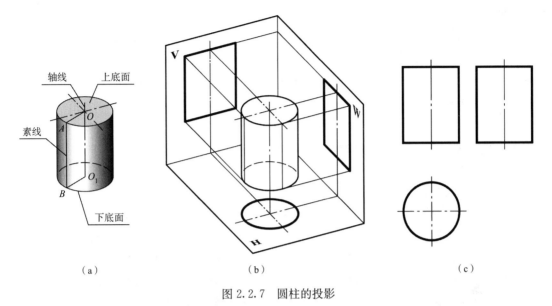

（a）   （b）   （c）

图 2.2.7　圆柱的投影

　　圆柱的投影特征：**在与轴线垂直的投影面上的投影为一圆形，另外两面上的投影为全等的矩形。**

　　应注意：投影为圆时，要用互相垂直的点画线的交点表示圆心，投影为矩形时，用点画线表示回转轴，其他回转体的投影，均具有此特点。

　　（二）圆锥体的投影

　　直角三角形 SAO，以其直角边 SO 为轴回转形成圆锥，如图 2.2.8（a）所示，其投影如图 2.2.8（b）、（c）所示。由于圆锥的投影与圆柱的投影相仿，其锥面、底面、轮廓素线的投影，读者可自行分析。

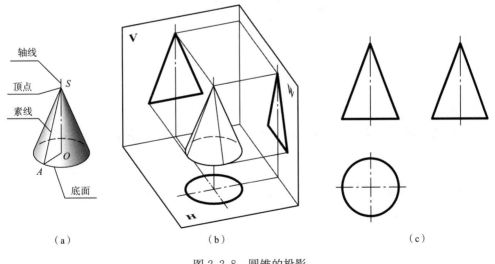

（a）   （b）   （c）

图 2.2.8　圆锥的投影

圆锥的投影特征：**在与轴线垂直的投影面上的投影为圆，另外两面上的投影为全等的等腰三角形。**

（三）圆台体的投影

圆锥被垂直于轴线的平面截去锥顶部分，剩余部分称圆台，其上下底面为半径不同的圆面，如图 2.2.9 所示。

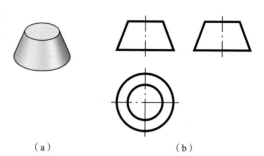

（a）　　　　　　（b）

图 2.2.9　圆台的投影

圆台的投影特征：**与轴线垂直的投影面上的投影为两个同心圆，另外两面的投影为大小相等的等腰梯形。**

（四）球体的投影

半圆或整圆以其直径为轴回转形成球，如图 2.2.10（a）所示，球无论向哪一方面进行投影，其轮廓均为圆，如图 2.2.10（b）所示。水平投影中，圆 a 为可见的上半个球面和不可见的下半个球面的重合投影，此圆周轮廓的正面、侧面投影分别为过球心的水平线段 a'、a''；正面投影和侧面投影中圆 b' 和 c''，分别表示球面上平行正面、侧面的圆周轮廓的投影，该圆周轮廓的另外两投影以及球面投影的可见性问题，读者试分析。

球的投影特征：**三面投影为三个大小相等的圆。**

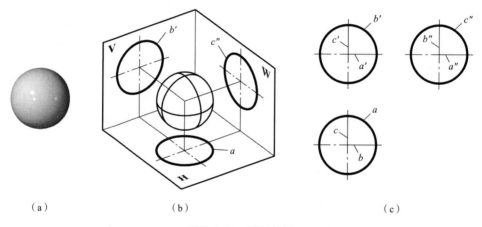

（a）　　　　　　　　（b）　　　　　　　　（c）

图 2.2.10　球的投影

（五）回转体投影图的画法

回转体投影的作图步骤与平面体相同。图 2.2.11 为画圆柱投影的作图步骤。

球的三面投影图，也是先画定位中心线，再画三个圆。

三、简单形体的投影特征和尺寸标注

简单形体的投影特征和尺寸标注方法见表 2.2.1。

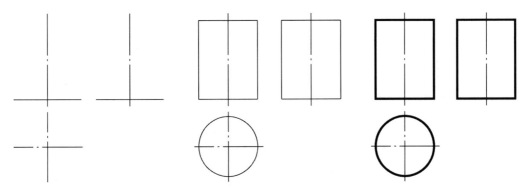

（a）作底面的定位中心线及回转轴线　　（b）作底面圆的实形（水平投影）　　　（c）检查、整理加深
　　　　　　　　　　　　　　　　　　　　　　并同时定出侧面矩形宽度；
　　　　　　　　　　　　　　　　　　　　　　依投影关系作正面、侧面投影

图 2.2.11　圆柱投影图的作图步骤

表 2.2.1　简单形体的投影图和尺寸标注

名称	三投影图	需要画的投影图和应注的尺寸	投影特征
正六棱柱			
三棱柱			柱类： 1. 反映底面实形的投影为多边形或圆 2. 其他两投影为矩形或几个并列的矩形
四棱柱			
圆柱			

名称	三投影图	需要画的投影图和应注的尺寸		投影特征
正三棱锥				锥类： 1. 反映底面实形的投影为一个划分成若干三角形线框的多边形或圆 2. 其他投影为三角形或几个并列的三角形
正四棱锥				
圆锥				
四棱台				台类： 1. 反映底面实形的投影如为棱台，是多边形和梯形的组合，如为圆台是两个同心圆 2. 其他投影为梯形或并列的梯形
圆台				
球				各投影均为圆

在柱体投影中标注尺寸，通常先标注反映底面实形的投影，然后再标注第三方向的尺寸，如图 2.2.12 所示。

在标注台体的尺寸时，除了标注底面实形尺寸和第三方向尺寸外，还需要标注上下底面的相对位置关系。如图 2.2.13 中台体左右不对称，因此需要标注上下底长度方向上的相对位置关系（正面图中的 24）。锥体的尺寸标注也有类似的特点。

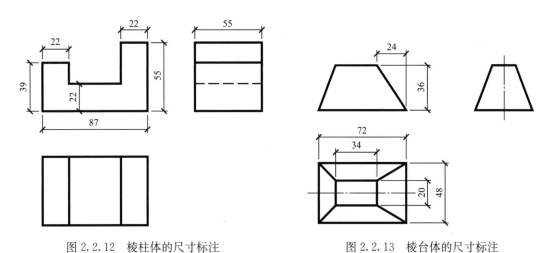

图 2.2.12 棱柱体的尺寸标注   图 2.2.13 棱台体的尺寸标注

第二节 组合体的投影

工程建筑物一般比较复杂，可以看作是由多个基本形体组合而成。这种由多个基本形体组合而成的立体称**组合体**。

一、组合体投影图的画法

画组合体投影图的基本方法是**形体分析法**。

所谓形体分析法就是：**假想将组合体分解成几个基本体，分析它们的形状、相对位置、组合形式和表面交线，将基本体的投影图按其相互位置进行组合，便得出组合体的投影图。**

〔例题 2.5〕以图 2.2.14 所示的简化排水管出口为例，分析一般作图步骤。

（一）形体分析

排水管出口由四分部分构成。下部基础为 L 形柱体。端墙为四棱柱，位于基础之上。帽石为四棱柱，位于端墙之上。圆管是中空的圆柱，位于基础顶面、端墙前面。出口整体左右对称，各部分在前后方向上有错位。

（二）选择投影图

1. 考虑安放位置，确定正面投影方向

形体对投影面处于不同位置就得到不同的投影

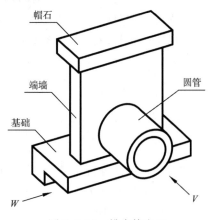

图 2.2.14 排水管出口

图。一般应使形体自然安放且形态稳定；并将主要面与投影面平行，以便使投影反映实形；正面投影应反映形体的形状特征，并使各投影图中尽量少出现虚线。

虽然 W 方向反映该体各组成部分的相对位置明显，但考虑到 V 方向表达其形状特征明显，又便于布图，因此确定 V 面方向为正面投影方向。

2. 确定投影图的数量

应在能正确、完整、清楚地表达形体的原则下，使用最少数量的投影图。

虽然基础、圆管、端墙均可用正面、侧面投影即能将其表达清楚，但帽石尚需三面投影才能确定其形状，因而该组合体采用三面投影。分析时，可进行构思或画出各部分投影草图，如图 2.2.15 所示。

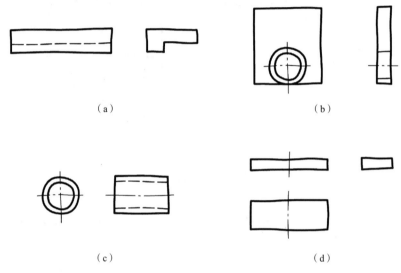

图 2.2.15　排水管出口各组成部分草图

（三）画组合体草图

绘制工程图，一般先画草图。草图不是潦草的图，它是目测形体大小比例徒手绘制的图形。画草图是在用仪器画图之前的构思准备过程，也是工程技术人员进行创作、交流的有力工具，因此掌握草图的绘制技能是工程技术人员不可缺少的基本功。草图上的线条要基本平直、方向正确，长短大致符合比例，线型符合国家标准。

排水管出口草图的画法步骤如下：

1. 布图。用轻、细的线条画出投影图中长、宽、高方向的基准线，如图 2.2.16（a）所示。

2. 画投影图。将组成出口的四个基本体的投影按顺序画出，每个基本体要先画反映底面实形的投影，如图 2.2.16（b）所示。必须注意，建筑物或构件形体，实际上是一个不可分割的整体，形体分析仅是一种假想的分析方法，因此画图时要准确反映它们的相互位置并考虑交结处的情况（不标注尺寸）。

3. 读图复核，加深图线。一是复核有无错漏和多余线条。用形体分析法检查每个基本体是否表达清楚，相对位置是否正确，交结关系处理是否得当。例如：圆管是位于基础顶面

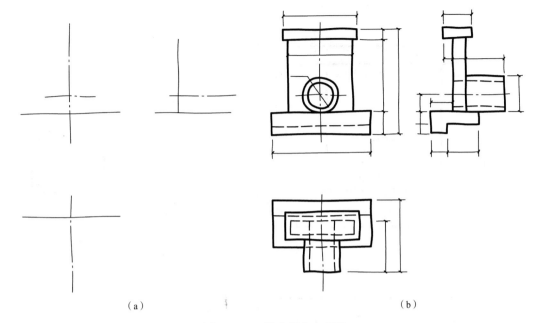

（a）　　　　　　　　　　　　　　　（b）

图 2.2.16　排水管出口草图

且左右对称，其圆孔是通透端墙的，因此，圆管的水平投影（矩形）对称于中心线，且虚线通透端墙；二是提高读图能力。不对照立体图或实物，根据草图仔细阅读、想象立体的形状，然后再与实物比较，坚持画、读结合，就能不断提高识图能力。

检查无误后，按各类线型要求加深图线。

（四）标注尺寸

先徒手在草图上画出全部应标注的尺寸线、尺寸界线和尺寸起止符号，然后测量实物（模型或立体图）的尺寸，按形体顺序填写。

（五）用仪器画图（图 2.2.17）

草图复核无误后，根据草图用仪器绘制图形。

1. 选择比例和图幅。

2. 布图、确定基准线。

3. 画投影图底稿。

4. 检查并加深图线。

5. 标注尺寸。

6. 填写标题栏。

用仪器画图要求投影关系正确，尺寸标注齐全，布图均匀适中，图面规整清洁，字体、线型符合国家标准。

图 2.2.18（a）所示为切割式组合体。

形体的原始形状为一个五棱柱，在五棱柱的下部中央，前后各切去一个薄四棱柱体，左右两端下角处，对称地各切去一个梯形四棱柱，图 2.2.18（b）为其三面投影，读者可自行分析，按例题 2.5 步骤作图。

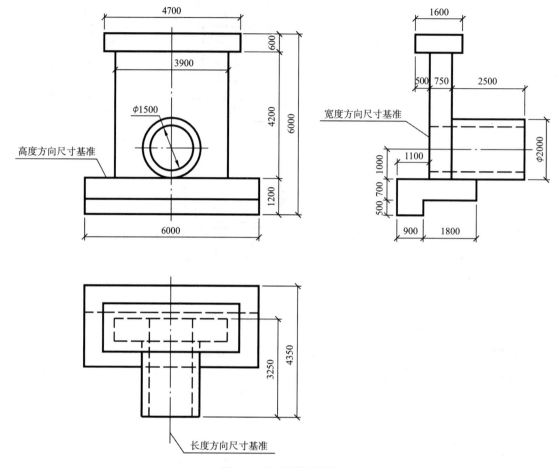

图 2.2.17 用仪器画图

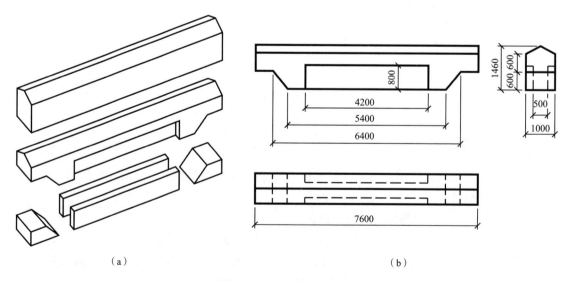

（a）

（b）

图 2.2.18 切割式组合体

二、组合体的尺寸标注

投影图是表达形体的形状和各部分的相互关系，而有足够的尺寸才能表明形体的实际大小和各组成部分的相对位置。

（一）尺寸种类

以形体分析法为基础，注出组合体各组成部分的大小尺寸——**定形尺寸**，各组成部分相对于基准的位置尺寸——**定位尺寸**及组合体的总长、宽、高尺寸——**总体尺寸。**

（二）尺寸基准

欲注组合体的定位尺寸必须确定尺寸基准——**标注尺寸的起点。**组合体需有长、宽、高三个方向的尺寸基准，才能确定各组成部分的左右、前后、上下关系，组合体通常以其底面、端面、对称平面、回转体的轴线和圆的中心线作尺寸基准，如图 2.2.17 所示。

（三）标注尺寸的顺序（图 2.2.17）

1. 首先注出定形尺寸，如基础长 6000，宽 1800、900，高 500、700；端墙长 3900，宽 750，高 4200；帽石长 4700，宽 1600，高 600；圆管 ϕ1500、ϕ2000，轴向尺寸为 3250、2500。

2. 再注定位尺寸，如圆管轴线高 1000，基础后端面、帽石后端面定位宽 1100、500，其他组成部分的端面或轴线位于基准线上，则该方向定位尺寸为零，省略不注。

3. 最后注总体尺寸，如总长 6000，总宽 4350，总高 6000。

（四）注意事项

1. 尺寸标注要求完整、清晰、易读。

2. 各基本体的定形、定位尺寸，宜注在反映该体形状、位置特征的投影上，且尽量集中排列。

3. 尺寸一般注在图形之外和两投影之间，便于读图。

4. 以形体分析为基础，逐个标注各组成部分的定形、定位尺寸，不能遗漏。

三、组合体投影图的识读

读图和画图是相反的思维过程。读图就是根据正投影原理，通过对图样的分析，想象出形体的空间形状。因此，要提高读图能力，就必须熟悉各种位置的直线、平面（或曲面）和基本体的投影特征，掌握投影规律及正确的读图方法步骤，并将几个投影联系对照进行分析，而且要通过大量的绘图和读图实践，才能得到。

读图最基本的方法是**形体分析法**，就是从形体的概念出发，先大致了解组合体的形状，再将投影图假想分解成几个部分，读出各部分的形状及相对位置，最后综合起来想象出整体形状。

〔**例题 2.6**〕识读图 2.2.19（a）所示桥台三面投影图。

分析：正面投影较明显地分成三个部分，因而以正面投影为主，联系各投影，首先找出各基本体的底面形状和反映它们相对位置的投影，便能较快地把图读懂。

图 2.2.19 为纪念碑的三面投影图，读者可用上述方法自行分析识读。

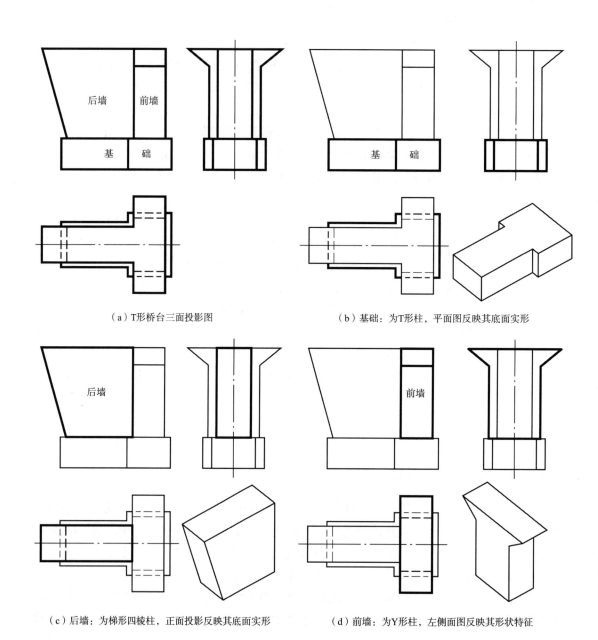

（a）T形桥台三面投影图　　　　　　　　　　　（b）基础：为T形柱，平面图反映其底面实形

（c）后墙：为梯形四棱柱，正面投影反映其底面实形　　　　（d）前墙：为Y形柱，左侧面图反映其形状特征

图　2.2.19

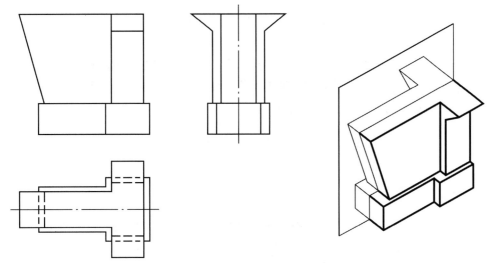

（e）各组成部分的相对位置可由其公共
对称面来确定

图 2.2.19　T 形桥台图

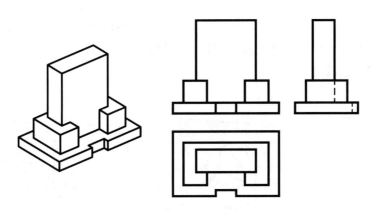

图 2.2.20　纪念碑投影图

第三章　轴　测　投　影

正投影图虽然能完整准确地表达形体的形状和大小，且作图简便，但它缺乏立体感，所以工程上也采用富有立体感的轴测图作辅助图样，便于更直观地了解工程建筑物的形状和结构。本章介绍轴测图的基本原理和作图方法。

第一节　轴测投影图的基本概念

一、轴测投影图的形成

图 2.3.1 所示为一个木榫头的正投影图和轴测投影图的形成比较。为了便于分析，假想将木榫头上三个互相垂直的棱与空间坐标轴 X、Y、Z 重合，O 为原点，其正投影如图 2.3.1（a）所示，仅能反映木榫头正面（X、Z 方向）的形状和大小，因此缺乏立体感。如果改变立体对投影面的相对位置，如图 2.3.1（b）所示或改变投影方向，就能在一个投影中同时反映出立体的 X、Y、Z 三个方向的形状，即可得到富有立体感的轴测投影图，如图 2.3.1（c）所示。

综上，如图 2.3.1（b）、（c）所示，**将形体连同确定形体长、宽、高方向的空间坐标轴一起沿 S 方向，用平行投影法向 P 面进行投影称轴测投影，应用这种方法绘出的投影图称轴测投影图，简称轴测图。**

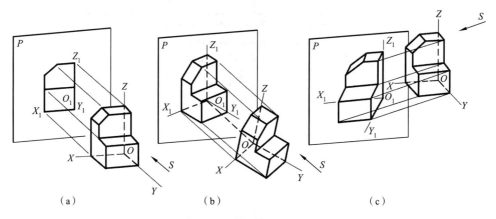

（a）　　　　　　　　　（b）　　　　　　　　　（c）

图 2.3.1　轴测投影的形成

图 2.3.1（b）、（c）中，P 面称**轴测投影面**，空间坐标轴 OX、OY、OZ 在轴测投影面上的投影 O_1X_1、O_1Y_1、O_1Z_1 称**轴测投影轴**（轴测轴），轴测轴之间的夹角 $\angle X_1O_1Y_1$、$\angle X_1O_1Z_1$、$\angle Y_1O_1Z_1$ 称**轴间角**，平行于空间坐标轴的线段，其轴测投影长度与实际长度之比称**轴向变化率**。

$$\frac{O_1X_1}{OX}=p，称 X 轴的轴向变化率$$

$$\frac{O_1Y_1}{OY}=q，称 Y 轴的轴向变化率$$

$$\frac{O_1Z_1}{OZ}=r，称 Z 轴的轴向变化率$$

二、轴测图的种类

（一）如图 2.3.1（b）所示，将形体放斜，使立体上互相垂直的三个棱均与 P 面倾斜，用垂直于 P 面的 S 方向进行投影，**称正轴测投影**。

（二）如图 2.3.1（c）所示，选取形体上坐标面，如 XOZ 与 P 面平行，用倾斜于 P 面的 S 方向进行投影，**称斜轴测投影**。

如轴测图中，由于形体与轴测投影面相对位置不同或投影方向与轴测投影面的夹角不同，致使三个轴向变化率不同，可得到不同的轴测图，常用的有正等轴测图和斜二轴测图。

三、轴测投影的特点

由于轴测投影采用的是平行投影法，所以它具有平行投影的基本性质：

（一）形体上相互平行的线段，其轴测投影平行；与空间坐标轴平行的线段，其轴测投影与相应的轴测轴平行——平行性。

（二）形体上平行于坐标轴的线段，其投影的变化率与相应轴测轴的轴向变化率相同，形体上成比例的平行线段，其轴测投影仍成相同比例——定比性。

由此，凡与 OX、OY、OZ 平行的线段，其轴测投影不但与相应的轴测轴平行，且可直接度量尺寸，与坐标轴不平行的线段，则不能直接量取尺寸，"轴测"一词即由此而来，轴测图也可说是沿轴测量所画出的图。

第二节　正等轴测投影图

形体的三个坐标轴与轴测投影面的倾角相等时，获得的轴测图称为**正等轴测投影图**，简称**正等测图**。

一、轴间角及轴向变化率

（一）轴间角

正等测图的轴间角 $\angle X_1O_1Y_1=\angle X_1O_1Z_1=\angle Y_1O_1Z_1=120°$，$O_1Z_1$ 一般画成竖直方向，如图 2.3.2 所示，O_1X_1 轴 O_1Y_1 轴可用 30°三角板很方便地作出。

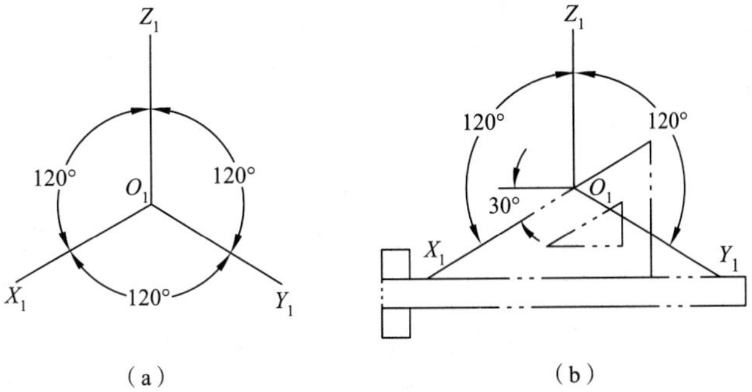

（a）　　　　　　　（b）

图 2.3.2　正等测图的轴间角及画法

（二）轴向变化率

由于三个坐标轴与轴测投影面的倾角相同，它们的轴向变化率也相同，经计算可知：$p=q=r\approx0.82$。画图时，应按这个系数将形体的长、宽、高尺寸缩短，但在实际作图时取其实长，即 $p=q=r=1$，称简化的**轴向变化率**。用此法画出的图，三个轴向尺寸都相应放

大了 $\frac{1}{0.82}$ =1.22倍，这样作图其形状未变而方法简便。

二、平面体正等测图的画法

画平面体轴测图的基本方法是坐标法，根据平面体各角点的坐标或尺寸，沿轴测轴，按简化的轴向变化率，逐点画出，然后依次连接，即得到平面体的轴测图。

（一）棱柱的正等轴测图

四棱柱的正等测图，其作图方法步骤见表2.3.1。

表2.3.1 四棱柱正等测图的作图步骤

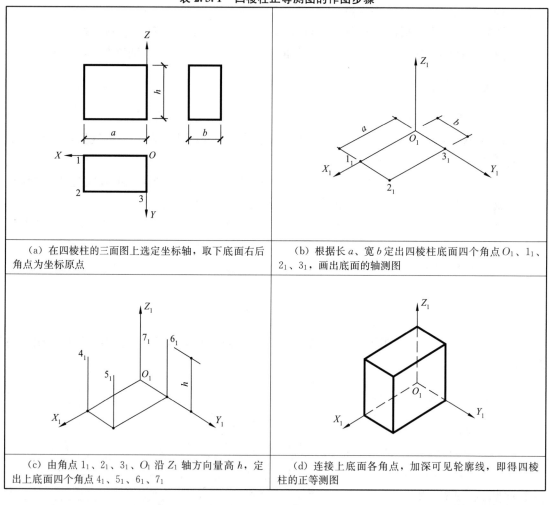

（a）在四棱柱的三面图上选定坐标轴，取下底面右后角点为坐标原点	（b）根据长 a、宽 b 定出四棱柱底面四个角点 O_1、1_1、2_1、3_1，画出底面的轴测图
（c）由角点 1_1、2_1、3_1、O_1 沿 Z_1 轴方向量高 h，定出上底面四个角点 4_1、5_1、6_1、7_1	（d）连接上底面各角点，加深可见轮廓线，即得四棱柱的正等测图

从表2.3.1可知：轴测图上的各点一般由三条线相交而得，而各个交角是由三个面构成，掌握此特点，对作轴测图是有益的；为了使轴测图更直观，图中虚线一般不画。

（二）棱锥的正等轴测图

五棱锥正等轴测图的作图方法步骤见表2.3.2。

表 2.3.2　五棱锥正等轴测图的作图步骤

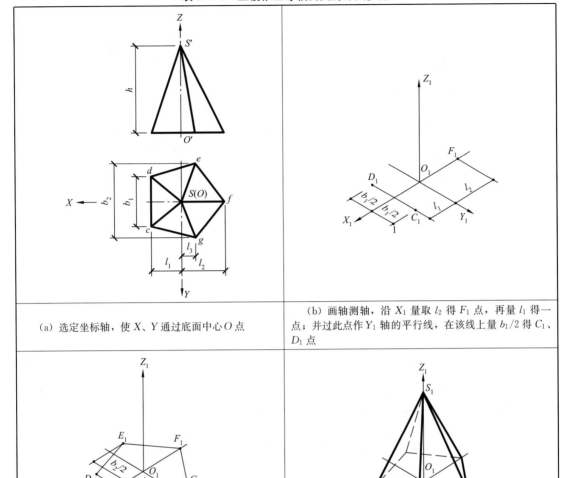

（a）选定坐标轴，使 X、Y 通过底面中心 O 点	（b）画轴测轴，沿 X_1 量取 l_2 得 F_1 点，再量 l_1 得一点；并过此点作 Y_1 轴的平行线，在该线上量 $b_1/2$ 得 C_1、D_1 点
（c）沿 X_1 轴量取 l_3，过点作 Y_1 轴的平行线，在该线上量 $b_2/2$ 得 E_1、G_1 点，连接前述五点即得底面轴测图	（d）自 O_1 点沿 Z_1 轴量取 h，得棱锥顶点 S_1；连接各棱、整理加深完成全图

从此例中可以看出：

1. 位于坐标轴上的点，可沿轴测轴直接量取，如 F_1、S_1 等点；不在坐标轴上的点，应按其坐标定出该点的轴测投影，如 C_1、D_1、E_1、G_1 各点。

2. 平行于坐标轴的线段，其轴测图也可以按实际长度直接量取，如 C_1D_1。

3. 不平行于坐标轴的线段，不能按实际长度直接量取，如 C_1G_1 等线段。

（三）棱台的正等测图

图 2.3.3 为四棱台的投影图和正等测图。

在图 2.3.3（b）中，由于棱台底面平行于 V 面，用过 O_1 点的 X_1、Z_1 轴定出后底面四边形的轴测图，再在 O_1Y_1 轴上确定前底面中心 O_2，过 O_2 点用同法定出前底面四边形的轴测图，再将相应的角点相连，即得侧棱的轴测图。

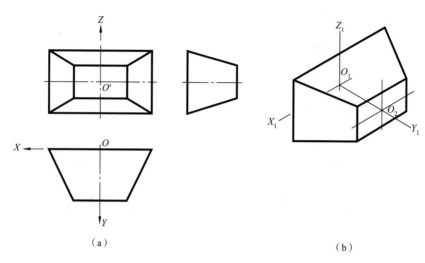

（a）

（b）

图 2.3.3　四棱台的投影图和正等测图

三、曲面体正等测图的画法

（一）圆的正等测图

与投影面平行的圆或圆弧，在正等测图中成为椭圆或椭圆弧。由于三个坐标平面与轴测投影面倾角相等，因此，三个坐标面上的椭圆作法相同。工程上常用辅助菱形法（近似画法）作圆的轴测图。以水平圆为例，其作图方法步骤见表 2.3.3。

表 2.3.3　辅助菱形法作椭圆的方法步骤

（a）画圆的外切正四边形 *efgh*，与圆切于 *a*、*b*、*c*、*d* 四点	（b）画轴测轴，作外切正四边形的轴测图（菱形）
（c）连 *HB*、*HC* 交菱形长对角线于 O_1、O_2 点，以 *H*、*F* 为圆心，以 *HB* 为半径画大弧 $\overparen{BC}$、$\overparen{AD}$	（d）以 O_1、O_2 为圆心，以 O_1A 为半径画小圆弧 $\overparen{AB}$、$\overparen{CD}$，四段圆弧构成近似椭圆

图 2.3.4 所示为底面平行于三个坐标面圆的正等测图。由图可知：椭圆的长轴在菱形的长对角线上，而短轴在短对角线上。长轴的方向分别垂直于与该坐标面垂直的轴测轴（如平行于 XOY 面内的椭圆，其长轴垂直于 O_1Z_1 轴），而短轴则分别与相应的轴测轴平行。当采用简化的轴向变化率作椭圆时，长轴≈$1.22d$，短轴≈$0.7d$（d 为圆的直径）。

如果形体上的圆不平行于坐标平面，则不能用辅助菱形法作图。

（二）圆柱的正等测图

由表 2.3.4（a）可知，圆柱的轴线是铅垂线，上、下底圆是水平面，即圆面位于 XOY 坐标面内，取上底圆心为原点，根据圆柱的直径和高度，完成圆柱的正等测图。作图方法步骤见表 2.3.4。

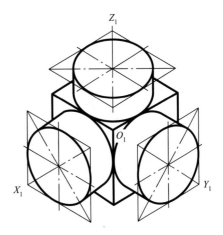

图 2.3.4　平行于三个坐标面的
圆的正等测图

表 2.3.4　圆柱正等测图作图的方法步骤

（a）选坐标轴，过圆柱上底面中心作 X、Y、Z 轴	（b）据圆柱直径 D、高度 H，画出上、下底面的椭圆
（c）下底面椭圆也可用移心法作出	（d）作两椭圆的切线，整理加深

（三）圆台的正等测图

表 2.3.5 所示为圆台正等测图的作图步骤。

表 2.3.5　圆台正等测图作图的方法步骤

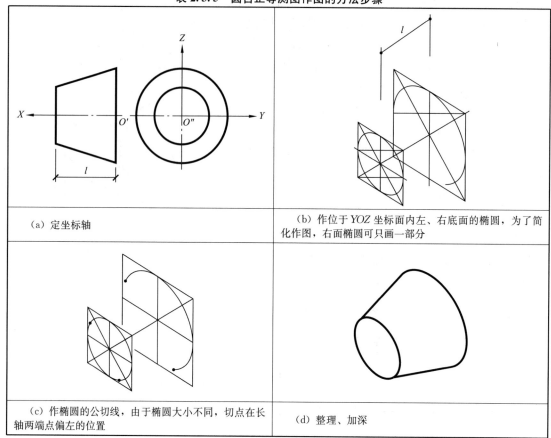

（a）定坐标轴	（b）作位于 *YOZ* 坐标面内左、右底面的椭圆，为了简化作图，右面椭圆可只画一部分
（c）作椭圆的公切线，由于椭圆大小不同，切点在长轴两端点偏左的位置	（d）整理、加深

（四）圆角的正等测图

图 2.3.5（a）是带圆角的矩形底板。对于四分之一圆周的圆角，不必把整圆的轴测图画出，只要根据圆正等测图的作法，直接定出所需的切点和圆心，画出相应的圆弧即可。如图 2.3.5（b）所示矩形底板的两圆弧，其轴测图可视为椭圆上大小不同的两段弧，该两弧圆心 O_1、O_2 可自切点作圆弧两切线的垂线相交而得到（为什么，读者可自行分析）。

图 2.3.6 为带圆角底板正等测图的作法。

综上，正等测图作图方便，易于度量，尤其是柱类形体和两个、三个坐标面上均带有圆形结构者更宜采用。

四、组合体正等测图的画法

一般组合体均可看成由基本体叠加、挖切而成，因此画组合体轴测图也用叠加和挖切的方法，但它们都以坐标法为基础。

叠加是采用形体分析法，将组合体分成几个基本体，按其相互位置关系逐个作其轴测图，使之叠加，即得组合体轴测图。

图 2.3.7（a）为挡土墙的投影图，图 2.3.7（b）、（c）为其正等测图的叠加画法，再整理加深，完成全图。

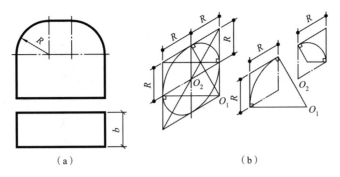

（a）　　　　　　　　　　　　　　　（b）

图 2.3.5　圆角正等测图的画法

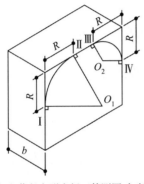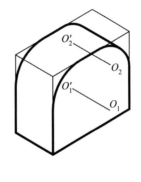

（a）作长方形底板正等测图;在底板
前面定出切点Ⅰ、Ⅱ、Ⅲ、Ⅳ
及圆心O_1、O_2，作出圆弧

（b）用移心法作出底板后面
圆弧并作出小圆弧公切线，
整理加深

图 2.3.6　带圆角底板正等测图的画法

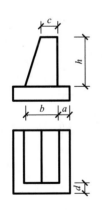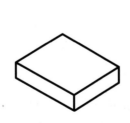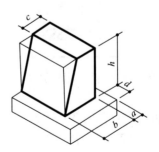

（a）投影图　　　　　　（b）画基础的正等测图　　　　（c）根据定位尺寸a、d定出墙身
位置并作墙身轴测图

图 2.3.7　挡土墙（叠加法）

由于轴测图中一般不画虚线，为了减少图线重叠，可先画墙身，后画基础的可见部分。

挖切法是将组合体视为某个完整的基本体，再将切角、孔槽等挖去得到。

图 2.3.8 所示榫头，可看成将四棱柱左端的前、后均切掉一小四棱柱，再在其右各切掉一小三棱柱而成。具体作图读者可自行分析。

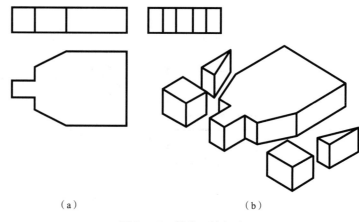

（a）　　　　　　　　（b）

图 2.3.8　榫头（挖切法）

第三节　斜轴测投影图

不改变形体对投影面的位置，而使投影方向倾斜于投影面，如图 2.3.9 所示，即得**斜轴测投影图**，简称斜轴测图。

一、正面斜轴测图

以 V 面或 V 面平行面作为轴测投影面所得到的斜轴测图，称为**正面斜轴测图**。

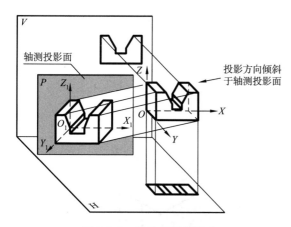

图 2.3.9　斜轴测图的形成

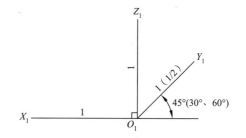

图 2.3.10　正面斜轴测图的轴间角及轴向变化率

（一）轴间角及轴向变化率

由于形体的 XOZ 坐标平面平行于轴测投影面，因而 X、Z 轴的投影 X_1、Z_1 轴互相垂直，且投影长度不变，即轴向变化率 $p=r=1$。又因投影方向可为多种，故 Y 轴的投影方向和变化率也有多种。为了作图简便，常取 Y_1 轴与水平线成 $45°$（$30°$、$60°$），图 2.3.10 为正面斜轴测图的轴间角和轴向变化率。当 $q=1$ 时，作出的图称**正面斜等轴测图**（简称斜等测图）；若取 $q=1/2$ 时，作出的图称**正面斜二轴测图**（简称斜二测图）。斜轴测图能反映正面实形，作图简便，直观性较强，因此用得较多。当形体上的某一个面形状复杂或曲线较多时，用该法作图更佳，如图 2.3.11 所示；房屋给排水工程图的管网系统图常采用此法作图，如图 2.3.12 所示。

图 2.3.11　立体的斜二测图

（二）正面斜轴测图的画法

表 2.3.6 所示为六棱台斜二测图的作图方法步骤。

若柱体（棱柱、圆柱）的端面平行于坐标平面 XOZ，其斜二测图保持原形，作图尤为简便。图 2.3.13 为空心砌块的斜二测图。图中的轴测投影方向为从左下到右上。

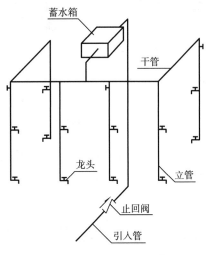

图 2.3.12　管网系统图（斜等测图）

表 2.3.6　六棱台斜二测图作图的方法步骤

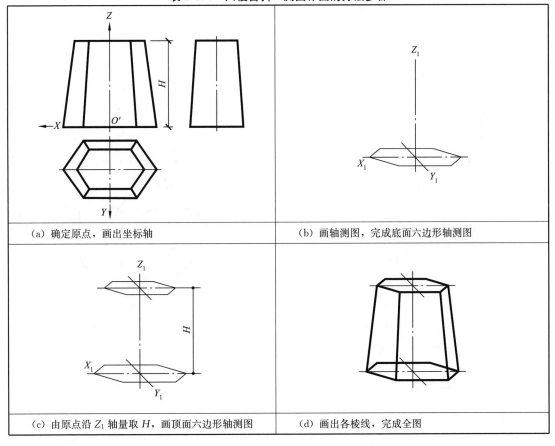

（a）确定原点，画出坐标轴	（b）画轴测图，完成底面六边形轴测图
（c）由原点沿 Z_1 轴量取 H，画顶面六边形轴测图	（d）画出各棱线，完成全图

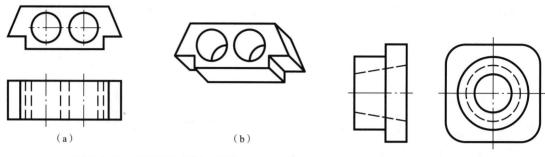

图 2.3.13　空心砌块的斜二测图

（a）　　　　　　　　　　　　（b）

图 2.3.14　锚环

图 2.3.14 为锚环的投影图，其圆形端面平行于 *YOZ* 坐标面，为了便于采用斜二测作图，可转动锚环，使其圆端面平行于 *XOZ*（实为选择安放位置，后述），然后作图，方法步骤见表 2.3.7。

表 2.3.7　锚环斜二测图作图的方法步骤

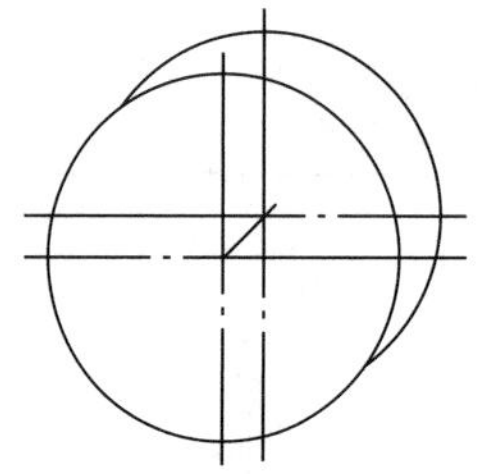 （a）作小圆柱轴测图	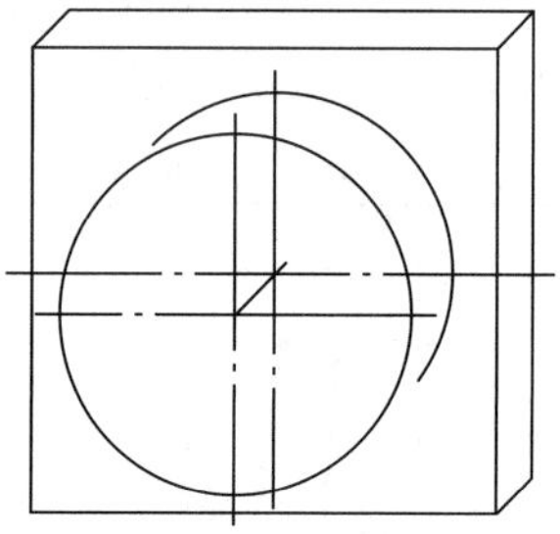 （b）作方盘轴测图
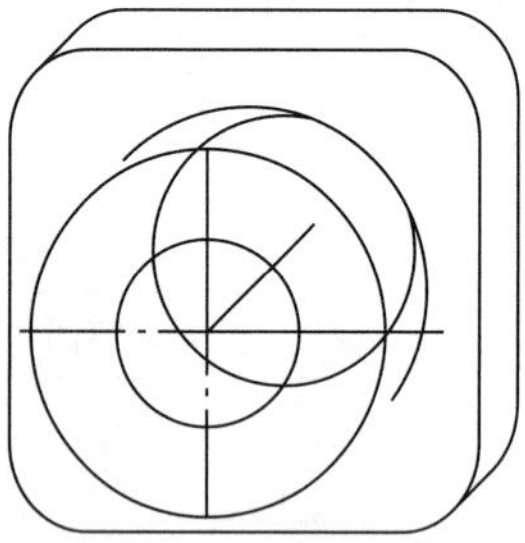 （c）作中间锥孔和四周圆角轴测图	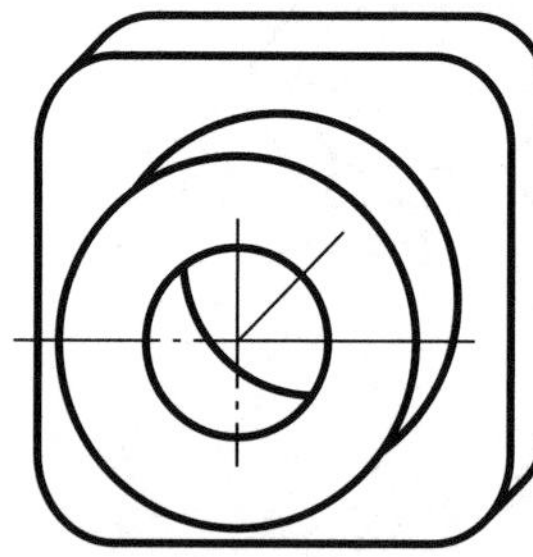 （d）描深，完成全图

斜等测图与斜二测图的画法相同，区别仅在于 $q=1$。读者可自行试画。

二、水平斜轴测图

使形体上 *XOY* 坐标面平行于轴测投影面（水平面），所得到的斜轴测图称**水平斜轴测图**。由于它能反映形体上水平面的实形，故特别宜于表现建筑群。作图时通常将 Z_1 轴画成铅垂方向，X_1、Y_1 夹角为 90°，使它们与水平线分别成 30°、60°角，令 $p=q=r=1$。

图 2.3.15 表示建筑小区的水平斜轴测图，其作图步骤为：

1. 根据小区特点，将其水平投影转动 30°（60°）。

2. 过各个房屋水平投影的转折点向下作垂线，使之等于房屋的高度。

3. 连接相应端点，去掉不可见线，加深可见线，即得小区的水平斜轴测图。

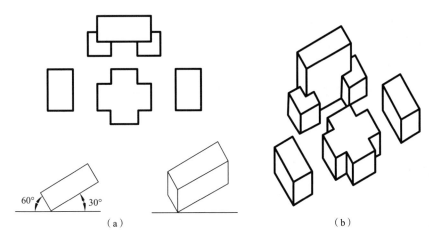

（a）　　　　　　　　　　　　　　　　　（b）

图 2.3.15　建筑小区的水平斜轴测图

第四节　轴测投影图的选择

选择轴测图的类型时，可根据画出的轴测图立体感强、图样清晰、作图简便的原则进行考虑。

一、图样要富有立方体感

为达到轴测图有较好的图示效果，作轴测图时，应尽量避免：**形体转角处交线的轴测投影形成一条直线，或形体的某一侧面的轴测投影积聚成一条直线的情况。**

图 2.3.16（a）所示柱的正等测图中，其转角上下成为一条直线，不仅不能表达该处的形象，还会影响其他部分的表达效果，而柱的斜二测图则立体感较好。图 2.3.16（b）中，形体的斜二测图，其后上方侧面积聚成一条线，虽然可以通过改变 Y_1 角度改善图示效果，但选用正等测图则表达效果较好。确定形体的侧面或转角，在

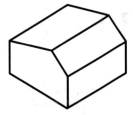

正等测（不好——转角成一直线）　　　正等测（好）

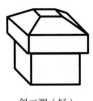
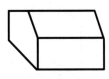

斜二测（好）　　　　　　斜二测（不好——后上面积聚成一直线）

（a）　　　　　　　　　　（b）

图 2.3.16　正等测、斜二测图直观效果的比较

轴测图中是否会形成直线的方法是，**根据轴测投影方向的三面投影来决定**。正等测图、斜二测图投影方向的三面投影如图 2.3.17（a）、（b）所示。

当形体表面的积聚投影或两面交线的方向与轴测投影方向的同面投影平行时，其轴测投影必成一直线，如图 2.3.17（c）柱转角的水平投影成 45° 线，则该柱采用正等测图立体感就较差；在图 2.3.17（d）中，形体的后上面，其侧面投影积聚成一直线与水平线夹角 ≈20° 时，则采用斜二测图表达效果必然要差。

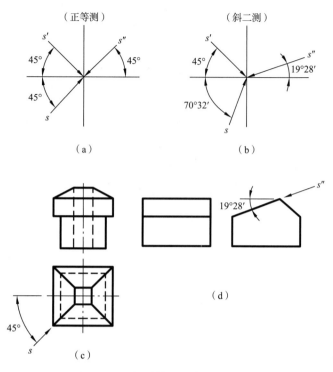

图 2.3.17　判别轴测图直观性的方法

二、图形要完整清晰

选择轴测图时，还应注意使所画出的图形能充分显示该形体的主要部分（外形、孔洞）的形状和大小，使被遮挡的部分较少，且不影响整体形状的表达，如图 2.3.18 所示。

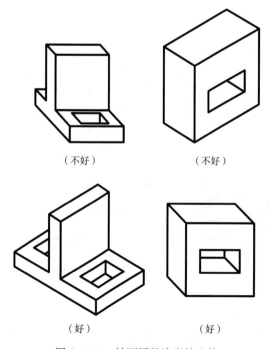

（不好）　　　　　　（不好）

（好）　　　　　　　（好）

图 2.3.18　轴测图的清晰性比较

三、作图应简便

作图方法是否简便，直接影响绘图的速度和质量。

正等测图接近于视觉，较为悦目，且作图简便，尤其形体的三个坐标面上均有圆（轴测图中为椭圆）时，采用正等测图为宜，若形体某一面的形状复杂或曲线较多时，采用斜二测图较好，如图 2.3.19 所示。

坐标原点的选择也很重要，选择得恰当，作图即简便，图形又清晰，见表 2.3.2。

影响轴测图表达效果的因素，还应考虑形体的安放位置，如图 2.3.20（b）所示，就不如图 2.3.20（a）好；作轴测图还应选择有利的观察方向，以正等测图为例，有四种投影方向可供选择，如图 2.3.21 所示。

试分析图 2.3.22（a）柱基础、图 2.3.22（b）

板梁柱节点的轴测投影方向是如何选择的，为什么？

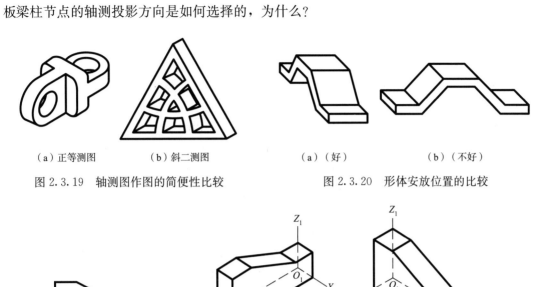

（a）正等测图　　　　（b）斜二测图

图 2.3.19　轴测图作图的简便性比较

（a）（好）　　　　（b）（不好）

图 2.3.20　形体安放位置的比较

形体正投影图

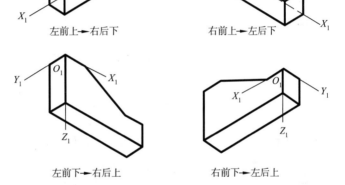

左前上→右后下　　　　　右前上→左后下

左前下→右后上　　　　　右前下→左后上

图 2.3.21　轴测图的四种投影方向

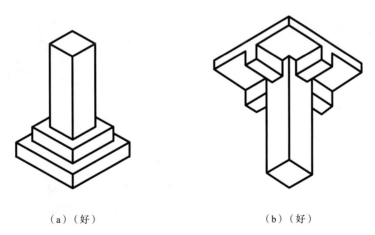

（a）（好）　　　　　　（b）（好）

图 2.3.22　形体轴测投影方向的选择

第五节 轴测图的尺寸标注

如图 2.3.23 所示，轴测图的尺寸标注与平面图形尺寸标注规则相同。为了与轴测图的视觉效果协调一致，轴测图尺寸界线与所在坐标平面的一个轴测轴平行。图中同一个高度尺寸 20，有两个轴测轴可选，可根据需要标注其中一个。

尺寸数字方向依据尺寸线而定，与平面图形尺寸标注规则一致。尺寸起止符号常用小圆点表示。对于直径和半径尺寸，直接标注在弧上时起止符号为箭头（如图中 $\phi40$），用尺寸界线引出标注时起止符号用圆点（如图中 $\phi50$）。

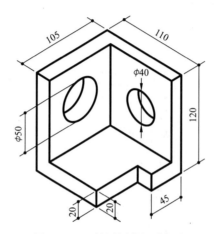

图 2.3.23 轴测图的尺寸标注

除了上述几种轴测图类型，物体的轴测图还有很多表达视角，如图 2.3.24 所示。

图 2.3.24 多种视角的轴测图

手工绘制轴测图时，为了方便绘制，通常选择正等测图、斜等测图、斜二测图等表达方式。如果用软件进行物体三维建模，则可以动态模拟任意视角的轴测图，然后选择最适合的视角绘出轴测图。

第四章　截切体与相贯体

工程建筑物的形体往往是由基本体被平面截切或由基本体相互贯穿形成的，它们的表面出现许多交线，如图 2.4.1 所示。作截切体与相贯体的投影，除了需要作出基本体的投影外，主要是作出它们表面交线的投影。本章介绍这些交线的性质、特点及作图的基本方法。

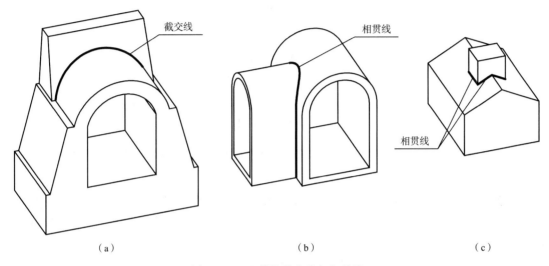

（a）　　　　　　　　　　　　（b）　　　　　　　　　　　　（c）

图 2.4.1　立体的截交线与相贯线

第一节　截切体的投影及尺寸标注

如图 2.4.2（a）所示，截断立体的平面称**截平面**；截平面与立体表面的交线称**截交线**；立体被平面截断后的部分称**截切体。**

由于立体形状不同，截切平面的位置不同，截交线的形式也不相同，但它们都具有下列性质：

1. 截交线是截平面与立体表面的共有线。

2. 截交线是闭合的平面图形（平面曲线、平面折线或两者的组合）。

一、平面截切体

平面立体的表面是由若干个平面图形组成的，被平面截切后产生的截交线是一个**封闭的平面多边形**。求平面截切体的截交线，只需求出该多边形的角点，并依次连接这些点即可。

〔例题 **2.7**〕求作图 2.4.2（a）所示棱柱截切体的投影。

分析：

1. 该截切体可看成正六棱柱，被正垂面 P 截切得到，其截交线为六边形，六个角点分别是六条侧棱与截平面的交点。

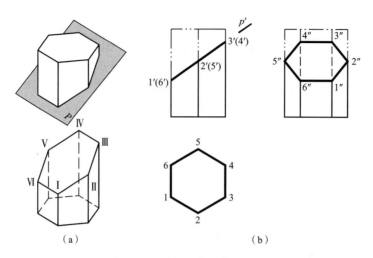

图 2.4.2 六棱柱截切体投影图

2. 由于截平面 P 与 V 面垂直，故截平面及截交线的正面投影有积聚性，侧棱的正面投影与截平面正面投影的交点即为六边形（截交线）角点的正面投影。

3. 求六边形截交线，即转化为已知立体侧棱上点的一面投影，求另外两面投影的问题。

作图： 如图 2.4.2（b）所示（图中截交线加粗显示，实际作图时可见轮廓线均用粗线表示）。

〔例题 2.8〕求作图 2.4.3 所示棱柱截切体投影图。

分析： 图 2.4.3（a）为完整棱柱截切体立体图，用于参照。

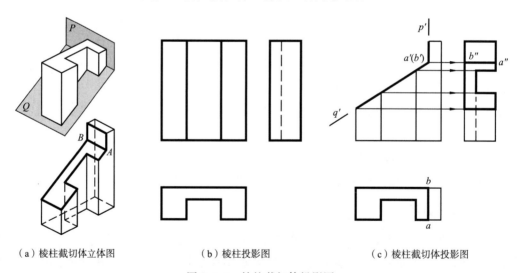

（a）棱柱截切体立体图　　　　（b）棱柱投影图　　　　（c）棱柱截切体投影图

图 2.4.3　棱柱截切体投影图

1. 两个平面 P、Q 截切棱柱体，其中截平面 P 为侧平面，Q 为正垂面，两截平面的交线 AB 为正垂线。

2. 平面 Q 截切棱柱产生的截交线是一个八边形线框，其正面投影为一条斜线，其他两个投影为相似形（八边形），其水平投影很容易求得，根据其正面投影、水平投影可求得侧面投影。

3. 平面 P 截切棱柱产生的截交线是一个矩形，其正面投影、水平投影均为竖线。侧面投影反映实形，可根据正面投影、水平投影求得。

4. 进一步根据截平面位置分析截切体各棱的情况，对切剩下的部分进行分析，如侧面投影中虚线的长度。

作图：如图 2.4.3 （c）所示。

〔例题 2.9〕 求作图 2.4.4（a）所示六棱锥截切体的投影。

分析：

如图 2.4.4（b）所示。

1. 先画出完整六棱锥的三面投影图。

2. 截断面的正面投影积聚为直线段，根据其六个角点的正面投影，可求得另两个投影。

3. 整理后得到截切体的三面投影图。

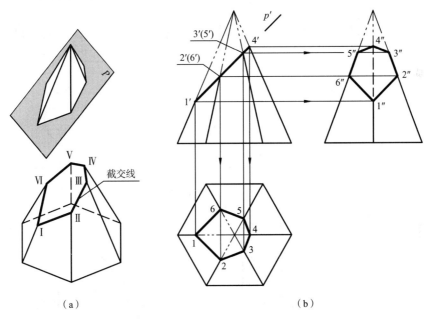

（a）　　　　　　　　　　　　　　（b）

图 2.4.4　六棱锥截切体投影图

作图：如图 2.4.4（b）所示。

二、回转面截切体

回转体的表面由回转面或回转面及平面组成，其截交线一般为**封闭的平面曲线或曲线和直线围成的平面图形**。截交线上任一点均可看作回转面上的某条素线与截平面的交点，因此，求回转体的截交线就是在回转体上选择适当数量的素线，求出它们与截平面的交点，依次光滑连接即可。

（一）圆柱截切体

平面截切圆柱时，其截交线有三种情况，见表 2.4.1。

表 2.4.1　平面截切圆柱的三种情况

截平面位置	与轴线平行	与轴线垂直	与轴线倾斜
截交线形状	矩形（直线）	圆	椭　圆
轴测图			
投影图			

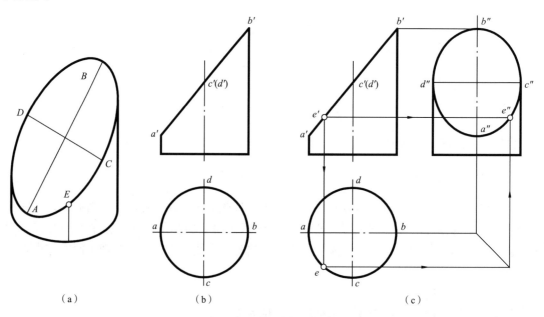

〔**例题 2.10**〕已知圆柱截切体的正面投影、水平投影，如图 2.4.5（b）所示，求作其侧面投影。

（a）　　　　　　　（b）　　　　　　　（c）

图 2.4.5　斜切圆柱投影图

分析：结合图 2.4.5（a）所示立体图，可以看出：圆柱被正垂面截切，截交线为椭圆，AB、CD 为其长短轴。该椭圆的正面投影为斜线，水平投影为圆，侧面投影为椭圆 $a''b''$，$c''d''$ 为其长短轴。

作图：如图 2.4.5（c）所示，用描点法画出侧面投影。

1. 画出圆柱的侧面投影。

2. 根据点 a、b、c、d 和 a'、b'、c'、d'，求得 a''、b''、c''、d''。

3. 在 a'、b' 线上适当位置确定一点 e'，向下求得点 e，进而作出点 e''，则 e''为椭圆上一点。

4. 按上述方法求得更多的椭圆上的点，将各点顺次连接成光滑的曲线，即得截交线的侧面投影。当然也可以根据长短轴 $a''b''$、$c''d''$ 用四心圆法做出该椭圆。

5. 整理加深。

〔**例题 2.11**〕完成圆柱截切体的投影，如图 2.4.6 所示。

分析：如图 2.4.6（a）所示，切口圆柱体可看成被三个截平面截切形成，由两个侧平面截切形成的截交线为矩形，它们的侧面投影反映实形，且两个矩形重影，矩形的底边被未切部分挡住，它们的正面投影和水平投影都积聚成一直线段；由一个水平面截切形成的截交线为圆的一部分，其水平投影反映实形，正面、侧面投影积聚成直线段。

作图：如图 2.4.6（b）所示。

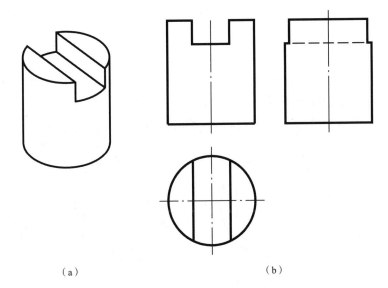

（a） （b）

图 2.4.6 切口圆柱投影图

（二）圆锥截切体

由于截平面与圆锥轴线的相对位置不同，其截交线有五种不同形状，见表 2.4.2。

表 2.4.2　平面截切圆锥的五种情况

截平面位置	过 锥 顶	与轴线垂直	与轴线倾斜	与一条素线平行	与轴线（或两条素线）平行
截交线形状	三角形（直线）	圆	椭 圆	抛物线	双曲线
轴 测 图					
投 影 图					

当圆锥截交线为直线或圆时，其投影可直接作出，若截交线为椭圆、抛物线、双曲线时，必须用定点法才能求得其投影。

（三）球截切体

平面截切球体其截交线的实形永远是圆，截平面距球心越近截得的圆就越大。如果截平面与投影面平行时，截交线在该面上的投影反映圆的实形，如图 2.4.7（a）中的水平投影；如果截平面与投影面垂直时，截交线在该面上的投影积聚为一直线段，其长度等于圆的直径，

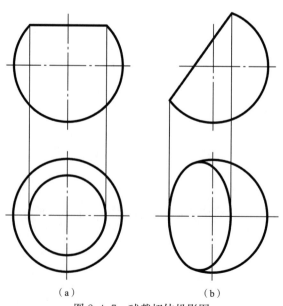

（a）　　　　　　　　　（b）

图 2.4.7　球截切体投影图

如图 2.4.7（a）、（b）中的正面投影；如果截平面与投影面倾斜时，截交线在该面上的投影为一椭圆，如图 2.4.7（b）中的水平投影。

三、截切体的尺寸标注

截切体的尺寸可以看成原基本体的尺寸加上反映截平面位置的尺寸，由此即能求得截断面的其他尺寸，如图 2.4.8 所示。

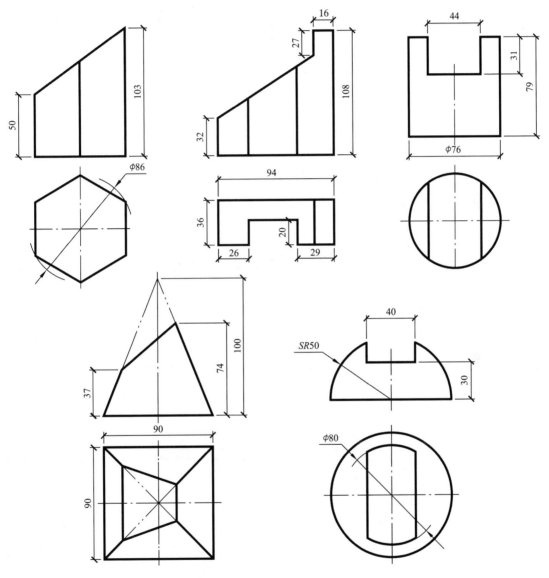

图 2.4.8　截切体的尺寸标注

第二节　截切体轴测图的画法

画截切体的轴测图，一般先画出基本体的轴测图，再确定切口的轴测图。

〔**例题 2.12**〕求作图 2.4.9 所示的切口四棱柱的斜二测图。

作图：见表 2.4.3。

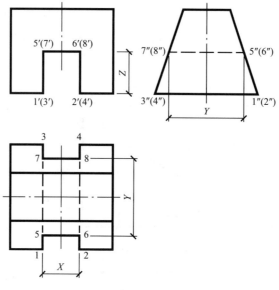

图 2.4.9　切口四棱柱

表 2.4.3　画切口四棱柱斜二测图的方法步骤

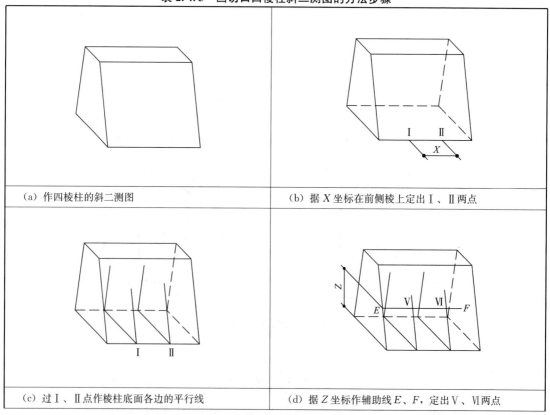

（a）作四棱柱的斜二测图	（b）据 X 坐标在前侧棱上定出Ⅰ、Ⅱ两点
（c）过Ⅰ、Ⅱ点作棱柱底面各边的平行线	（d）据 Z 坐标作辅助线 E、F，定出Ⅴ、Ⅵ两点

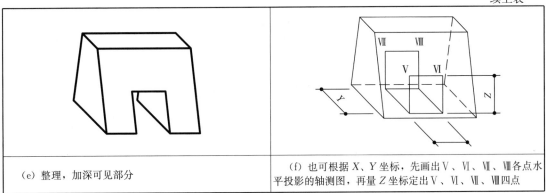

| (e) 整理，加深可见部分 | (f) 也可根据 X、Y 坐标，先画出 Ⅴ、Ⅵ、Ⅶ、Ⅷ 各点水平投影的轴测图，再量 Z 坐标定出 Ⅴ、Ⅵ、Ⅶ、Ⅷ 四点 |

表 2.4.4 所示为切口圆柱体正等测图的作图方法步骤，读者可自行分析。

表 2.4.4　画切口圆柱体正等测图的方法步骤

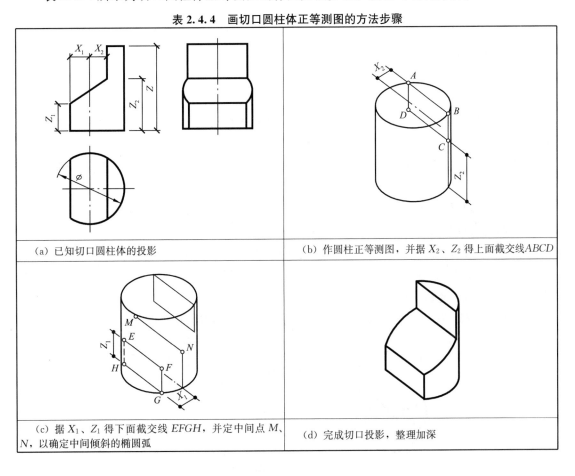

| (a) 已知切口圆柱体的投影 | (b) 作圆柱正等测图，并据 X_2、Z_2 得上面截交线 $ABCD$ |
| (c) 据 X_1、Z_1 得下面截交线 $EFGH$，并定中间点 M、N，以确定中间倾斜的椭圆弧 | (d) 完成切口投影，整理加深 |

第三节　相贯体的投影及尺寸标注

如图 2.4.10（a）所示，相交的立体称为相贯体，相交立体表面的交线称为相贯线。

由于相贯体的几何形状、大小、相对位置不同，相贯线的形状也不相同，但它们都具有下列性质：

1. 相贯线是相交两立体表面的共有线。

2. 相贯线是封闭的空间（特殊情况下是平面）折线或曲线。

3. 当一个立体全部贯出另一个立体时，产生两组相贯线；互相贯穿时，产生一组相贯线。

一、平面体与回转体相贯

平面体与回转体相贯产生的相贯线，一般是由若干段平面曲线和直线组成的封闭线框。各段曲线或直线是平面体的一个表面与回转体的截交线，各折点是平面体的侧棱与回转体表面的交点。

〔例题 2.13〕求作图 2.4.10 (a) 所示长方体与圆柱相贯的投影图。

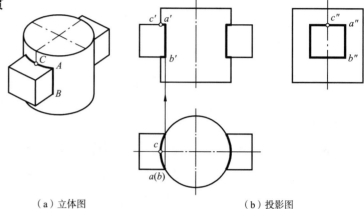

（a）立体图　　　　　　（b）投影图

图 2.4.10　长方体与圆柱相贯

分析：

1. 长方体的上面与圆柱表面交线为圆弧，其水平投影反映实形，其正面、侧面投影为水平线。

2. 长方体的前面与圆柱表面交线为正垂线，水平投影积聚为一点，其正面、侧面投影为竖直线。

3. 相贯线是棱柱侧面和圆柱面的共有线，因此相贯线的水平投影在圆上，侧面投影在长方体的侧面投影上。

4. 根据 AB 直线、AC 弧线的水平投影和侧面投影，可求得其正面投影。

作图：如图 2.4.10（b）表示（为了突出相贯线，图中仅对相贯线加粗显示，实际画图时相贯线、棱线、轮廓线的投影均为粗实线）。

〔例题 2.14〕求作图 2.4.11 (a) 所示长方体与圆球相贯的投影图。

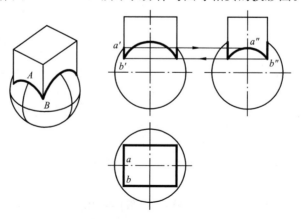

（a）立体图　　　　　　（b）投影图

图 2.4.11　长方体与圆球相贯

分析：长方体的四个侧面截切球面，分别为四个圆弧；其水平投影在长方体侧面的积聚投影上。根据 A 点的水平投影 a 可求得其侧面投影 a'，进而求得正面投影 a''。$a'c'$ 是与轮廓圆同心的圆弧，故可求得 c''。同理，可依次得 b'、b''、c''。

作图：如图 2.4.11（b）所示。

二、两回转体相贯

两回转体相贯，相贯线一般是封闭的空间曲线，特殊情况下为封闭的平面曲线。若两立体表面的投影都有积聚性，其相贯线可利用积聚性直接求得。在作相贯线投影时，一般先求出相贯线上的特殊点（最高、最低、最左、最右、最前、最后以及可见、不可见的分界点等），以确定相贯线的范围和弯曲趋势。然后在特殊点间适当位置选一些中间点，使相贯线具有一定的准确性。最后判别其可见性，并将点依次光滑连接。

（一）两圆柱相贯

〔例题 **2.15**〕求作图 2.4.12（a）两圆柱正交相贯的投影图。

分析：

1. 相贯体前后左右对称。相贯线为空间曲线，其水平投影和侧面投影分别与圆柱的侧面投影重合，即为圆或圆弧。

2. 先确定相贯线上最前点 A 的水平投影 a 和侧面投影 a''，进而求得其正面投影 a'。

3. 相贯线上最左点 B 的三面投影很容易求得。

4. 为了准确作图，需要求出相贯线上的一个中间点。方法为：在水平投影 ab 之间确定一点 c，距离前后对称面的距离为 k，并由此求得侧面投影 c''，进而根据 c、c'' 求得 c'。

作图：如图 2.4.12（b）所示，物体前后左右对称。

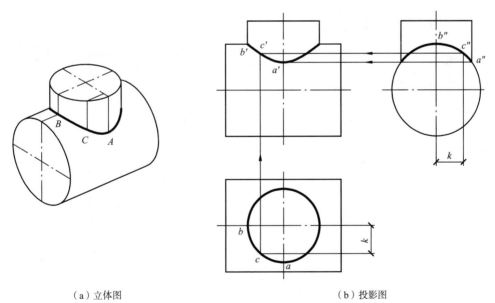

（a）立体图　　　　　　　　　　　　　　　　　　（b）投影图

图 2.4.12　两圆柱相贯

在工程形体中，经常遇到两圆柱正交的情况，当其直径相差较大，即小圆柱半径为大圆柱半径的 0.7 倍以下时，为了简化作图，常用大圆柱的半径（$D/2$）为半径，作圆弧代替相贯线（近似画法），如图 2.4.13 所示。

（二）同轴回转体相贯

当两个回转体具有公共轴线时，相贯线为垂直于轴线的圆，如轴线垂直于 H 面时，该圆的正面投影积聚为一直线段，水平投影为圆的实形，如图 2.4.14 所示。

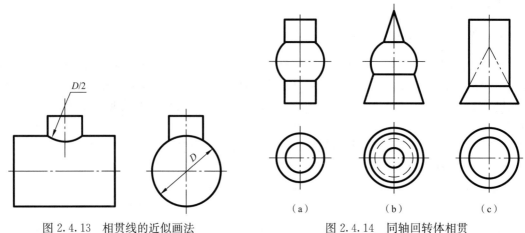

图 2.4.13　相贯线的近似画法

（a）　　　　　　（b）　　　　　　（c）

图 2.4.14　同轴回转体相贯

三、相贯体的尺寸标注

通常标注两个相贯体的尺寸，以及二者之间相对位置关系即可，不需要对相贯线进行尺寸标注，如图 2.4.15 所示。

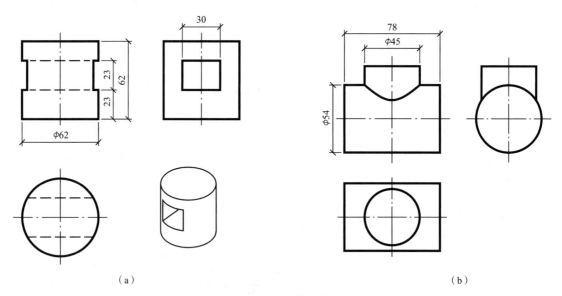

（a）　　　　　　　　　　　　　　　　　　　　（b）

图 2.4.15　相贯体尺寸标注

第四节　复杂形体的投影及尺寸标注

带有截交线与相贯线的形体较为复杂，由于外部交线重叠交错，投影层次不清，因此，在识读、绘制其投影图时，虽仍以形体分析法为主，但必须辅以线面分析法，才能较深入地理解其投影关系，作出正确判断，顺利迅速地绘图和识图。

〔**例题 2.16**〕绘出图 2.4.16（a）所示圆涵洞口（简化）的投影图。

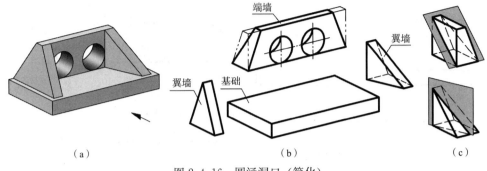

（a）　　　　　　　　　　　（b）　　　　　　　　　（c）

图 2.4.16　圆涵洞口（简化）

分析：

1. 选择图 2.4.16（a）中箭头所示方向，作为正立面图投影的方向，因为这一方向能较明显地反映其外形特征，同时也能较明显地反映出各组成部分之间的相对位置。

2. 如图 2.4.16（b）所示，可将圆涵洞口分解成基础、端墙、翼墙三部分；端墙在基础的上、后方，翼墙位于端墙前面，并在基础上方的左、右两侧，涵洞口左、右对称；基础为四棱柱体，端墙可视为直角梯形四棱柱被左、右正垂面截切而成，且贯出两圆柱孔，左、右翼墙刚可看成梯形四棱柱被侧垂面在顶部截切，内侧又被铅垂面截切而成，如图 2.4.16（c）所示。

作图：

1. 作三个组成部分的草图。采用形体及线面分析法作出，如图 2.4.17 所示。

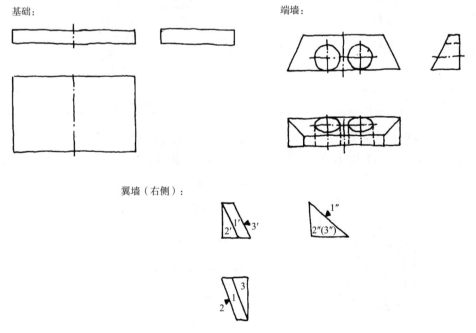

图 2.4.17　圆涵洞口草图

2. 用仪器作图。方法步骤见表 2.4.5。

表 2.4.5　圆涵洞口的作图方法步骤

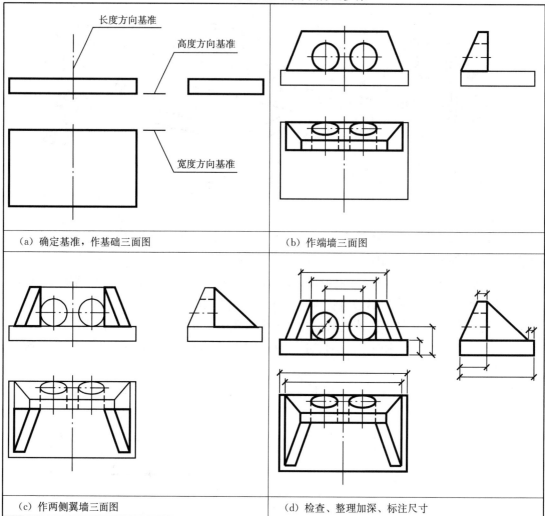

（a）确定基准，作基础三面图	（b）作端墙三面图
（c）作两侧翼墙三面图	（d）检查、整理加深、标注尺寸

注意在翼墙外侧及端墙外侧形成同一个正垂面，因此交结处无交线。

试分析图 2.4.18（a）所示的建筑形体，按上述方法绘出其投影图，如图 2.4.18（b）所示。

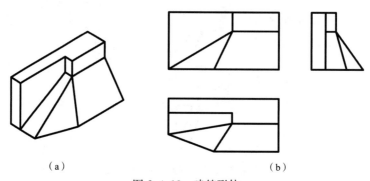

（a）　　　　　　　　　　　　　（b）

图 2.4.18　建筑形体

〔**例题 2.17**〕 识读图 2.4.19（a）所示的形体三面图。

分析：从正面图入手，看出该体分为上、下两部分，对照平面图可知，下部为五棱柱，上部为四棱柱，但该两部分不是简单的叠加，在交结处形成了相贯线。

下部分的五棱柱，其左前方被截出铅垂面 1，如图 2.4.19（a）中 1、1′、1″；上下两部分交结处的交线 CD 为正垂线（侧平面与正垂面相交所得的交线）、BC 为一般位置线（铅垂面与正垂面相交所得的交线）、AB 为水平线（铅垂面与水平面相交所得的交线）。

通过分析总结出：上、下两棱柱叠加，交结处形成的相贯线为空间折线，该物体形状如图 2.4.19（b）所示。

讨论：为进一步弄清形体，读者可分析三面图中的各个线框，弄清它们的形状和位置，再综合成一整体。如图 2.4.19（b）中所示的铅垂面 Ⅱ、正垂面 Ⅲ、水平面 Ⅳ、Ⅴ、侧平面 Ⅵ 的三面投影。

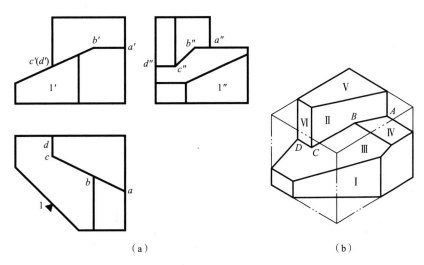

图 2.4.19 识读形体三面图

识读图 2.4.20（a）所示桥台（半个）的三面图，图 2.4.20（b）为其立体图。

〔**例题 2.18**〕 补画图 2.4.21（a）所示下水道出口的侧面图，并标注尺寸。

分析：根据正面、平面图，可将下水道出口分解成基础、端墙、翼墙及圆管四个部分。

作图：方法步骤如图 2.4.21（b）、（c）、（d）、（e）、（f）所示。图中尺寸未注出具体数字。

讨论：

1. 图 2.4.21（f）中 A 点（a、a′、a″）处，为何无交线？

2. 翼墙顶面的形状、空间位置如何？为什么？

3. 补画第三面投影是识图训练的一种方法，你能否通过补画下水道出口的侧面投影，综合想象出其整体形状，如图 2.4.21（f）所示。

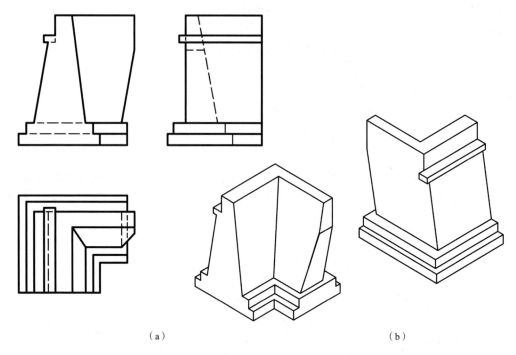

（a）　　　　　　　　　　　　　　　　（b）

图 2.4.20　桥台（半个）的二面图及立体图

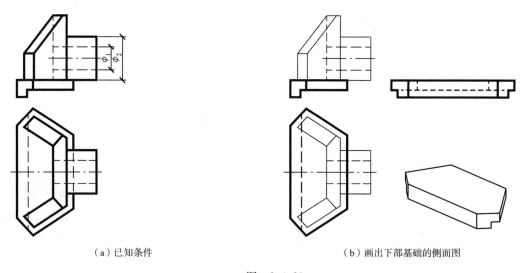

（a）已知条件　　　　　　　　　　　（b）画出下部基础的侧面图

图　2.4.21

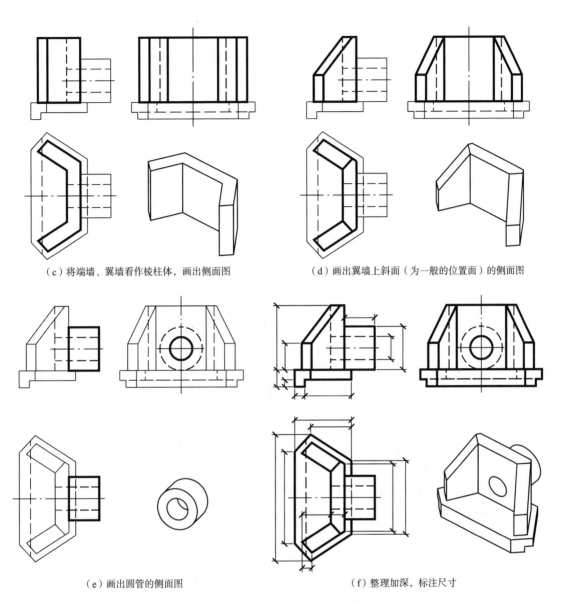

（c）将端墙、翼墙看作棱柱体，画出侧面图　　　　　（d）画出翼墙上斜面（为一般的位置面）的侧面图

（e）画出圆管的侧面图　　　　　　　　　　　（f）整理加深，标注尺寸

图 2.4.21　下水道出口绘图步骤

第五章　阴影与透视

本章主要阐述阴影与透视的基本知识和在正投影图中绘制阴影的方法，以及绘制透视图的基本方法。

第一节　正投影中的阴影

一、阴影的基本知识

（一）阴影的形成及术语

物体在光线照射下出现阴影，如图 2.5.1 所示。物体受到光照的面，称为**阳面**。背光面，称为**阴面**，简称阴。阴面与阳面的分界线，称为**阴线**。因为物体一般是不透光的，物体挡住光线，在自身或其他物体的阳面上形成的阴暗部分，称为**影子**或**影**。影的轮廓线称为**影线**。影子所在的面，称为**承影面**。

从投影法的角度看，**影线实际为阴线在承影面上的投影**。

（二）阴影的作用

阴影分正投影图中的阴影和透视图中的阴影，由于两者的投影法不同，其画法也不同。本节主要介绍正投影图中的阴影。

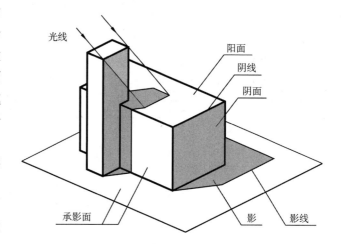

图 2.5.1　影的形成

图 2.5.2 是同一幢楼房的两种立面图。（a）图只画出了楼房的可见轮廓线，由于立面图仅反映房屋的长与高，不反映前后层次，所以图面显得呆板，没有立体感。（b）图加画了阴影，则其前后层次通过阴影显现出来，增强了空间效果。因此作建筑设计时，特别是在绘制供观展或参考用的建筑图时，常在立面上加画阴影，以提高图样的表达效果。

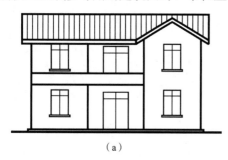

（a）

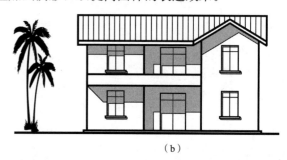

（b）

图 2.5.2　阴影的效果

（三）常用光线

建筑物的阴影，主要由阳光产生。阳光可视为平行光线。平行光线的方向本来可以任意选定，但为了作图及度量上的方便，通常采用一种特定的方向，称为**常用光线或习用光线**。**常用光线的方向是以正方体的对角线方向（从左前上方向右后下方）确定的。**如图 2.5.3 所示，该正方体的各侧面分别平行于相应的投影面，因此，常用光线在三个投影面上的投影均与水平线成 45°。

二、影的原理及画法

几何元素的影，由过该元素的常用光线与承影面相交而得，故**影为几何元素的斜投影**，如图 2.5.4 所示。

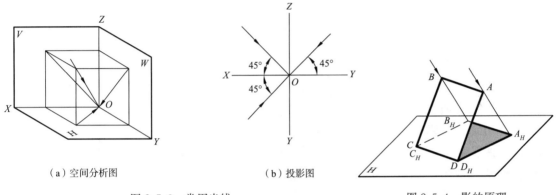

（a）空间分析图 （b）投影图

图 2.5.3 常用光线

图 2.5.4 影的原理

为便于分析，把图中 A、B、C、D 各点落于 H 面上的影标以 A_H、B_H、C_H、D_H（即点的大写字母加承影面的名称）表示。其中，C、D 两点的影，与自身重合。

由于本书以讨论立面图中的阴影为主，因此，下面着重叙述各几何元素在 V 面上的影的画法。

（一）点的影

点的影，为过该点的常用光线与承影面的交点。

如图 2.5.5 所示，已知 A 点的两面投影 a 和 a'，求其在投影面上的落影。

从图 2.5.5（a）可知，由于 $A_z > A_y$，所以过 A 点的光线先与 V 面相交成影。而且可以看出，当光线与 V 面相交于 A_v 时，光线的水平投影恰与 OX 轴相交于 a_v。A_v 与 a_v 的连线必垂直于 OX。从而得出求点的落影的方法，如图 2.5.5（b）所示：**过已知点的两面投影，分别画出常用光线的投影（均与水平线成 45°），再过 a_v 作 OX 的垂线与光线的正面投影相交于 A_v，即为 A 点在 V 面上的影。**此法为根据点的正投影图作影的基本方法，称为**光线交点法，简称交点法。**

由图 2.5.5（a）所示的空间关系可知，A 点到 V 面的距离为 A_y，A 点在 V 面上的影，位于 A 点正面投影 a' 的右下方，其水平距离和垂直距离均等于 A_y，由此可知，**如果已知 A 点的正面投影 a' 和其到 V 面的距离 A_y，即使无水平投影，也可以直接作出 A 点在 V 面上的影 A_v，即由 a' 向右量 A_y，再向下量 A_y 便是图 2.5.5（b）中的 A_v。**此种作图法称为度量

法，画建筑立面图时，常用此法作影。

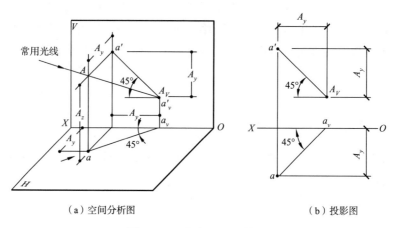

（a）空间分析图　　　　　　　　　（b）投影图

图 2.5.5　点在 V 面上的影

（二）直线的影

由图 2.5.4 可知，**直线在同一承影面上的影，由其两端点的影来确定。**掌握各种位置直线落影的变化规律及其画法，对学好阴影是十分重要的。

1. 铅垂线的影

图 2.5.6 表达了用交点法求铅垂线 AB 在 V 面上落影的方法。由

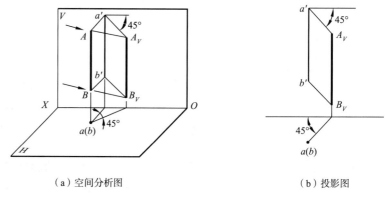

（a）空间分析图　　　　　　　（b）投影图

图 2.5.6　铅垂线的影（一）

图可知，**铅垂线在 V 面上的影与其正面投影平行且相等。**图 2.5.7（a）为另一条铅垂线的成影情况。由于端点 B 在 H 面上，故直线的影，一部分落在 V 面上，另一部分落在 H 面

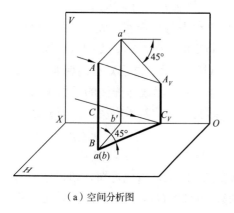

（a）空间分析图

图 2.5.7　铅垂线的影（二）

上，在 V 面上的影为铅垂线，在 H 面上的影与水平线成 45°，并在 C_V 处与 V 面上的影相接。C_V 称折影点，它是直线上 C 点在 OX 轴上的落影。

折影点总是出现在承影面的转折处。作图时，如果知道了折影点，欲求其正投

（b）投影图

影的位置，只需按常用光线的投影方向反作即得，如图 2.5.7（b）所示。

2. 侧垂线的影

如图 2.5.8 所示，侧垂线在 **V** 面上的影与其正面投影平行且相等。

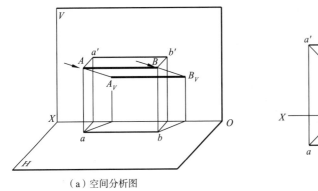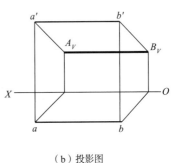

（a）空间分析图　　　　　　　　　　　　（b）投影图

图 2.5.8　侧垂线的影

3. 正平线的影（图 2.5.9）

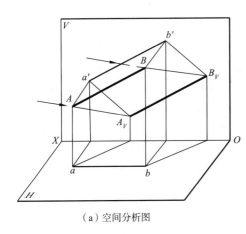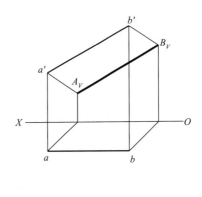

（a）空间分析图　　　　　　　　　　　　（b）投影图

图 2.5.9　正平线的影

正平线在 V 面上的影，也与其自身平行且相等（图 2.5.9）。

铅垂线、侧垂线、正平线都是平行于 V 面的直线，**凡是平行于 V 面的直线，在 V 面上的影，皆与直线自身平行且等长。**这是一条重要规律，此规律是由平行投影法的基本性质决定的。

4. 正垂线的影

如图 2.5.10 所示，**直线 AB 垂直于 V 面，其在 V 面上的影，与常用光线的投影方向一致。**即与水平线成 45°，这是正垂线在 V 面上影的特征。

（三）平面图形的影

平面图形的影线，即平面图形边线的影。如果平面为多边形，求影时，只要分别作出多边形各角点的影，然后依次相连即可。如果平面图形的边线是曲线，则可先求出曲线上一系列点的影，然后用光滑的曲线依次相连即得。

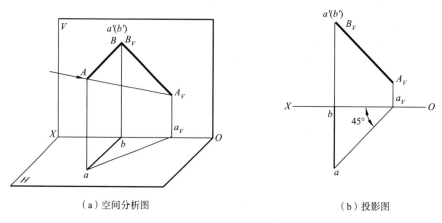

（a）空间分析图　　　　　　　　　　　　　（b）投影图

图 2.5.10　正垂线的影

　　图 2.5.11 分别示出了用交点法求平行于 V 面、H 面和 W 面的平面图形在 V 面上落影的方法。

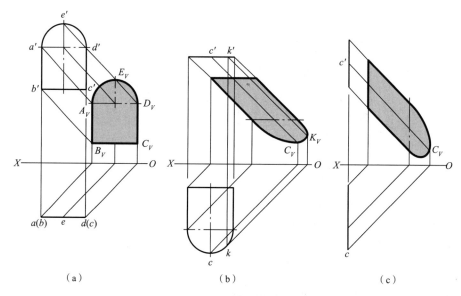

（a）　　　　　　　　　　　（b）　　　　　　　　　　　（c）

图 2.5.11　平面图形的影

　　分析图 2.5.11 可知：**当平面图形平行于 V 面时，在 V 面上的影，反映该平面图形的实形，否则，其影则产生形变。**

（四）立体的影

　　立体的影线，就是立体上阴线的影。因此，作立体的影时，应先找出立体上的阴线，然后分别求出阴线的影，如图 2.5.12（a）所示。由于常用光线来自左、前、上方，正四棱柱的左侧面、前侧面和上底面为阳面，FE、EH、HD、DC、CB、BF 为阴线。六条阴线的影，围成了正四棱柱在 V 面上的影。分析各条阴线的影发现，它们皆符合铅垂线、侧垂线、正垂线在 V 面上的落影规律。图 2.5.12（b）为根据正四棱柱的两面投影求其 V 面上影的方法。

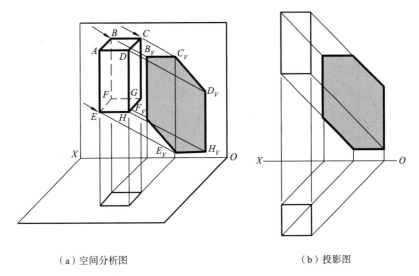

（a）空间分析图　　　　　　　　　　　（b）投影图

图 2.5.12　正四棱柱在 V 面上的影

如果正四棱柱的位置降低，则它不仅在 V 面上有影，在 H 面上也有影，求影的方法，如图 2.5.13 所示。此时，要注意阴线 BF 和 DH 的影，既落在 V 面上又落在 H 面上。

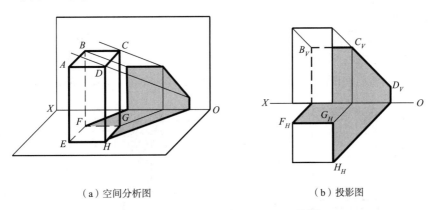

（a）空间分析图　　　　　　　　　　　（b）投影图

图 2.5.13　正四棱柱在 V、H 面上的影

（五）直线在立体上的影

作直线在立体表面上的影，必须先找出立体上的承影面，然后把这个承影面当作 V 面或 H 面进行作图。

图 2.5.14（a）为铅垂线 AB 在台阶表面上的落影情况。直线 AB 在台阶上的影，实质上为过 AB 的光平面与台阶的截交线。端点 A 的影 A_H 为过 A 点的光线与台阶踏面的交点。由于直线 AB 垂直于 H 面，光平面为一铅垂面，水平投影有积聚性，所以截交线的水平投影为一条 45°斜线，截交线的正面投影如图 2.5.14（b）所示。

三、房屋立面图上的阴影

房屋立面图上的阴影，主要出现在立面凹凸变化之处，如墙面转角、门窗洞口、凹槽、

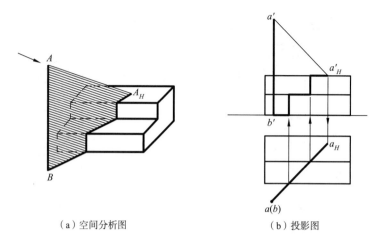

（a）空间分析图　　　　　　　　　（b）投影图

图 2.5.14　铅垂线在台阶上的影

阳台、雨篷、檐口、台阶等，其画法多用度量法，根据凹凸部位相对于承影面的深度，遵循直线、平面在 V 面上的落影规律进行作图。

　　需要说明的是：为了便于理解，以上各图中影线用粗实线表示，而在实际房屋建筑图中通常用细线表示。

　　（一）门窗洞口的影

　　图 2.5.15（a）为窗洞口及窗台的影，图中分别用交点法和度量法画出了窗洞口阴线在窗扇面的影和窗台阴线在墙面上的影。图 2.5.15（b）为门洞口及雨篷在各承影面上的影。由于墙面、门柱、门扇面前后位置不同，雨篷阴线在此三个面上的落影宽度也不同。

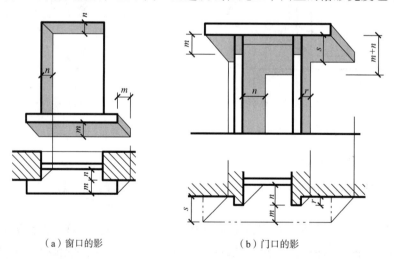

（a）窗口的影　　　　　　　　　（b）门口的影

图 2.5.15　门窗洞口的影

　　（二）墙面上凹槽的阴影

　　图 2.5.16 为墙面上凹槽的阴影。由平面图可知，凹槽的左右各有一个斜面。槽口阴线的影落在槽底上，影宽等于槽深 m。应当注意，槽口上部的阴线在右侧斜面上的影是向上倾斜的。方向由斜面深度 n 或折影点 K_V 来确定。

（三）屋檐的影

图 2.5.17 为一平顶房屋的屋檐在各墙面上落影的画法。图 2.5.17（a）为其空间分析图，图中注出了屋檐的阴线 AB、BC、CD、DE、FG、GH、HI、IJ、JA，其中 EF 属凹角，不是阴线，在立面上无影。

图 2.5.17（b）为其投影图，由于屋顶各方向的出檐均等于 m，故 B 点的影恰巧落在左前方的墙角上，以致阴线 AB 在正墙面上无影，而 BC 在前后两道正墙面上的影（$B_V K_V$ 和 $K_{VO} C_V$）均水平。阴线 CD 铅垂，其影也铅垂。阴线 DE 为正垂线，其影一段落于屋檐的正面上，另一段落在右边的正墙面上，由于过 DE 的光平

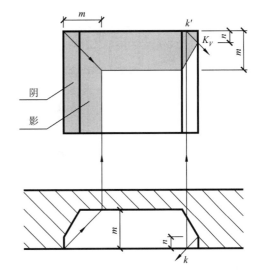

图 2.5.16　墙面凹槽的影

面和 V 面垂直，有积聚性，所以两段影重合为一条 45°斜线。阴线 FG 与阴线 BC 情况相同，读者可自行分析。

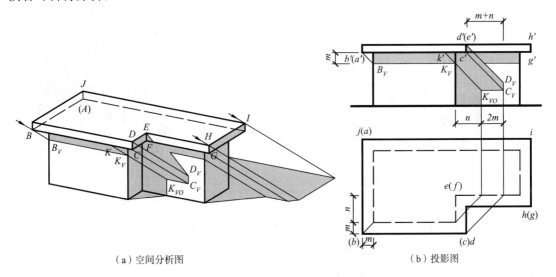

（a）空间分析图　　　　　　　　　　（b）投影图

图 2.5.17　屋檐的影

（四）建筑立面图上的阴影

掌握了上述一些求影的方法，即可根据房屋立面各凹凸部位的形状、尺寸和相互的位置关系，用交点法或度量法进行作图。具体画法此处不再多述。图 2.5.18 为一住宅的建筑立面阴影图。

应当指出，本节仅仅介绍了在房屋立面图上求作阴影的基本方法，如果遇到构型复杂的建筑形体，如曲面体等，读者尚应参阅其他书籍才能解决。

图 2.5.18 某住宅的立面阴影

第二节 透 视

一、透视的基本知识

（一）透视图的形成

透视就是透过一个透明的平面（也可以为曲面）来观看物体，如图 2.5.19 所示。我们把所看到的景物描绘在这个平面（通称画面）上，所成的图形称为**透视图，**所以透视可以看作是以人眼为中心的投影，称**中心投影**或**透视投影，**一般简称透视。

由于透视图符合人们的视觉印象，所以在作建筑设计时，常常画出建筑物或建筑群体的透视图，供设计人员来研究、修改自己的设计方案，供他人对设计方案进行评价或欣赏。

（二）透视图的特点

透视图的主要特点是**近大远小**。即建筑物离开画面越远，原来等宽的部分，在透视图中就越窄，原来同高的部分，在透视图中

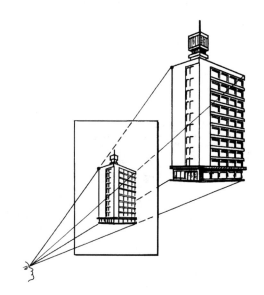

图 2.5.19 透视图的形成

就越短，而且原来互相平行的直线，变得越来越靠拢，并向一点集中，如图 2.5.20 所示，这种现象称为透视现象。

学习透视，正是要掌握这种变化规律及其画法，以求更快更准确地作图。

（三）透视的术语

为了便于叙述，现将透视投影中常用的术语解释如下：

画面：透视图所在的面，用 V 表示。

图 2.5.20　办公楼的透视图

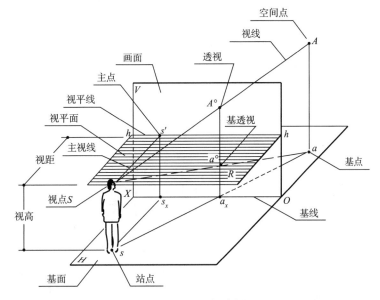

图 2.5.21　透视术语

基面：或称地面。建筑物所在的面。分前后两部分，用 H 表示。

基线：画面与基面的交线，用 OX 表示。

视点：投影中心。相当于人眼所在的位置，用 S 表示。

站点：视点在基面上的正投影，即水平投影。用 s 表示。

主点：或称心点。视点在画面上的正投影，即正面投影，用 s' 表示。

主视线：过视点且与画面垂直的视线，即 Ss'。

视距：视点到画面的距离。

视高：视点到基面的高度。

视平面：过视点的水平面，用 R 表示。

视平线：视平面与画面的交线。用 hh 表示，即 $hh /\!/ OX$。

空间点：拟作其透视的空间几何元素。一般置于基面之上，画面之后，如 A 点。画其透视图时，通常是根据其在基面和画面上的正投影进行的，并非根据实体作图。

基点：或基投影。空间几何元素在基面上的正投影。用小写字母表示，如 a。

视线：视点与某点的连线。即透视投影中的投射线，如 SA。

透视：或透视投影。过某点的视线与画面的交点，如 $A°$。

基透视：基点的透视，如 $a°$。

透视连系线：透视与其基透视的连线，如 $A°a°$。

二、透视原理及其基本画法

（一）点的透视

点的透视就是过点的视线与画面的交点，如图 2.5.22（a）所示。

作点的透视，应先知道点的空间位置。点的空间位置通常是由其正投影图给定的，如图 2.5.22（a）中之 a、a'。因此，作点的透视的过程自然就转换在正投影图上进行，如图 2.5.22（b）所示。

由图 2.5.22（a）可知，A 点的透视 $A°$ 为过 A 点的视线 SA 与画面 V 的交点。它的位置可由视线的 V 面投影 $s'a'$ 和 H 面投影 sa 来确定。因为 Ss 和 Aa 都垂直于 H 面，平面 $SAas$ 与画面 V 的交线 $A°a_x$ 必垂直于基线 ox，所以只要先画出视线的两面投影，再过视线的水平投影与基线的交点 a_x 作垂线，此垂线与视线的 V 面投影相交即得。这个画法是根据点的透视原理推导出来的，是作点的透视的基本方法，称为**视线法**。

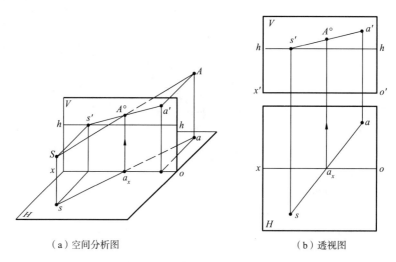

（a）空间分析图　　　　　　　（b）透视图

图 2.5.22　点的透视原理及画法

图 2.5.22（b）说明了 A 点透视的具体画法。图中 s'、s，a'、a 是已知的。应当注意，在根据 s'、s 和 a'、a 作 A 点的透视时，为了避免 H 面上的正投影与 V 面上的正投影重叠，我们将画面 V 和基面 H 沿 ox 分开（V 面上的基线标以 $o'x'$），然后按上下对正的原则上下排列起来。这样作，虽占地稍宽，但初学时容易掌握。至于 V 面和 H 面哪个在上、哪个在下，可随意安排。

如果空间点在画面之前或在画面上，如图 2.5.23（a）中之 A 点和 B 点，其透视仍为过该点的视线与画面 V 的交点。不过对于画面前的点，需将其视线向后延长罢了；画面上的点，其透视与自身重合，透视高度等于其真实高度。

〔例题 **2.19**〕在图 2.5.24 中，已知视点 S（s、s'）和空间点 A、B、C（a、b、c，a'、b'、c'），求作其透视。

分析：由 V 面投影可知，A、B、C 三点同高，高度为 H；由 H 面投影可知，B 点在画面上，A 点在画面前，C 点在画面后。

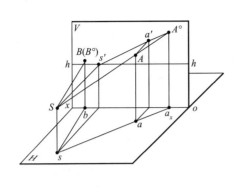

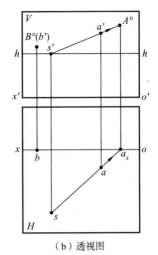

（a）空间分析图 （b）透视图

图 2.5.23 画面前及画面上的点的透视

作图：画面上的 B 点，透视与自身重合，不在画面上的 A、C 点，其透视用视线法求得，如图 2.5.24所示。

（二）直线的透视

直线的透视，一般情况下仍为直线；当直线通过视点时，其透视为一点，如图 2.5.25 所示。

由于直线的透视为直线上各点透视的集合，所以**直线上任意一点 K 的透视，必在直线的透视上。**

现代的建筑，趋于线条简捷，因而建筑立面中直线甚多，掌握各种位置直线的透视规律，对画好透视图是极为重要的。

直线相对于画面，有两种不同的位置，一是直线与画面相交，称为画面相交线；二是直线与画面平行，称为画面平行线。两种直线的位置不同，透视规律也不同。

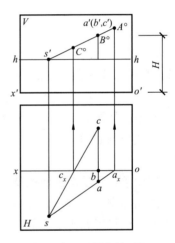

图 2.5.24 作点的透视
①B°与自身重合；②用视线法求出 A°、C°

1. 画面相交线的透视

作一般性建筑物的透视图，遇到最多的是和画面相交的水平线以及和画面垂直的直线（简称画面垂线）。

（1）和画面相交的水平线的透视

图 2.5.26（a）为该种直线透视的空间分析图。由图可知，直线 AB 的透视可由其两端点 A 和 B 的透视来确定。此外，当直线沿 AB 方向向后延长至 C 点时，直线的透视则沿

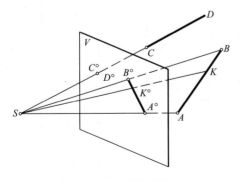

图 2.5.25 直线的透视

$A°B°$ 方向延伸至 $C°$。当直线向后延长至无穷远处的 F 点时，则过 F 点的视线 SF 必与直线 AB 平行，又由于 AB 为水平线，故 SF 也为水平线，其与画面 V 的交点 $F°$ 在视平线 hh 上，该点即为 AB 直线上无穷远点的透视，称为**灭点**或**消失点**。显然，如果和画面相交的水平线不是一条而是一组，如图 2.5.26（b）所示，则该组平行线的灭点必为同一点 $F°$。这就是图 2.5.20 中建筑物左右两侧的线条越远越靠近，直至在同一点消失的道理。

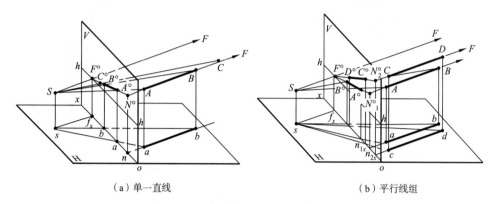

（a）单一直线　　　　　　　　　　（b）平行线组

图 2.5.26　和画面相交的水平线的透视

可以想象，**凡是与画面相交的直线都有灭点，而且只有和画面相交的水平线（包含画面垂线），其灭点才在视平线上。**

灭点的位置，由视线 SF 的基面投影与 ax 的交点 f_x 来确定。

下面再分析图 2.5.26（a）。如果让直线沿 BA 方向向前延长，则其透视 $B°A°$ 必向右延伸，当直线与画面相交于 N 时，N 点的透视与自身重合。N 点称为直线的**画面迹点**，简称**迹点。**

可以想象，**凡是与画面相交的直线都有迹点。**

和画面相交的水平线（包含画面垂线）的迹点位置，由其基面投影和水平线的高度来确定。

迹点和灭点是画面相交线透视上的两个特殊点，它确定了该直线的**透视方向**。只要这两点一经确定，该直线上任何点的透视都必然在这两点的连线上。所以又把迹点与灭点的连线称为直线的**全透视**，即画面后某无限长的直线的透视。

下面通过图 2.5.27，说明如何利用直线的全透视，求和画面相交的水平线的透视。

已知视点 S（s、视高）和直线的基面投影 ab 及直线的高度（无需画出直线的 V 面正投影 $a'b'$），作其透视图：

①延长 ba 与基线 ox 相交于 n_x，过 n_x 作垂线，并根据直线高度定出迹点 N。

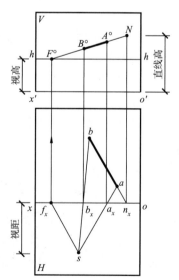

图 2.5.27　和画面相交的水平线的透视画法

②过站点 s 作 ab 的平行线与基线 ax 相交于 f_x，过 f_x 作垂线得灭点 F°，连 $F^\circ N$，即为直线 AB 的全透视。

③连 sa、sb 与基线 ox 交于 a_x 和 b_x，过 a_x、b_x 作垂线与直线的全透视交于 A° 和 B°，加深 $A^\circ B^\circ$，即为所求。

由作图得知，直线 AB 的透视方向是由其全透视确定的，其透视位置是由过其端点的视线的基面投影与基线的交点确定的。这种利用全透视和视线的基面投影来作直线透视的方法，也称**视线法**。视线法在透视作图中是广为采用的。

（2）画面垂线的透视

如图 2.5.28（a）所示，垂直于画面的直线，其迹点与 V 面投影重合，灭点即为主点 s'。因此，只要知道了视点的位置和直线的高度及其基投影，即可用视线法作出其透视，如图 2.5.28（b）所示。

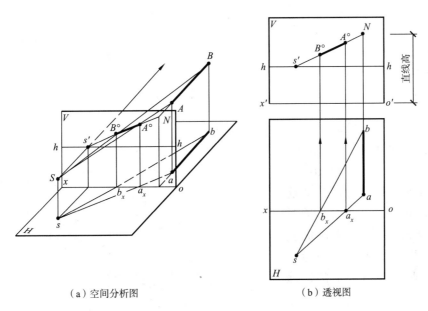

（a）空间分析图　　　　　　　（b）透视图

图 2.5.28　画面垂线的透视

2. 画面平行线的透视

在图 2.5.29 中，如果直线 AB 平行于画面 V，则过视点 S 且平行于直线 AB 的视线也平行于画面 V。可见，**平行于画面的直线一无灭点，二无迹点。**

此外，根据透视原理可知，AB 的透视 $A^\circ B^\circ$，正是视线 SA、SB 和直线 AB 形成的三角形平面与画面的交线，由于 AB 平行于 V，所以 AB 和 $A^\circ B^\circ$ 平行。由此，**画面平行**

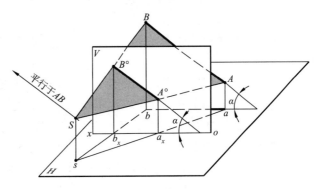

图 2.5.29　画面平行线透视性质分析（一）

线的透视和其自身平行。

由于画面平行线和其透视相互平行，画面平行线的透视具有以下性质：

第一、画面平行线的透视与基线的夹角，反映画面平行线与基面的倾角。

由图 2.5.29 看出，画面平行线 AB 对于基面的倾角，为直线 AB 与其基面投影 ab 间的夹角 a。由于 AB 平行于 V，所以 ab 平行于 OX，因此，$A°B°$ 与 OX 的夹角，必然也等于 a。

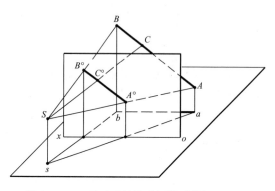

图 2.5.30 画面平行线透视性质分析（二）

第二、画面平行线上两线段的长度之比，等于其透视长度之比。

如图 2.5.30 所示，C 点把画面平行线 AB 分成 AC、CB 两段，C 点的透视 $C°$ 也把 AB 的透视分成 $A°C°$、$C°B°$ 两段。由于 $A°B°$ 平行于 AB，可知 $AC : CB = A°C° : C°B°$。

在讨论过画面平行线的透视性质之后，下面再分析两种常见的画面平行线的透视规律。

（1）铅垂线的透视

根据画面平行线的透视性质一可知，**铅垂线的透视仍铅垂，**如图 2.5.31 所示。由图可知，铅垂线离画面越远，其透视高度越小，位于画面上的铅垂线其透视高度与自身相等，我们把画面上的铅垂线称之为真高线。因为在透视作图中，只有画面上的铅垂线，其透视高度才与其真实高度相等。

画房屋的透视图时，常有这样的情况：已知某铅垂线（如房屋的墙角）的基透视 ［如图 2.5.32（a）中之 $B°$ 点］和直线的高度，欲求其透视高度，作法如下：

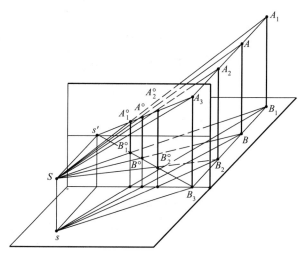

图 2.5.31 铅垂线的透视

①在视平线上任取一点，如主点 s'，连 $s'B°$ 并延长至与基线 $o'x'$ 相交于 b'。

②过 b' 作 $o'x'$ 的垂线，并量取铅垂线的真实高度得 a'。

③连 $s'a'$，与过 $B°$ 的垂线相交于 $A°$，$A°B°$ 即为铅垂线的**透视高度。**

上述作法中之辅助线 $s'a'$ 和 $s'b'$，可以理解为图 2.5.32（b）中过 A、B 两点的画面垂线 Aa'，和 Bb' 的全透视。实际上辅助线可以任取，如 $F°b_1'$，和 $F°a_1'$，不过此时应理解为过 A、B 两点的画面相交线 Aa_1' 和 Bb_1' 的全透视。

由作图可知，用两种辅助线求出的透视高度 $A°B°$ 是完全相同的。

在上述作图中，图 2.5.32（a）中之基面投影并无作用，画出来仅为读者参考。

（2）侧垂线的透视

透视投影中的侧垂线，是指平行于基线 ox 的直线。显然，**侧垂线的透视，仍和基线平行**，如图 2.5.33 所示。

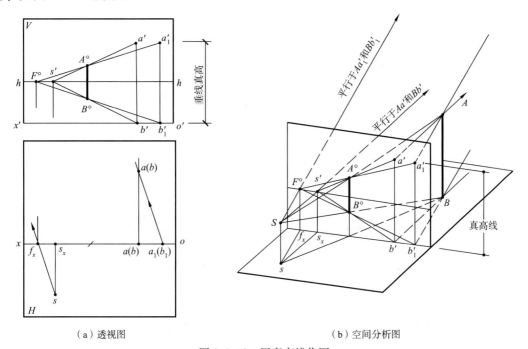

（a）透视图　　　　　　　　　　（b）空间分析图

图 2.5.32　用真高线作图

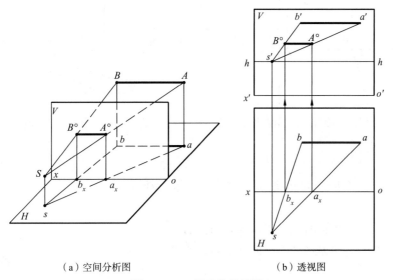

（a）空间分析图　　　　　　　　　　（b）透视图

图 2.5.33　侧垂线的透视

〔**例题 2.20**〕已知视点 S 和一组立于基面上的铅垂线。铅垂线的高度相同，等距排列，位置如图 2.5.34 所示，求作其透视图。

分析：

①直线铅垂，其透视必垂直于 $o'x'$。

②垂线同高且等距，直线离画面越远，其透视高度越小，间隔越密。

③各铅垂线垂足的连线和顶点的连线为两条水平的画面交线，将其延长至 V，可求得各垂线的真实高度。

作图： 如图 2.5.34 所示。

（三）平面图形的透视

平面图形的透视，**一般情况下仍为平面图形**，只有当平面图形扩展后通过视点时，其透视才为直线。

平面相对于画面也有两种不同的位置，平面的位置不同，其透视规律也不同。

1. 画面相交面的透视

（1）水平面的透视

如图 2.5.35 所示，已知基面上的矩形 $ABCD$（$abcd$ 为其基投影）及站点 s 和视平线高度，作矩形的透视图。

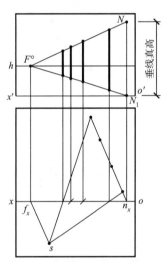

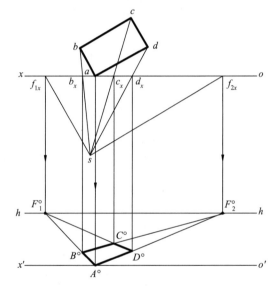

图 2.5.34　作同高等距排列的铅垂线的透视
注：①确定 n 及 $F^\circ N$、$F^\circ N_1$；
②用视线法求出各铅垂线的透视。

图 2.5.35　用视线法作水平面的透视

图中省去了画面和基面的轮廓线，并将画面置于基面之下。

分析：

①矩形的角点 A 在画面上，透视与自身重合。

②过 A 点的两边均为水平的画面交线，灭点在视平线上。

作图：

①过 s 分别作矩形各边的平行线与 ox 相交，得各边灭点的基投影 f_{1x} 和 f_{2x}（注意：切勿将此两点当作灭点）。

②过 f_{1x} 和 f_{2x} 作 hh 的垂线，求出灭点 F_1° 和 F_2°。

③过 a 作 $o'x'$ 的垂得 A°。

④连 $A^\circ F_1^\circ$ 和 $A^\circ F_2^\circ$ 得矩形两边的全透视，再用视线法求出各角点的透视，并连接加深。

矩形 $ABCD$ 各角点的透视，也可利用各边的全透视相交而得，如图 2.5.36 所示。这种利用两线相交来确定某点透视的方法，称**交线法**。从图中可以看出，为了确定 D° 点的位置，也可以不用 CD 的全透视，而用过 D 点的画面垂线 DK 的全透视求得。

在透视作图中，常有这样的情况：已知某水平线的透视，需求出该直线上一些特定点的透视，这时多利用交线法，如图 2.5.37 所示。图中基面上矩形 $ABCD$ 的透视已经作出，为了确定 AD 边上缺口 EG 的透视，利用了平行线组 D_1d、E_1e 和 G_1g。其中 aG_1、G_1E_1 和 E_1D_1 分别等于 ad 边上各相应点的实际距离。显然，透视图中 $\triangle A^{\circ}D^{\circ}D_1$ 是基面上等腰 $\triangle adD_1$ 的透视，而直线 G_1G°、E_1E° 和 D_1D° 是底边 dD_1 的平行线组的透视。由于等腰 $\triangle adD_1$ 水平，故 dD_1 的平行线组也水平，其灭点 M° 必在视平线上。

作图时，只要从透视图中的 A° 点，沿基线 $o'x'$ 分别量出距离 L_1、L_2、L_3（即 G、E、D 的位置尺寸），得 G_1、E_1 和 D_1，然后连 D_1D° 并延长至与视平线相交于 M°，再连 $M^{\circ}G_1$、ME_1°，即可求出 G°、E°。

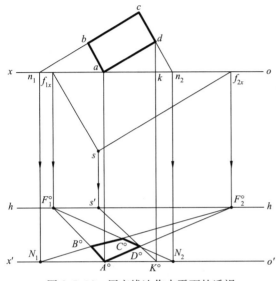

图 2.5.36 用交线法作水平面的透视

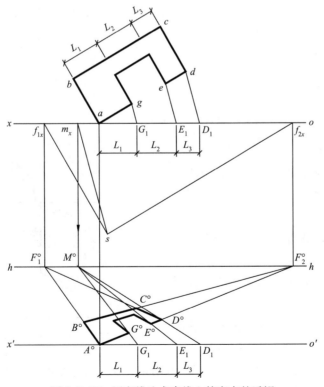

图 2.5.37 用交线法求直线上特定点的透视

（2）铅垂面的透视

如图 2.5.38 所示，五边形 *ABCDE* 直立于画面之后，并向左后与画面倾斜 $60°$ 角，视点已知，画其透视图。

分析：

①当五边形按图示位置直立于画面之后时，*AB*、*DE* 两边铅垂，*AE* 水平，其透视均可用视线法求出。

②*BC* 和 *CD* 两边，对 *V* 面和 *H* 面都倾斜，其透视中，可先利用真高线求出 *C* 点的透视 $C°$，再与 $B°$、$D°$ 相连即可。

作图：如图 2.5.38（b）所示。

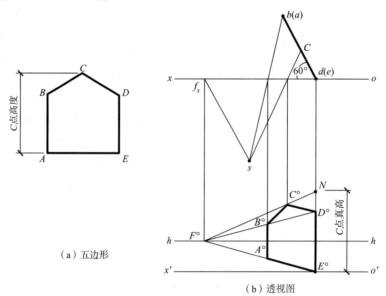

（a）五边形

（b）透视图

注：①用视线法得出 *AE*、*AB*、*DE* 的透视；
②借助真高线求出 *C* 点的透视。

图 2.5.38　铅垂面的透视

2. 画面平行面的透视

平行于画面的平面图形，不论其边线为直线还是曲线，各边的透视必与自身平行，且成定比，如图 2.5.39 所示。所以，**平行于画面的平面图形，其透视与自身相似。**

（四）体的透视

作体的透视图，通常是依据体的正投影图进行的，如图 2.5.40（a）所示。画图时，把水平投影当作基面，使立体的主要面和画面成一定的角度，并将某棱线（如 *A* 棱）贴

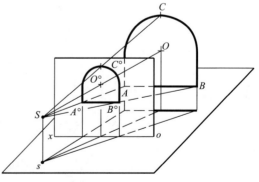

图 2.5.39　画面平行面的透视

在画面上，以便量取实长。然后选取视点，画出基透视。再过基透视各角点，作各垂直棱的透视高度，最后完成体的透视图，如图 2.5.40（b）所示。

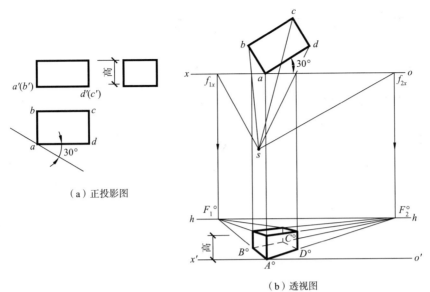

（a）正投影图

（b）透视图

图 2.5.40 四棱柱的透视

如果立体由两个基本体组成，如图 2.5.41（a）所示，则其透视图一定要严格按照两部分的相对位置关系绘制。如，为了确定 E 棱的透视 $E°$，应根据 E 棱和左边四棱柱的位置关系先延长 $C°D°$，如图 2.5.41（b）所示，再利用视线法求出 $E°$，然后按真高线的方法，得出 E 棱的透视高度，最后完成作图。

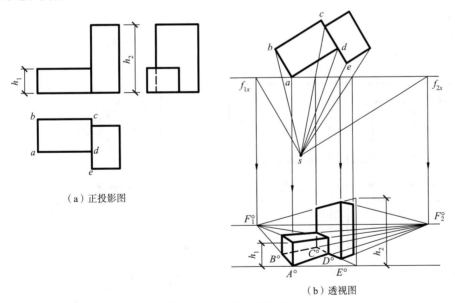

（a）正投影图

（b）透视图

图 2.5.41 立体的透视

如果立体的某些部位过于突出，如房屋的屋檐，作图时，可将其突出部分置于画面之前，如图 2.5.42 所示。此时需注意：

1. 过 A、B、C 三点的直线皆为画面上的铅垂线，可用来确定墙角的高度和屋檐的厚度。屋檐伸到画面之前的部分，其透视高度比真高略大。

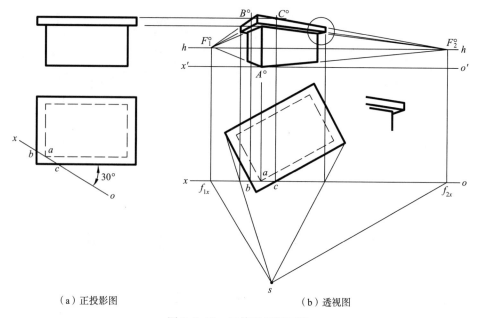

（a）正投影图　　　　　　　　　（b）透视图

图 2.5.42　屋檐的透视画法

2. 由于屋檐是四面挑出的，各墙角的顶点，均应画在檐口轮廓线里边，如局部放大图所示。

由上述三例看出，当立体的长、宽方向均和画面倾斜时，两个方向的棱线皆有灭点（F_1° 和 F_2°），此种情况下的透视称之为**二（灭）点透视**。如果立体的长、高方向和画面平行，宽度方向（或称深度），和画面垂直，则体的透视便只有一个灭点，即垂直画面的各棱线的灭点（主点 s'），此种情况下的透视，称之为**一点透视**，如图 2.5.43（b）所示。一点透视多用于表现室内建筑或街景。

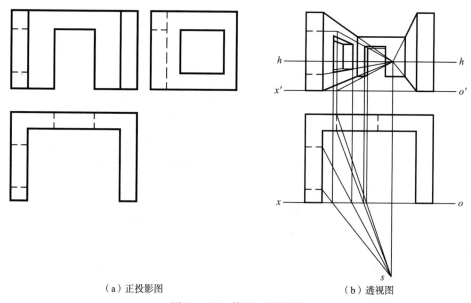

（a）正投影图　　　　　　　　　（b）透视图

图 2.5.43　体的一点透视

一点透视图的画法与二点透视图的画法完全相同，读者自行看图，不再多述。

三、透视图的辅助画法

画透视图，经常遇到一些特殊情况，如：灭点落在图板之外，或某些建筑细部在平面图中没有画出，难以利用前面讲述的方法作其透视等，这时可用一些辅助方法作图。

（一）辅助灭点法

图 2.5.44 为右向灭点在图板之外时的作图实例。为了求出 D 棱的透视高度，（a）图利用了主点 s' 和 D 棱的真高线，（b）图利用了左向灭点 F_1' 和 D 棱的真高线。

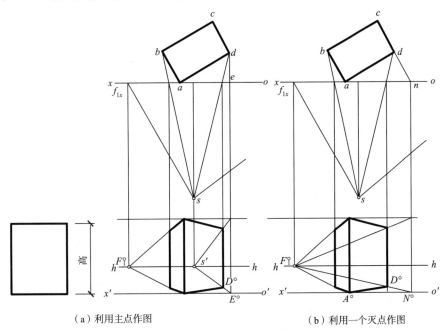

（a）利用主点作图　　　　　（b）利用一个灭点作图

图 2.5.44　辅助灭点法

（二）定分比法

利用前面讲述的各种方法绘制建筑物基本轮廓的透视，是极为方便的。但是对于门窗、阳台、栏杆等建筑细部的透视，画起来就显得烦琐，也不够准确。如果在确定了建筑物基本轮廓的透视之后，采用透视定分比法来确定各建筑细部的透视位置，就会使作图极为简捷。

透视定分比法，是根据画面平行线透视的定比性，如图 2.5.30 所示和画面相交的水平平行线组截两相交直线成定比，如图 2.5.37 所示的原理推导出来的。

图 2.5.45 为利用定分比法在房屋基本轮廓的透视图上加画门窗洞口的实例，具体画法如下：

1. 先在真高线 $A°B°$ 上，截取各层门窗洞口的真实高度得 a、b、c……各点，再用平行线法，按各层门窗洞口的高度分割另一墙角 $C°D°$，然后连接各对应点，即得门窗洞口上下边的透视。

2. 过 $B°$ 点作一水平线，在该线上依次截取各门窗洞口的水平尺寸，得 1、2、3……9 各点，连 $9C°$ 并延长与视平线相交于 $M°$，再将 $M°$ 点与 1、2、3……点相连，分别交 $B°C°$ 于 $1°$、$2°$、$3°$……各点，过这些点作垂线，即得门窗洞口左右边的透视。

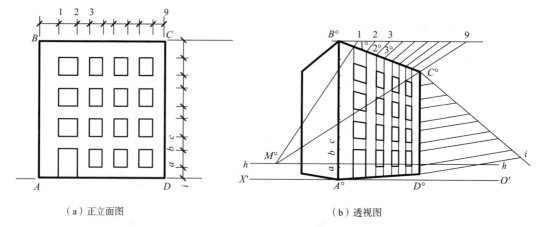

（a）正立面图 　　　　　　　　　　（b）透视图

图 2.5.45　用定分比法作图的应用

定分比法不仅可以用来分割画面平行线、端点在画面上的画面交线的透视，对于端点不在画面上的画面交线的透视，也可以用定分比法分割，对此，本书不作推证。

（三）利用矩形对角线作图

在透视作图中，有时需要连续地作一系列相等的矩形，如栏杆等，此时，利用这些矩形对角线相互平行的性质，即可延续作出若干个大小相等的矩形的透视，如图 2.5.46 所示。

图中矩形的透视 $A^\circ B^\circ C^\circ D^\circ$ 是先作出的。在图 2.5.46（a）中，连矩形对角线 $A^\circ C^\circ$ 并延长，与过 F° 所作的垂线相交于 F_1°，再连 $D^\circ F_1^\circ$ 与 $B^\circ F^\circ$ 相交于 E°，过 E° 作垂线得第二个矩形，依此类推，作出需要的矩形。在图 2.5.46（b）中，先作矩形水平中线的全透视 $K^\circ F^\circ$，再连 $A^\circ L^\circ$ 与 $B^\circ F^\circ$ 相交于 E°，过 E° 作垂线，即可作出一系列的矩形。

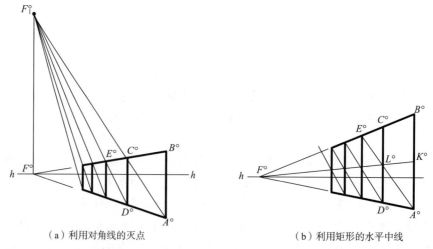

（a）利用对角线的灭点 　　　　　　（b）利用矩形的水平中线

图 2.5.46　延续作矩形的透视

四、建筑透视图的画法

人们观察物体时，视点位置不同，视觉印象也不同，犹如摄影，不同的镜头位置获得不同的画面效果。因此，画建筑物的透视图时，为了使透视图能完美的表现作者的设计意图，应当首先恰当的选择视点、画面和建筑物的相对位置，然后作出建筑物基本轮廓的透视，再用辅助画法完成细部的透视图。

（一）画面与视点位置的选择

1. 画面位置的选择

为作图方便，一般使画面紧贴建筑物的一个转角，如图 2.5.47（a）所示。

画面与建筑物主立面的夹角 α，以 30° 为宜。夹角过小，主立面透视收敛过缓，透视图形显宽；夹角过大，则主立面透视收敛急剧，透视图形又过窄，都不能完美地表现建筑物主立面的形象，如图 2.5.47（b）所示。

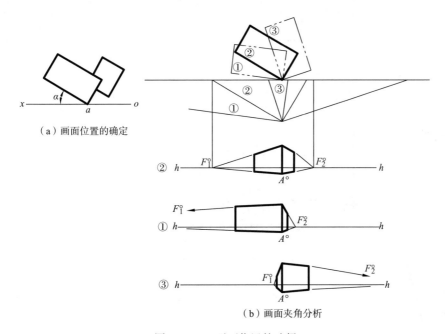

（a）画面位置的确定

（b）画面夹角分析

图 2.5.47　画面位置的选择

2. 视点位置的选择

视点位置包含视点高度、视点到画面的距离以及视点的左右位置。

视点高度一般取人眼的正常高度，为 1.5～1.8 m。视点到画面的距离与视角大小有关，一般情况下视角在 20°～60°之间，透视图不会失真。据测定视角在 28°～30°时视觉效果最好。因此，视点到画面的距离可按图 2.5.48 的关系确定。符号 B 称观察宽度。视点的左右位置以主视线在观察宽度中间三分之一范围内视觉效果最好。

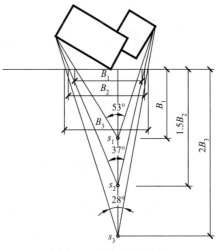

图 2.5.48　视距的选择

（二）房屋透视图的画法

图 2.5.49 为一幢楼房的建筑设计图。单个房屋的外形透视，多作成二点透视。画房屋的透视图大体分为三步：

1. 根据房屋平面图，确定画面、视点的位置，如图 2.5.49 所示。

2. 将基线上各点移置到另一纸面上，作出房屋轮廓的透视，如图 2.5.50 所示。

3. 用辅助作图法，完成细部透视，如图 2.5.51 所示。

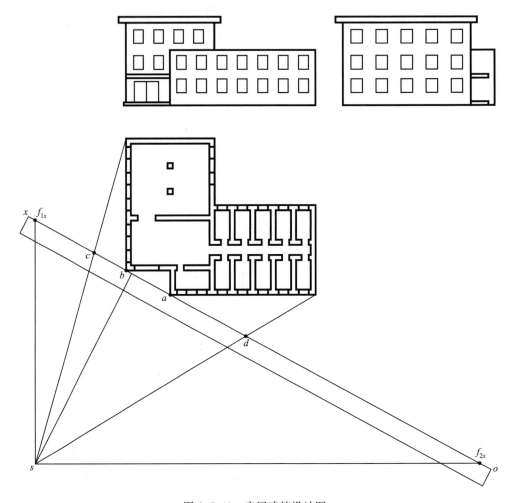

图 2.5.49　房屋建筑设计图

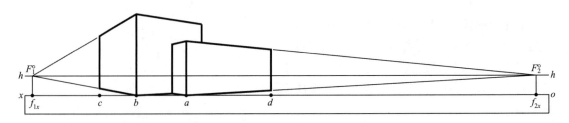

图 2.5.50　房屋基本轮廓的透视

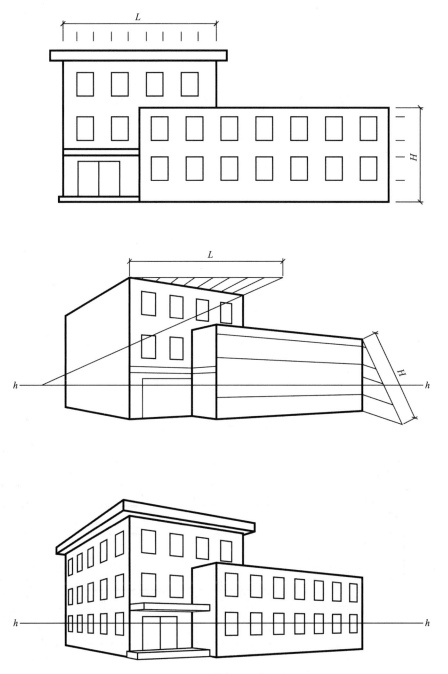

图 2.5.51　作房屋细部透视

　　作建筑细部的透视图时，一定要注意各部位的空间位置关系，认清棱线的透视方向，避免将灭点连错。

　　如果在透视图上加画一些衬景，就会使画面效果更好。

第六章　表达物体的常用方法

工程建筑物大多形状复杂，画图时需要用到多种表达方法。本章主要依据《房屋建筑制图统一标准》（GB/T 50001—2017）介绍多面视图、剖面图、断面图以及简化画法。

第一节　视　　图

视图就是正投影图，是专业图样中常用的术语。

一、多面视图

如图 2.6.1 所示，从六个方向投射，得到物体的六个基本视图。这六个基本视图分别为：正立面图、平面图、左侧立面图、右侧立面图、背立面图、底面图。应根据表达物体的需要，选择适当的视图数量，够用即可。每个视图均应标注图名，图名标注在图的下方或一侧，并在图名下用粗实线绘一条横线。

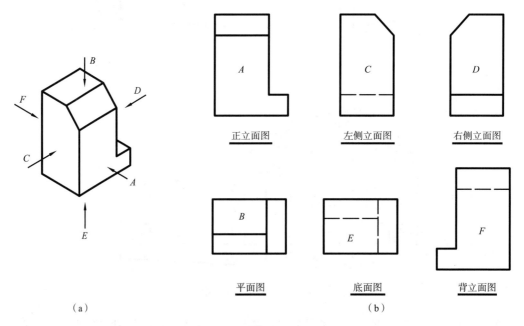

图 2.6.1　物体的六面投影图

二、展　开　图

建筑物的立面部分，如与投影面不平行（如圆形、折线形、曲线形等），可将该部分展至与投影面平行，再以直接正投影法绘制，并在图名后注写"展开"字样，如图 2.6.2 所示。

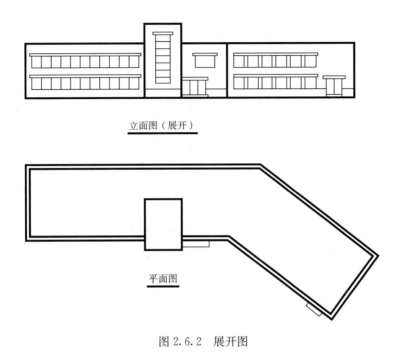

立面图（展开）

平面图

图 2.6.2　展开图

三、镜像投影图

当物体的形象不易用直接正投影法表达时，如房屋顶棚的装饰、灯具等，可用镜像投影法绘制，并在图名后注写"镜像"两字。

如图 2.6.3 所示，把镜面放在物体下面，代替水平投影面，在镜面中反射到的图像称"平面图（镜像）"，由图可知，它和用直接正投影法绘制的平面图是不相同的。

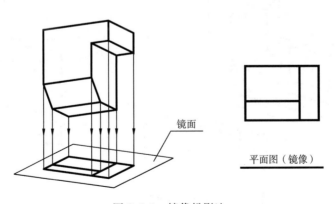

镜面

平面图（镜像）

图 2.6.3　镜像投影法

第二节 剖 面 图

图2.6.4所示物体有中空构造，正面图有虚线。很多工程建筑物内部十分复杂，图中大量虚线严重影响图示效果，而剖面图是专用于表达物体内部构造的图示方法。

一、剖面图的基本概念

剖面图：假想用剖切面剖开物体，移去观察者和剖切面之间的部分，将其余部分进行投射所得的图形，如图 2.6.5 的1—1剖面图。

二、剖面图的画法及标注

（一）剖切面和投影面平行

为了使剖面图能充分反映物体内部的实形，剖切面应和投影面平行，并且常使剖切面与物体的对称面重合或通过物体上的孔、洞、槽等隐蔽部分的中心，如图 2.6.5（a）所示，图中剖切面 P 平行于 V 面。

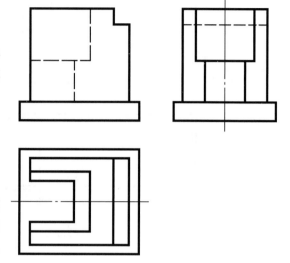

图2.6.4 U形桥台的投影图

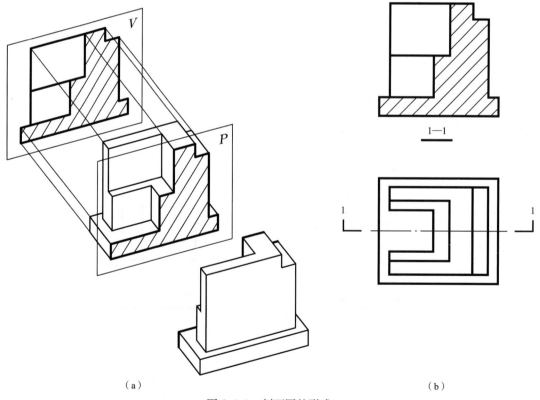

（a）

（b）

图 2.6.5 剖面图的形成

（二）画出剖切面后方的可见部分

物体剖开后，剖切平面后方的可见部分应画全，不得遗漏，如图 2.6.6（b）所示。

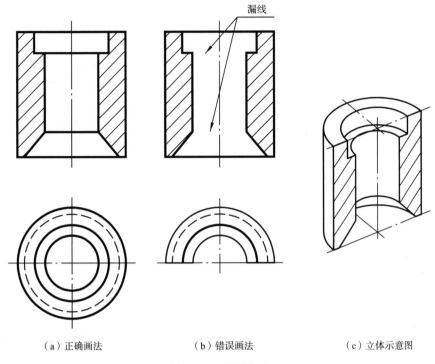

（a）正确画法　　　　　　（b）错误画法　　　　　　（c）立体示意图

图 2.6.6　圆形沉井

（三）在剖面区域画出建筑材料图例

在剖面图中，需在剖面区域（剖切面与物体接触部分）画出建筑材料图例。常用的建筑材料图例见表 2.6.1。图例中的斜线多为 45°细实线。图例线应间隔均匀、角度准确。

当建筑材料不确定时，可用 45°细实线表示。

（四）图中虚线省略

在剖面图中，对于已经表达清楚的结构，其虚线可省略不画，如图 2.6.5（b）中省去了基础顶面之虚线。

（五）其他投影图按完整物体绘制

假想的剖切只针对特定的剖面图，与其他投影图无关。因此其他投影图仍按完整物体绘制，如图 2.6.6 中沉井的平面图。

（六）剖面图的标注

如图 2.6.5（b）所示，剖面图中需用剖切符号表示剖面图的剖切位置和投射方向。

1. 用剖切位置线表示剖切位置。剖切位置线实质上是剖切面的积聚投影，但应尽量不穿越其他图线。规定用长 6～10 mm 的粗实线表示。

表 2.6.1 常用建筑材料图例（摘选）

序号	名　称	图　例	说　明	序号	名　称	图　例	说　明
1	自然土壤		包括各种自然土壤	10	加气混凝土	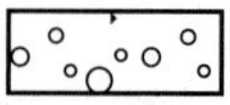	包括加气混凝土砌块、加气混凝土墙板及加气混凝土材料制品等
2	夯实土壤		—	11	饰面砖	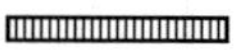	包括铺地砖、玻璃马赛克、陶瓷锦砖、人造大理石
3	砂、灰土	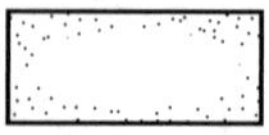	—	12	混凝土	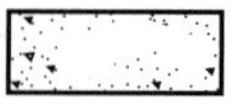	1. 包括各种强度等级、骨料、添加剂的混凝土
4	砂砾石、碎砖三合土	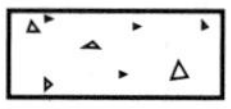	—	13	钢筋混凝土	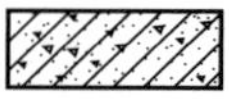	2. 在剖面图上绘制表达钢筋时，则不需要绘制图例线 3. 断面图形较小，不易绘制表达图例线时，可填黑或深灰
5	石材	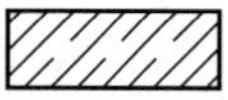	—	14	木材		1. 上图为横断面（其中左图为垫木、木砖或木龙骨） 2. 下图为纵断面
6	毛石		—	15	金属		1. 包括各种金属 2. 图形较小时可填黑或深灰
7	实心砖、多孔砖	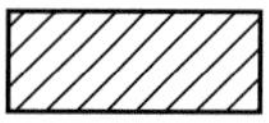	包括普通砖、多孔砖、混凝土砖等砌体	16	液体	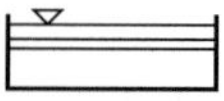	应注明具体液体名称
8	耐火砖	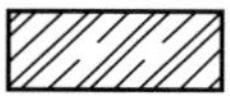	包括耐酸砖等砌体	17	防水材料		构造层次多或绘制比例大时，采用上面的图例
9	空心砖、空心砌砖		包括空心砖、普通或轻骨料混凝土小型空心砌块等砌体	18	粉刷		本图例采用较稀的点

2. 用剖视方向线表示投射方向。剖视方向线垂直于剖切位置线，用长 4～6 mm 的粗实线表示。

3. 剖切符号的编号，采用阿拉伯数字，由左至右，由上至下按顺序连续编写，编号数字一律水平方向注写在剖视方向线的端部，在相应的剖面图上需注出"×—×剖面图或×—×"。图中的"1—1"，表示由前向后投射得到的剖面图。

三、常用的几种剖切方法

（一）全剖面图

用剖切面完全地剖开物体所得的剖面图，称为**全剖面图**，如图 2.6.7 所示。

全剖面图多用于物体的投影图形不对称时，对于外形简单且在其他投影图中外形已表达清楚的物体，虽其投影图形对称也可画成全剖面图。

剖面图的配置与投影图相同，应符合投影关系，如图 2.6.7 中的正面图及左侧面图，均采用了全剖面的画法。

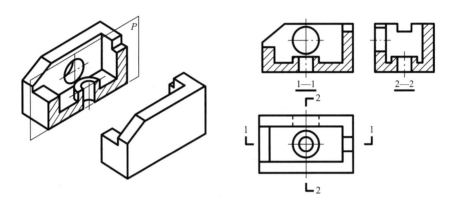

图 2.6.7 箱体全剖面图

（二）半剖面图

当物体具有对称平面时，可以对称中心为界，一半画成剖面图，称为**半剖面图**，如图 2.6.8（a）所示。

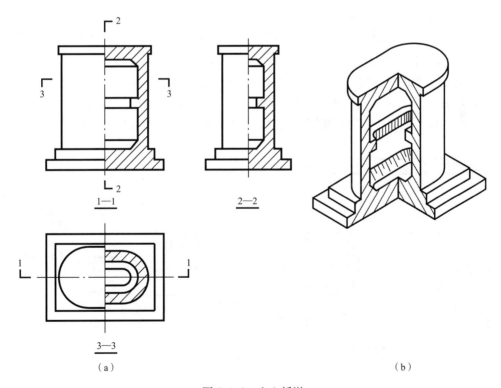

（a） （b）

图 2.6.8 空心桥墩

（三）局部剖面图

用剖切面局部地切开物体所得的剖面图，称为**局部剖面图**，如图 2.6.9 所示。

作半剖面图时，应注意以下几点：

1. 半剖面图与半投影图以点画线为分界线，剖面部分一般画在垂直对称线的右侧或水平对称线的下方。

2. 由于物体的内部形状已经在半剖面图中表达清楚，在另一半投影图上就不必再画出虚线。

3. 半剖面图中剖切符号的标注规则与全剖面图相同。

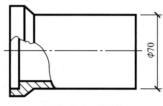

图 2.6.9　瓦筒

在局部剖面图中，已剖与未剖部分的分界线用波浪线表示。波浪线不能与其他图线重合，且应画在物体的实体部分；局部剖可以不标注。

（四）阶梯剖面图

用两个或两个以上相互平行的剖切面切开物体所得的剖面图，称为**阶梯剖面图**，如图 2.6.10 所示。

画阶梯剖时应注意以下几点：

1. 在剖面图上不画出剖切平面转折棱线的投影，如图 2.6.10（b）中箭头所指的棱线，而看成由一个剖切面全剖开物体所画出的图。

2. 剖切位置线的转折处不应与图上的轮廓线重合、相交。

3. 画阶梯剖时，必须标注剖切符号，如图 2.6.10（a）中的 1—1，在转折处如与其他图线混淆，应在转角的外侧加注相同的编号。一般用两个平行的剖切面为宜。

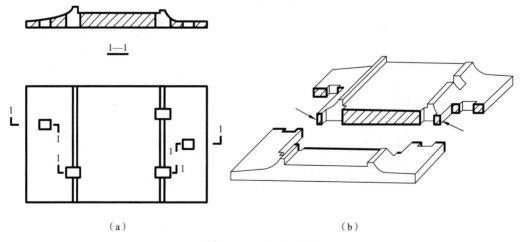

（a）　　　　　　　　　　　　（b）

图 2.6.10　钢轨垫板

（五）分层剖面图

在建筑图样中，为了表达建筑形体局部的构造层次，常按层次用波浪线将各层隔开来画出其剖面图，如图 2.6.11 所示。图中的波浪线不应与任何图线重合。

（六）用相交剖切面剖切物体所得的剖面图

对于此类剖面图，应在剖面图的图名后加注"展开"字样，如图 2.6.12 所示。

〔**例题 2.21**〕作图 2.6.13（a）所示滤池的剖面图。

分析：由于该体的正面图、左侧面图中虚线较多，因而这两个图均需作剖面。又由于正面图左右不对称，应选用全剖；而左侧面图为对称图形，宜作半剖，如图 2.6.13（b）所示。

作图：如图 2.6.14 所示。

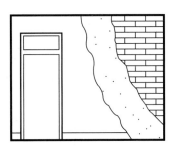

图 2.6.11　分层剖面图

若根据实物、模型或轴测图画投影图时，则应通过分析，将需剖切的部分一次作成适当的剖面图，而不必先画全三面投影图，再改画成剖面图。

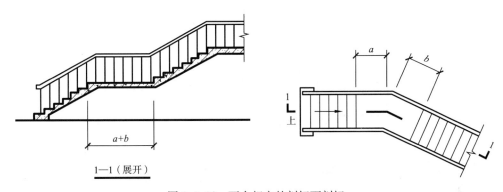

图 2.6.12　两个相交的剖切面剖切

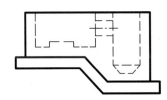

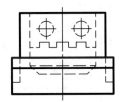

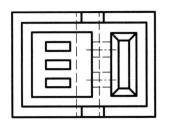

（a）滤池投影图

图　2.6.13

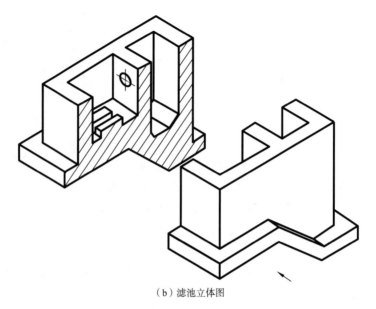

（b）滤池立体图

图 2.6.13　滤池投影图和立体图

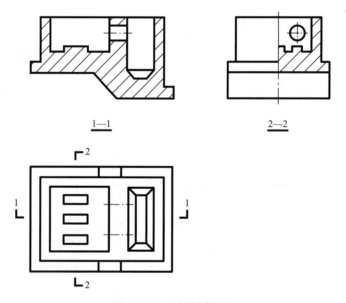

图 2.6.14　滤池剖面图

四、剖面图上的尺寸标注

如图 2.6.15 所示，剖面图中标注尺寸除应遵守前面各章述及的方法和规则外，还应注意以下几点：

1. 尺寸集中标注

物体的内、外形尺寸，应尽量分别集中标注，如图 2.6.15 中的高度尺寸。

2. 注写尺寸处的图例线应断开

如需在画有图例线处注写尺寸数字时，应将图例线断开，如图 2.6.15 中的尺寸 30。

3. 对称结构的全长尺寸注法

在半剖面图中，有些部分只能表示出全形的一半，尺寸的另一端无法画出尺寸界线，此时，尺寸线在该端应超过对称中心线或轴线，尺寸注其全长，如图 2.6.15 中的 540。

也可用"二分之一全长"的形式注出，如 $\frac{480}{2}$ 等。

4. 半剖面图中直径尺寸不变

即使圆在半剖面图、半投影图中画为半圆，仍注直径尺寸，如图中的 φ240。尺寸线的另一端应稍过圆心。

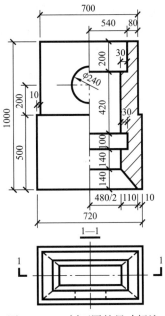

图 2.6.15　剖面图的尺寸标注

第三节　断　面　图

一、断面图的基本概念

当物体某些部分的形状，用投影图不易表达清楚，又没必要画出剖面图时，可采用断面图来表示。

断面图：假想用剖切平面将物体某处切断，仅画出该剖切面与物体接触部分的图形，在断面图上应画出材料图例。

图 2.6.16（a）为预制混凝土梁的立体图，假想被剖切面 1 截断后，将其投影到与剖切面平行的投影面上，所得到的图形如图 2.6.16（b）所示，称 1—1 断面图。它与剖面图 2—2 比较，仅画出了剖切面与梁接触部分的形状，而剖面图还要绘出剖切面后面可见部分的投影。

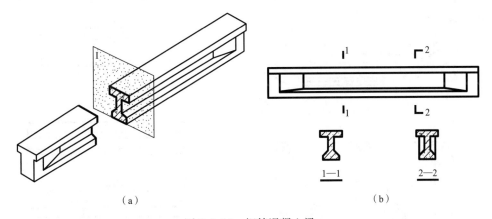

（a）　　　　　　　　　　　　　（b）

图 2.6.16　钢筋混凝土梁

二、断面图的标注及画法

（一）标注

断面图只需标注剖切位置线（长 6～10 mm 的粗实线），并用编号的注写位置来表示投射方向，还要在相应的断面图上注出"×—×断面"字样。图 2.6.16（b）中的 1—1 断面表示从左向右投影得到的断面图。为了简化图纸，"断面"二字也可以省略不注。

（二）画法

1. 将断面图画在投影图轮廓线外的适当位置，称为**移出断面**。

画移出断面时应注意以下几点：

（1）断面轮廓线为粗实线。

（2）移出断面可画在剖切位置线的延长线上，如图 2.6.17（a）所示，也可以画在投影图的一端，如图 2.6.17（b）所示，或画在物体的中断处，如图 2.6.17（c）所示。

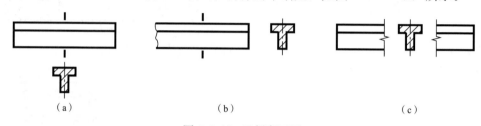

（a）　　　　　　　　（b）　　　　　　　　（c）

图 2.6.17　T 梁断面图

（3）作对称物体的移出断面，可以仅画出剖切位置线，如图 2.6.17 所示；物体不对称时，除画出剖切位置线外，还需注出数字以示投影方向，如图 2.6.18 所示。

（4）当物体需作多个断面时，断面图应排列整齐，如图 2.6.18 所示。

2. 将断面图画在物体投影的轮廓线内，称为**重合断面**。

画重合断面时应注意以下几点：

（1）重合断面的轮廓线一般用细实线画出，如图 2.6.19（a）所示，但在房屋建筑图中，为表达建筑立面装饰线脚时，其重合断面的轮廓用粗实线画，且在表示实体的一侧画出 45°图例线，如图 2.6.19（b）所示。

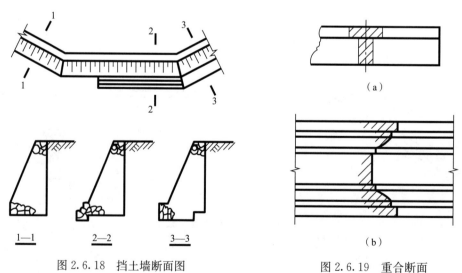

图 2.6.18　挡土墙断面图　　　　图 2.6.19　重合断面

（2）当图形不对称时，需注出剖切位置线，并注写数字以示投射方向，如图 2.6.20（a）所示，对称图形可省去标注，如图 2.6.19（a）所示。

（3）断面轮廓线与投影轮廓线重合时，投影图的轮廓线需要完整地画出，不可间断，如图 2.6.20（a）所示。图 2.6.20（b）的画法及标注均有错误。

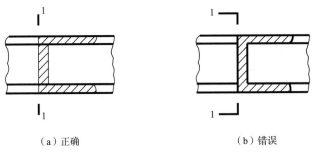

（a）正确　　　　　　　　　　（b）错误

图 2.6.20　不对称构件重合断面画法

第四节　图样的简化画法及其他表达方法

一、对称省略画法

（一）物体对称时，允许以中心线为界，只画出图形的一半或四分之一，此时应在中心线上画出对称符号，如图 2.6.21（a）所示，也可根据图形的需要略超出对称线少许，此时可不画对称符号，如图 2.6.21（b）所示。

（二）对称符号是两条平行等长的细实线，线段长为 6～10 mm，间距为 2～3 mm，在中心线两端各画一对，如图 2.6.21（a）所示。

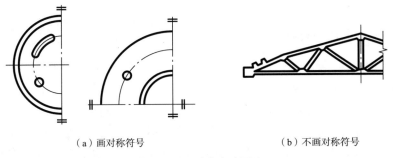

（a）画对称符号　　　　　　　　　（b）不画对称符号

图 2.6.21　对称省略画法

二、相同构造要素的画法

在构件、配件内有很多个完全相同而连续排列的构造要素，可以仅在两端或适当位置画出其完整形状，其余部分以中心线或中心线交点表示，如图 2.6.22（a）所示。若相同构造要素少于中心线交点，则其余部分应在相同构造要素位置的中心线交点处用小圆点表示，如图 2.6.22（b）所示。

三、折断画法

对于较长的构件，如沿长度方向的断面形状相同或按一定规律变化，可以断开省略绘制，断开处以折断线表示，应注意其尺寸仍需按构件全长标注，如图 2.6.23 所示。

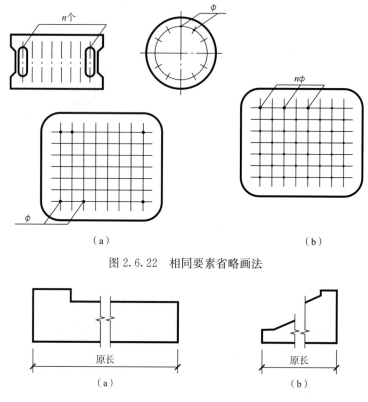

图 2.6.22　相同要素省略画法

图 2.6.23　折断省略画法

四、连接画法及连接省略画法

（一）一个构配件，如绘制位置不够，可分成几个部分绘制，并用连接符号表示相连。连接符号以折断线表示需连接的部位，在折断线两端靠图样一侧用大写拉丁字母表示连接符号，两个被连接的图样，必须用相同的字母编号，如图 2.6.24 所示。

（二）一个构配件，如与另一个构配件仅有部分不相同，该构配件可只画不同部分，但应在其相同与不同部分的分界处，分别绘制连接符号，两个连接符号应对准在同一线上，如图 2.6.25 所示。

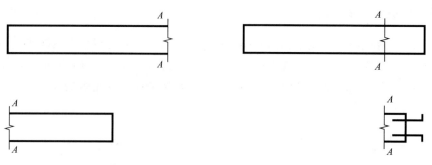

图 2.6.24　连接画法　　　　图 2.6.25　构件局部不同时的省略画法

五、假想画法

在剖面图上为了表示已切除部分的某些结构，可用假想线（双点画线）在相应的投影图上画出，如图2.6.26（a）所示。

某些弯曲成形的物体，如需要时，也可用双点画线画出其展开形式，以表达弯曲前的形状和尺寸，如图2.6.26（b）所示。

六、详图画法

当结构物某一局部形状较小，图形不够清楚或不便于标注尺寸时，可用较原图大的比例，将该局部单独画出，称为详图。

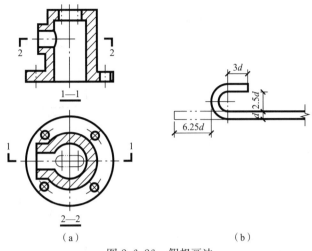

图2.6.26　假想画法

详图应尽量画在基本图附近，可画成投影图、剖面图、断面图，采用的比例是指与物体大小之比，其表达形式及比例与原图无关。详图的标注通常是在被放大部位画一细实线小圆，用指引线注写字母或数字，在详图上注出相应的"×详图"字样，如图2.6.27所示（铁路工程图中常用习惯画法）。

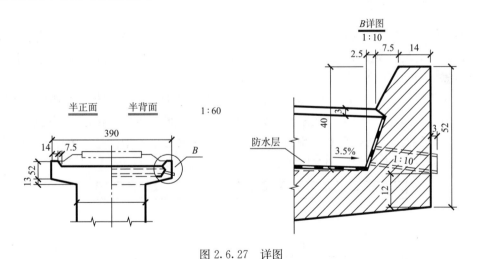

图2.6.27　详图

第五节　剖面图与断面图的识读

识读剖面图与断面图的方法与识读组合体的投影图相似，仍用形体分析法和线面分析法。下面以图2.6.28所示化污池为例，说明识读剖面图、断面图的方法步骤。

一、认清投影图、明确投影关系

首先应了解化污池是由哪些投影图表达的，图中有什么剖面、断面，它们的剖切位置在哪里，认清观察方向，初步理解剖切目的，明确投影关系。

图2.6.28给出了化污池的四个投影图，其中正面投影采取全剖，剖切面通过该体的前、后对称面，表达了左、右中空的内形；水平投影采用了半剖，水平中心线上方表示外形，下方表示内形，从标注可知，水平剖切面通过池身上小圆孔和方孔的中心线；侧面投影也采用了半剖，剖切面是通过左侧顶部加劲板的中心线，表达了化污池上、下部分的内外形状；4—4断面则表达了隔板部位的形状及圆、方孔的位置。

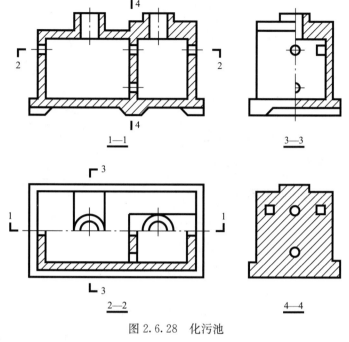

图 2.6.28　化污池

二、分析形状、想象内外结构和细节

用形体分析法将化污池分成几个基本形体，根据各图的投影关系，应用看图想物的道理弄清各部分外形及内部结构，读懂细节及建筑材料，若标注了尺寸，还要认清其大小。

由图可知，该形体分成四个主要部分：

（一）矩形底板。位于化污池下方，图2.6.29为其投影图及立体图。底板的大致形状为矩形柱体，从正面投影中看出，在矩形下方左右各有一个梯形线框，接近中间处还有一个与底板相连的梯形截面，结合水平、侧面投影，可以确定底板下方中部是一个梯形四棱柱加劲肋，而四角各有一个四棱台的加劲墩子。

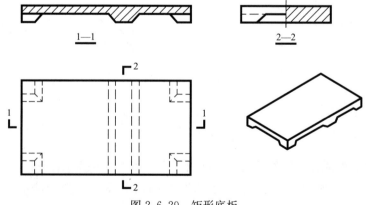

图 2.6.29　矩形底板

（二）长方体池身。化污池底板的上部有一外形为长方体的池身，如图 2.6.30 所示，在其内部挖去了两个长方体，形成了中空的两个池子，左、右壁上各有一小圆孔，中间的隔板部位形状如图 2.6.28 中 4—4 断面所示，在矩形断面对称线的上、下各有一小圆孔，上方还有两个对称的方孔。

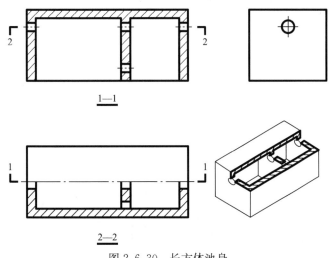

图 2.6.30　长方体池身

（三）四棱柱加劲板。在池身顶面有两块四棱柱加劲板，左边一块横放，右边一块纵放，形状如图 2.6.31 所示。

（四）圆柱体通孔。在两块加劲板的上方各有一个中空圆柱体，该圆柱孔与池身相通，其形状如图 2.6.31 所示。

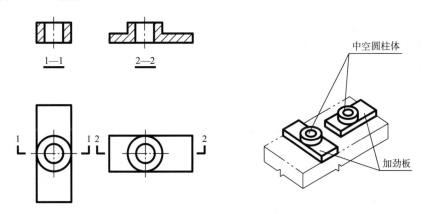

图 2.6.31　加劲板及通孔

三、综合各组成部分、想象整体形状

如上述分析，化污池具有前后对称面，池身下面有长方形底板，上面有带圆柱通孔的两块加劲板，把以上分解开的形体逐个综合起来，即可得出化污池的整体形状，如图 2.6.32 所示。

图 2.6.33 为地下室的投影图及立体图。投影图中有一个平面图和三个剖面图，读者可自行分析识读其内外形状。

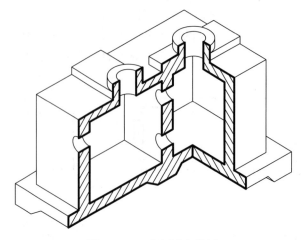

图 2.6.32　化污池立体图

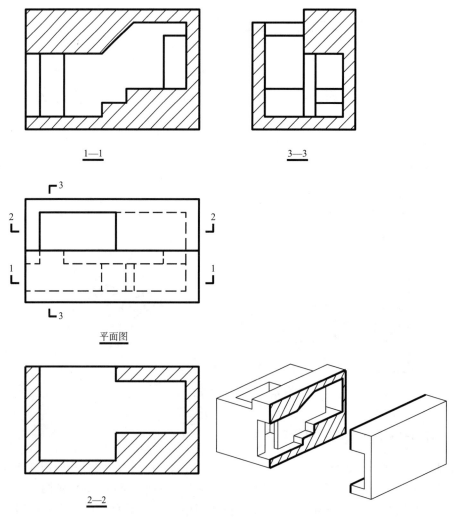

1—1

3—3

3

2　　　　　2

1　　　　　1

3

平面图

2—2

图 2.6.33　地下室

第六节　轴测剖面图的画法

假想用剖切平面将物体轴测图切除一部分，以表达空心形体的内部结构，这种图称**轴测剖面图**。

一、剖切位置的选择

为了清楚地表示形体的内部结构，又不影响外形的表达，尽量不用一个剖切平面，如图 2.6.34（a）所示；而采用两个剖切平面，且沿着平行坐标平面的位置切除形体的四分之一，如图 2.6.34（b）所示；图 2.6.34（c）中虽也使用了两个剖切面，但失真，因而不好。

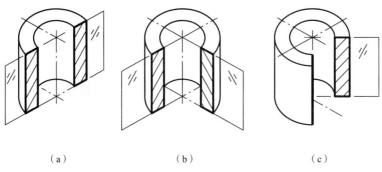

（a）　　　　　　　　　（b）　　　　　　　　　（c）

图 2.6.34　轴测剖面图剖切面的选择

二、轴测剖面图的作图步骤

作如图 2.6.35 所示杯形基础的轴测剖面图，其作图步骤见表 2.6.2。

应当注意的是：

1. 作图时要预先考虑到被切除的部分，并将该处的轮廓线画得轻细。

2. 剖面范围图例线的方向，如图 2.6.36 所示。

3. 轴测剖面图中物体轮廓线为中粗线，剖面范围轮廓线画粗实线。

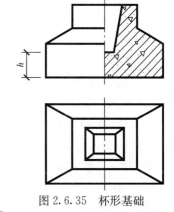

图 2.6.35　杯形基础

表 2.6.2　轴测剖面图的作图步骤

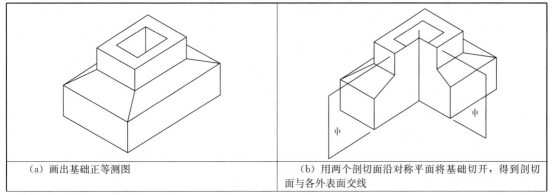

（a）画出基础正等测图	（b）用两个剖切面沿对称平面将基础切开，得到剖切面与各外表面交线

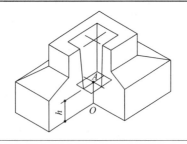

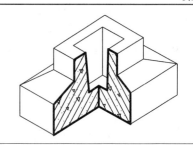

（c）自基底中心 O 沿两剖切面的交线（即 OZ 平行线）向上量 $OA=h$（杯口底至基底距离），作出杯口底面，连接杯口顶、底对应边的中点，得杯口内形	（d）整理加深，作出断面材料图例

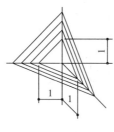

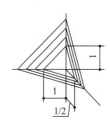

（a）正等测 　　　　　　　　（b）斜等测 　　　　　　　　（c）斜二测

图 2.6.36　轴测剖面图中图例线的画法

第七节　第三角画法简介

我国和一些国家采用第一角画法绘制工程图样，另外一些国家采用第三角画法。两种画法的主要区别是将物体放在投影体系不同的分角中得到投影，因而基本视图配置不同。

图 2.6.37 所示为投影体系的四个分角。

第一角画法：将物体置于第一分角内，并使其处于观察者与投影面之间而得到正投影的方法，如图 2.6.38（a）所示。本课程学习的图样画法均属于第一角画法。

第一角画法基本视图配置如图 2.6.38（b）所示。

第三角画法：将物体置于第三分角内，并使投影面处于观察者与投影面之间而得到正投影的方法，如图 2.6.39（a）所示。

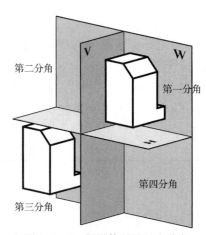

图 2.6.37　投影体系的四个分角

第三角画法基本视图配置如图 2.6.39（b）所示。

基本视图按图 2.6.38（b）、图 2.6.39（b）所示配置时，一般不标注图名。如果参与国际交流，则需要在图样的适当位置画出识别符号，如图 2.6.40 所示。

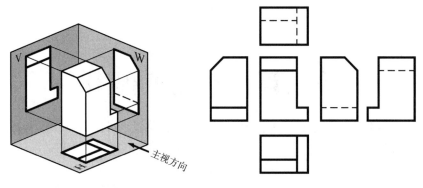

（a）物体位于观察者与投影面之间　　　　　　（b）基本视图的配置

图 2.6.38　第一角画法

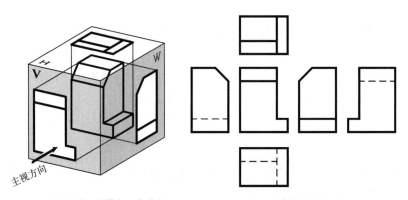

（a）投影面位于物体与观察者之间　　　　　　（b）基本视图的配置

图 2.6.39　第三角画法

（a）第一角画法识别符号　　　　（b）第三角画法识别符号

图 2.6.40　两种画法的识别符号

第三篇 土建工程图

本篇第一章至第四章介绍铁路工程图,主要遵从铁路设计部门的制图惯例,并兼顾《房屋建筑制图统一标准》(GB/T 50001—2017)、《铁路工程制图标准》(TB/T 10058—2015)、《铁路工程图形符号标准》(TB/T 10059—2015)。

第五章介绍房屋建筑工程图,主要依据《房屋建筑制图统一标准》(GB/T 50001—2017)、《总图制图标准》(GB/T 50103—2010)、《建筑结构制图标准》(GB/T 50105—2010)等。

第一章 钢筋混凝土结构图的基本知识

本章重点讲述钢筋混凝土结构图在图示内容和图示方法上的一些特点与要求。针对本章内容的需要,对钢筋混凝土结构的基本知识给予初步的介绍。

第一节 钢筋混凝土的基本知识

混凝土是由水泥、砂、石子和水按一定配合比例拌和而成。混凝土的抗压强度较高,而抗拉强度很低,混凝土因受拉容易产生裂缝乃至断裂,如图 3.1.1(a)所示,但混凝土的可塑性强,能制成各种类型的构件。为了提高混凝土构件的抗拉能力,通常根据结构的受力需要,在混凝土构件的受拉区内配置一定数量的钢筋,使其与混凝土结合成一个整体,共同承受外力,如图 3.1.1(b)所示。这种配有钢筋的混凝土叫钢筋混凝土,其构件叫钢筋混凝土构件。在工地现浇的叫现浇钢筋混凝土构件,在工厂预制的叫预制钢筋混凝土构件。如果在制造时先将钢筋进行张拉,使其对混凝土预加一定的压力,以提高构件的抗拉和抗裂性能,这种构件叫预应力钢筋混凝土构件。

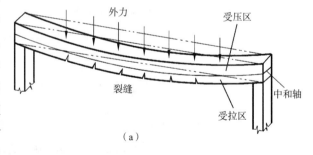

（a）

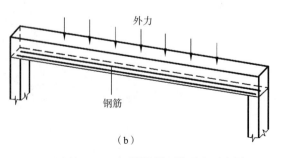

（b）

图 3.1.1 钢筋混凝土梁受力示意图

一、钢筋的种类

钢筋可以按不同的方式分类。国产建筑用钢筋，是按产品品种分类，见表3.1.1。

表3.1.1　普通钢筋种类和符号

牌号	符号	公称直径 d（mm）	屈服强度标准值（N/mm²）	种　类	说　明
HPB300	φ	6～22	300	热轧光圆钢筋	旧称Ⅰ级钢筋
HRB335	⊉	6～50	335	热轧带肋钢筋	旧称Ⅱ级螺纹钢
HRB400 HRBF400 RRB400	⊉ ⊉F ⊉R	6～50	400	热轧带肋钢筋 细品粒热轧带肋钢筋 余热处理带肋钢筋	旧称Ⅲ级螺纹钢
HRB500 RRBF500	⊉ ⊉F	6～50	500	热轧带肋钢筋 细品粒热轧带肋钢筋	旧称Ⅳ级螺纹钢

若按钢筋在构件中所起的作用分类，有下列几种：

（一）受力筋——是构件中主要的受力钢筋，一般布置在混凝土受拉区以承受拉力，称为受拉钢筋，如图3.1.2所示。在梁、柱构件中，有时还需配置承受压力的钢筋，称为受压钢筋。

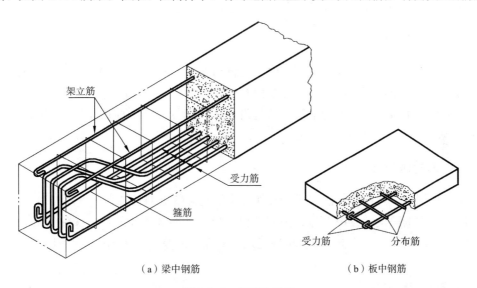

（a）梁中钢筋　　　　　　　　　　（b）板中钢筋

图3.1.2　钢筋的种类

（二）箍筋——用以承受剪力并可固定受力筋的位置，一般用于梁或柱中。

（三）架立筋——用以固定箍筋的位置，构成梁内钢筋的骨架。

（四）分布筋——一般用于板式结构中，与受力筋垂直布置，它与板的受力筋一起构成钢筋骨架。

（五）构造筋——根据构件的构造要求和施工安装需要配置的钢筋，如预埋件、锚固筋、吊环等。

二、钢筋的弯钩

为了增加钢筋与混凝土的粘结力，受拉筋的两端常做成弯钩。常用的弯钩有两种标准形式，其形状和尺寸如图 3.1.3 所示，即半圆形弯钩和直角形弯钩两种。图中用双点画线表

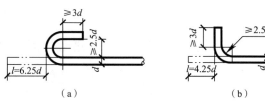

图 3.1.3　钢筋的弯钩

示弯钩展直后的长度，这个长度在备料时可用于计算所需要的钢筋总长度。各种直径的钢筋弯钩其换算长度见表 3.1.2，也可以通过计算得出。

表 3.1.2　各种直径钢筋的 l 值（mm）

弯钩长度	直径 d												
	6	6.5	8	9	10	12	16	19	20	22	24	25	26
$l=6.25d$	37.5	41	50	56	62.5	75	100	119	125	138	150	156	162
$l=4.25d$	25.5	27.6	34	38.3	42.5	51	68	80.8	85	93.5	102	106.3	110.5

对于图 3.1.3 所示标准形式的弯钩，图中不必标注详细尺寸。若弯钩或钢筋的弯曲是特殊设计的，则在图中必须另画详图表明其弯曲形式和尺寸。

三、钢筋的弯起

根据构件的受力要求，在布置钢筋时，需将构件下部的部分受力钢筋弯到上边去，这就是钢筋的弯起。在弯起钢筋的弯终点外应留有锚固长度，其长度在受拉区应不小于 $20d$，在受压区应不小于 $10d$。梁中弯起钢筋的弯起角 α 宜取 45°或 60°，如图 3.1.4 所示，板中如需将钢筋弯起时，可采用 30°角。

四、钢筋的保护层

为了保护钢筋（防侵蚀、防火等）和保证钢筋与混凝土的粘结力，钢筋外边缘到混凝土表面应保留一定的厚度，此厚度称为钢筋的保护层，如图 3.1.5 所示。按建筑规范的要求，保护层的最小厚度见表 3.1.3。对于按规定设置的保护层厚度，在图中可不用标注。

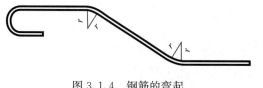

图 3.1.4　钢筋的弯起

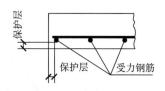

图 3.1.5　钢筋的保护层

在桥涵工程中，钢筋的保护层要大一些，一般不得小于 30 mm，也不得大于 50 mm，但板的高度小于 300 mm 时，保护层的厚度可减为 20 mm，箍筋的保护层不得小于 15 mm。

表 3.1.3　钢筋混凝土保护层的厚度（mm）

序号	项　目		保护层厚度
1	板、墙、壳	分布筋	10
		受力筋	15
2	梁和柱	受力筋	25
		箍筋	15
3	基础	受力筋　有垫层	35
		无垫层	70

第二节　钢筋布置图的特点

钢筋布置图也是采用正投影法绘制的，在图示方法和尺寸标注等方面有以下特点。

一、基本投影

图 3.1.6 为钢筋混凝土梁图。为了突出地表达钢筋骨架在构件中的准确位置，假定混凝土是一个透明体，使构件内部的钢筋为可见。

在作投影图时，将构件的外形轮廓线画成细实线，而将其内部的钢筋画成粗实线。按《建筑结构制图标准》的规定，各种不同类型的钢筋，其表示方法按表 3.1.4 所示绘制。

表 3.1.4　一般钢筋的表示方法

序　号	名　称	图　例	说　明
1	钢筋横断面	●	—
2	无弯钩的钢筋端部		下图为长、短钢筋投影重叠时，短钢筋的端部用 45°斜画线表示
3	带半圆形弯钩的钢筋端部		—
4	带直钩的钢筋端部		—
5	带丝扣的钢筋端部		—
6	无弯钩的钢筋搭接		—
7	带半圆弯钩的钢筋搭接		—
8	带直钩的钢筋搭接		—
9	花篮螺钉钢筋接头	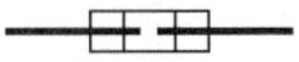	—
10	机械连接的钢筋接头		用文字说明机械连接的方式（如冷挤压或直螺纹等）

钢筋布置图中所画的剖面图，主要是表达构件内钢筋的排列情况。剖面图的剖切位置应布置在钢筋的变化处，如图 3.1.6 中的 1—1 剖面、2—2 剖面。在剖面图中不画构件的材料图例，对剖到的钢筋画成黑圆点，未剖到的钢筋及构件的外形轮廓线，仍按规定线型绘制。

为了便于钢筋的加工，应绘出各类钢筋的成型图（也称大样图），它表示各类钢筋的形状和尺寸。钢筋成型图一般画在基本投影图的下方，与基本投影图中对应的钢筋对齐，如图 3.1.6 所示。

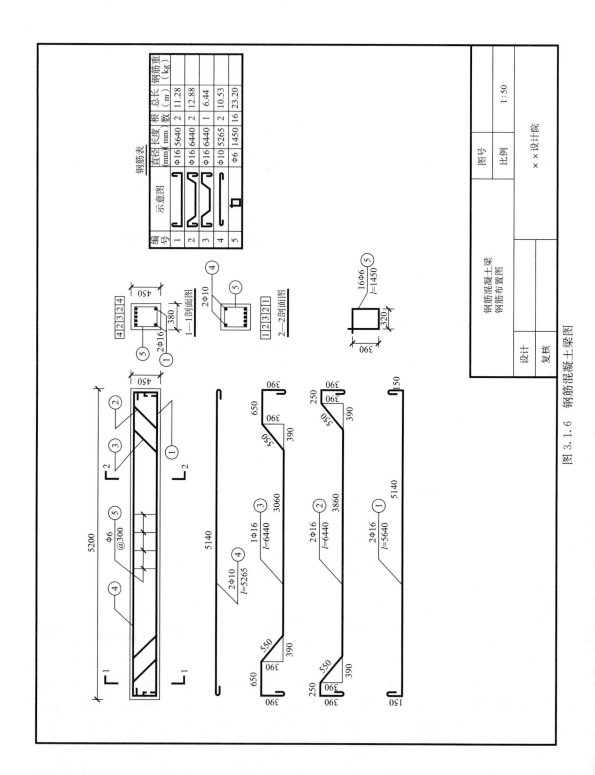

图 3.1.6 钢筋混凝土梁图

二、钢筋的编号

在同一构件中，为了区分不同形状和尺寸的钢筋，应将其编号，以示区别。编号与标注的方法是：

1. 编号次序按钢筋的直径大小和钢筋的主次来分。如直径大的编在前面，直径小的编在后面；受力钢筋编在前面，箍筋、架立筋、分布筋等编在后面。如图3.1.6中①、②、③为受力筋，均编在前面，而④架立筋、⑤箍筋均编在后面。

2. 将钢筋编号填写在用细实线画的直径为6～8 mm的圆圈内，并用引出线引到相应的钢筋上，如图3.1.6所示。也可以在钢筋的引出线上加注字母"N"，如图3.1.7（c）所示。

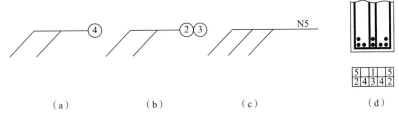

(a)　　　　　　　(b)　　　　　　　(c)　　　　　　　(d)

图3.1.7　钢筋的编号注法

3. 若有几种类型钢筋投影重合时，可以将几类钢筋的号码并列写出，如图3.1.7（b）所示。

4. 如果钢筋数量很多，又相当密集，可采用表格法。即在用细实线画的表格内注写钢筋的编号，以表明图中与之对应的钢筋，如图3.1.7（d）所示。

三、钢筋布置图中尺寸的标注

（一）构件外形尺寸

钢筋混凝土构件外形尺寸的注法，和一般的结构投影图中的尺寸注法一样。

（二）钢筋的尺寸标注

在构件的剖面图中，钢筋尺寸文字包括编号、符号、直径值、数量、间距等。如图3.1.6的1-1剖面图中，①2φ16表示钢筋编号为1、共两根、钢筋符号为φ（Ⅰ级钢筋）、直径为16 mm；在主剖视图中，编号5钢筋的尺寸文字为：⑤φ6@300（@300表示按间距300 mm布置，据此可算出根数）。

钢筋的成型图反映钢筋在结构中的形状，从图3.1.6可以看出，在钢筋成型图上所标注的各段尺寸，就是钢筋的定形尺寸。成型图上的尺寸数字直接写在各段的旁边，不画尺寸线和尺寸界线。弯起钢筋的斜度用直角三角形注出，如图3.1.6中②、③的钢筋弯起尺寸，均用细实线画一直角三角形，并在其直角边上注出水平距离390，竖直方向390（外皮尺寸），斜边长度为550。成型图的各段尺寸是钢筋中心线线段长度尺寸，而端部带标准弯钩的，则是到弯钩外皮的尺寸（箍筋一般注内皮尺寸）。在成型图的编号引出线上，还标注钢筋的直径、根数和总长度，如②钢筋成型图中所注的2φ16，表示该构件有2根直径为16 mm的Ⅰ级钢筋。引出线下面所注 $l = 6\,440$，表示②号钢筋的全长为6 440 mm。这是钢筋的设计长度，它是各段长度之和再加上两端标准弯钩的长度，即 $l = (390 + 250 + 550) \times 2 + 3\,860 + 2 \times 6.25 \times 16 = 6\,440$ （mm）。在铁路桥梁图中，弯筋的弯起高度和箍筋的边长，均以钢筋断面的中心距离标计。

钢筋的定位尺寸一般标注在剖面图中，尺寸界线通过钢筋的断面中心。若钢筋的位置安排符合规范规定的保护层厚度，以及两根钢筋间限定的最小距离，则可以不注其定位尺寸，如图 3.1.6 中的 1—1、2—2 剖面图。对于按一定规律排列的钢筋，其定位尺寸常用注解形式写在引出线上，以表示钢筋的直径及相邻钢筋的中心距离。如图 3.1.6 的立面图中，"φ6@300"，表示箍筋直径为 6 mm 的 Ⅰ 级钢筋，以间距为 300 mm 均匀排列。为了使图面清晰，同类型、同间距的箍筋，在图上一般可只画两、三个就行了，施工时按等距离布置即可。

四、钢 筋 表

在钢筋布置图中，需要编制钢筋表，以便施工备料之用。钢筋表一般包括：钢筋编号、品种、钢筋成型示意图、钢筋直径、根数、总长和重量等，如图 3.1.6 中钢筋表内所示。

第二章　桥梁工程图

本章介绍的桥梁工程图包括全桥布置图、桥墩图、桥台图及桥跨结构图。通过对这些图的讲解，使读者了解桥梁工程图的特点，掌握桥梁工程图的识读和绘制方法。

第一节　全桥布置图

一、桥 位 图

在桥址地形图上，画出桥梁的平面位置以及与线路、周围地形、地物关系的图样叫作桥位图。它一般采用较小的比例（如 1：500、1：1 000、1：2 000 等）绘制，因此在桥位图上，桥梁平面位置的投影均采用图例示意画出，其线路的中心位置用粗实线表示。

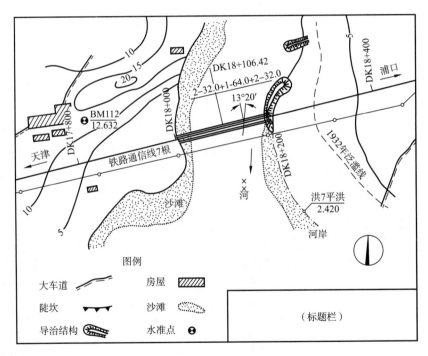

图 3.2.1　桥位图

图 3.2.1 所示的桥位图，除了表示桥梁所在的平面位置、地形和地物外，还表明了线路的里程、水准点位置、河水流向及洪水泛滥的情况。为了表明桥址的方向，图中还画出了指北针，指北针的画法见表 3.5.2 中所示。

由图 3.2.1 可知，该桥位处西北的地势较高，最高点的标高为 20 m，东南方向较低。

西边有房屋、车道及水准点标志。桥的南侧有通信线，东岸有一条洪水泛滥线，东岸北面有导治建筑物。河水流向为从北向南，河床内有沙滩。

二、全桥布置图

全桥布置图是简化了的全桥主要轮廓的投影图，它由立面图和平面图组成。立面图是由垂直于线路方向向桥孔投影而得到的正面投影图，它反映了全桥的概貌。平面图是假想将上部结构全部拆除后所得到的水平投影图。为了表达墩台的断面形状，在平面图中采用了半平面和半基顶剖面的表达方法。

全桥布置图主要表明桥梁的形式、跨径、孔数、总体尺寸、各主要构件的相互位置关系、桥梁各主要部位的标高以及总的技术要求等，它是桥梁施工时确定墩台位置及构件安装的依据之一。

从图 3.2.2 可知，该桥有五孔，其中四孔是跨度为 32.0m 的预应力钢筋混凝土梁，中间一孔是跨度为 64.0m 的下承式栓焊钢桁梁，中心里程为 DK18＋106.42。图中还标出了全桥各主要部位的标高，画出了河床断面，这些都表示出桥梁各部分在竖直方向的位置关系。

图中标高 6.019，是按平均百年一遇的最高水位而定的设计水位。

桥梁中墩、台位置的命名，通常按顺序进行编号，如图 3.2.2 所示的 0 号台、1 号墩等，也有将桥台按其位置命名的，如津台、浦台等，但桥墩位置命名仍按顺序 1、2、3……编号。

由平面图可知，该桥中墩、台的位置及类型。桥台为"T"桥台，桥墩为圆端形。墩台的基础分别采用了明挖扩大基础及沉井基础。

桥位的地质资料是通过地质钻探得到的，所钻地质孔位的多少，需根据设计、施工规范的规定及地质情况而定。在线路中心里程 DK18＋77.00（即②墩位附近）及 DK18＋135.00（即③墩位附近）各钻有一地质孔，并画出了该孔的地质柱状图。通过该地质柱状图可以看出地层的土质变化及每层的深度，同时可以知道该桥墩台基础所处的土层位置。如该桥②、③墩的沉井基础将位于圆砾石土壤上。常用的地质图例见表 3.2.1 所示。

表 3.2.1 常用地质图例

序号	名　称	图　例	序号	名　称	图　例
1	黏土	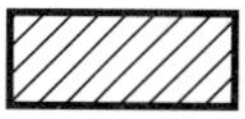	7	卵石	
2	砂黏土	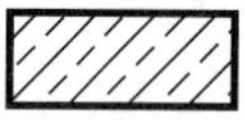	8	块石	
3	黏砂土		9	砂浆	
4	粉、细、中粗砾砂	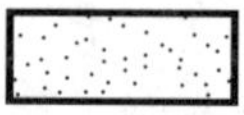	10	石灰岩	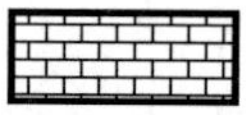
5	圆砾石土壤		11	泥灰岩	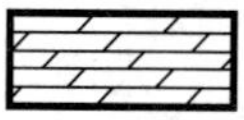
6	角砾土壤		12	花岗岩	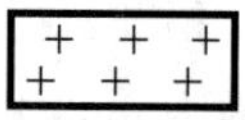

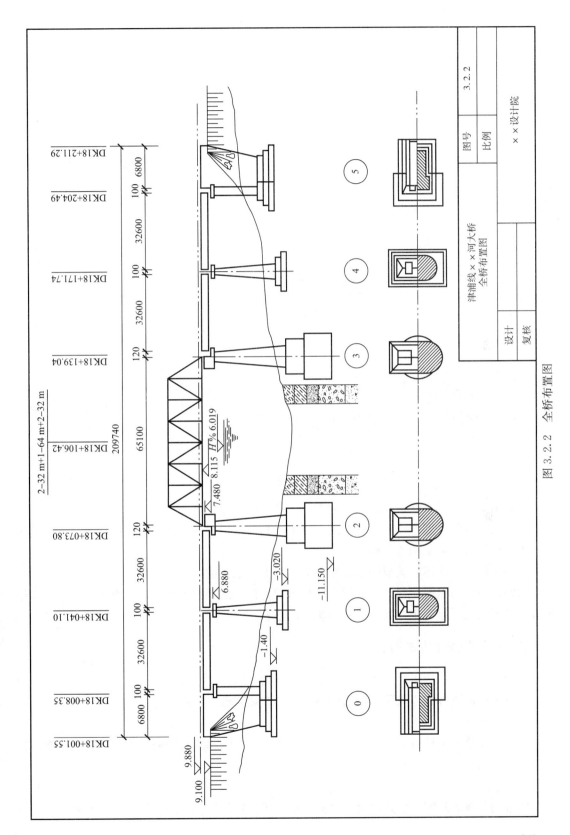

图 3.2.2　全桥布置图

第二节 桥 墩 图

一、概 述

桥墩是桥的下部结构之一，它起着中间支承作用，上部结构及其所承受的荷载通过桥墩传递给地基。

根据河道的水文情况及设计要求，桥墩的形状是不一样的，一般以桥墩墩身断面的形状划分，常见的有圆端形桥墩，如图 3.2.3（a）所示；圆形桥墩，如图 3.2.3（b）所示；矩形桥墩，如图 3.2.3（c）所示；尖端形桥墩，如图 3.2.3（d）所示等。

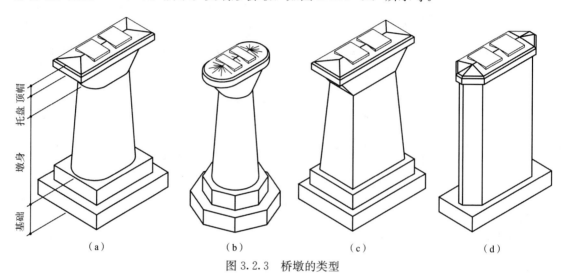

图 3.2.3　桥墩的类型

桥墩由基础、墩身和墩帽组成，如图 3.2.3（a）所示。

基础在桥墩的底部，一般埋置在地面以下，其形式根据受力情况及地质情况，可采用明挖扩大基础、沉井基础及桩基础等。

墩身是桥墩的主体，其顶部小，底部大，自上而下形成一定的坡度。

墩帽在桥墩的上部，它是由顶帽和托盘组成。顶帽的顶面为斜面，作为排水用，俗称排水坡。为了安放桥梁支座，其上设有两块支承垫石。

二、桥墩的图示方法和要求

桥墩图主要表达桥墩的总体及其各组成部分的形状、尺寸和用料等。

表达桥墩的图样有桥墩图、墩帽构造详图及墩帽钢筋布置图。

（一）桥墩图

图 3.2.4 是圆端形桥墩图。它是采用正面图、平面图和侧面图来表达的，其中正面图和平面图还采用了半剖面图的表达形式。

1. 正面图

桥墩的正面图是顺线路方向对桥墩进行投影而得到的投影图。正面图的左半部分表示桥

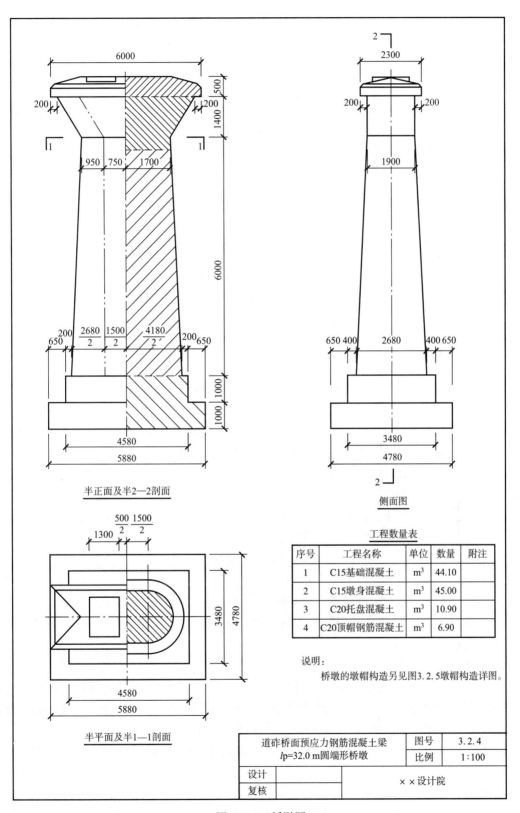

半正面及半2—2剖面

侧面图

半平面及半1—1剖面

工程数量表

序号	工程名称	单位	数量	附注
1	C15基础混凝土	m³	44.10	
2	C15墩身混凝土	m³	45.00	
3	C20托盘混凝土	m³	10.90	
4	C20顶帽钢筋混凝土	m³	6.90	

说明:

桥墩的墩帽构造另见图3.2.5墩帽构造详图。

道砟桥面预应力钢筋混凝土梁 *l*p=32.0 m圆端形桥墩	图号	3.2.4
	比例	1:100
设计	××设计院	
复核		

图 3.2.4 桥墩图

墩的外形和尺寸，其中双点画线表示平面与曲面的分界线。右半部分为剖面图，其剖切位置和投影方向均表示在侧面图中。该剖面图主要是用来表示桥墩各部分所用的材料，不同材料的分界线用虚线表示。

2. 平面图

平面图采用了半平面图和半剖面的表达方法，其左半部分是外形图，主要表达桥墩的平面形状和尺寸。墩帽部分的排水坡斜面，采用由高向低一长一短的示坡线（细实线）表示。右边为1—1半剖面图，其剖切符号画在正面图中，1—1半剖面主要表达墩身的顶面、底面和基础的平面形状及尺寸。

3. 侧面图

侧面图主要表达桥墩侧面的形状和尺寸。

在桥墩图的说明中指出，墩帽的构造见图3.2.5墩帽构造详图。

（二）墩帽构造详图

图3.2.5为墩帽构造详图，由五个投影图组成，即正面图、平面图和侧面图，这些图表达了顶帽和托盘的形状和尺寸。而1—1断面和2—2断面主要表达托盘的顶面和底面的形状及尺寸。

墩帽内应布置钢筋，其布置情况用墩帽钢筋布置图表示。

三、桥墩图的识读

现以图3.2.4和图3.2.5为例，介绍读桥墩图的步骤和注意事项。

（一）读桥墩图的标题栏及说明。

从标题栏中了解桥墩的名称、绘图比例等。图3.2.4为预应力钢筋混凝土梁，在直线上，$l_p=32.00\,\text{m}$，是圆端形桥墩的构造图。其绘图比例为1∶100。

（二）桥墩图的表达方法。

桥墩图有三个基本投影，其中两个采用了半剖面图。在说明文字中说明了墩帽详图所在的图纸号。查图3.2.5墩帽图，可知该墩帽图中除三个基本投影图外，还有两个断面图，其剖切位置及投影方向均可在正面图中找到。

（三）采用形体分析法，将桥墩分解为基础、墩身和墩帽三部分。

1. 基础

由图3.2.4可知基础分两层，底层基础长5880mm、宽4780mm、高1000mm；第二层基础长4580mm、宽3480mm、高1000mm。两层基础在前后、左右方向都是对称放置，如图3.2.6所示。

2. 墩身

由图3.2.4的1—1剖面图可知，墩身顶面和底面的右（左）端都是半圆形。对照桥墩的正面图和侧面图分析，其顶面半圆的半径为950mm，底面半圆的半径为1340mm。顶面和底面左右两半圆的距离都是1500mm，墩身高为6000mm。

由上述分析可知，墩身是由左、右两端的半圆台和中间的四棱柱组合而成，如图3.2.7所示。

3. 墩帽

由图3.2.5所示墩帽构造详图可知，墩帽分下部的托盘和上部的顶帽两部分。

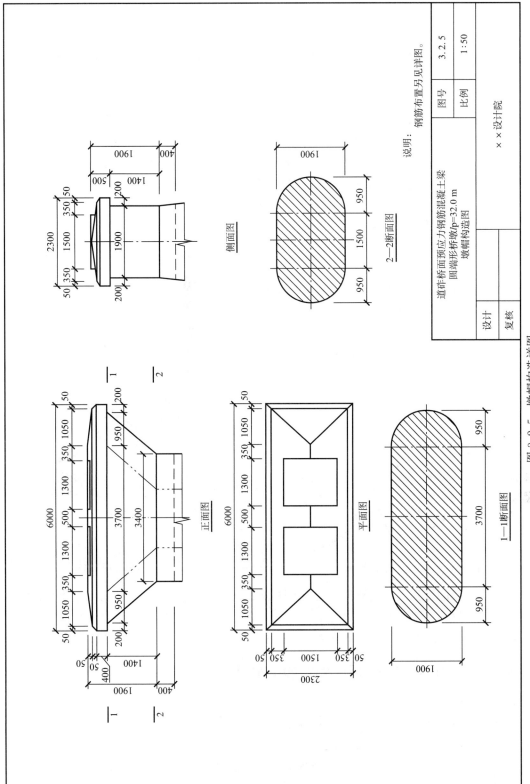

图 3.2.5 墩帽构造详图

正面图

平面图

侧面图

1—1断面图

2—2断面图

道砟桥面预应力钢筋混凝土梁
圆端形桥墩lp=32.0 m
墩帽构造图

说明：钢筋布置另见详图。

		图号	3.2.5
		比例	1:50
设计			
复核	×× 设计院		

图 3.2.6 基础的形状

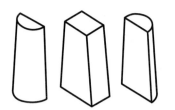

图 3.2.7 墩身的形状

（1）托盘

托盘顶面和底面的形状及大小由 1—1 断面图和 2—2 断面图确定，它们都是圆端形，两端半圆的半径均为 950 mm。所不同的是两端半圆的距离，顶面为 3 700 mm，底面为 1 500 mm，由此可知它们的圆心并不在同一条垂直线上。托盘的高度为 1 400 mm。

由上述各部分的尺寸，结合投影图分析可知，托盘是由两端为半斜椭圆柱和中间的四棱柱组合而成，如图 3.2.8 所示。

（2）顶帽

顶帽的形状及大小已在图 3.2.5 中清楚地表达出来。顶帽下部为 6 000 mm×2 300 mm×450 mm 的长方体，在高度中有 50 mm 的抹角，顶部为高 50 mm 向四面倾斜的排水坡。在排水坡顶有两块 1 300 mm×1 500 mm 的矩形支承垫块，其顶面与排水坡脊平齐，侧面与排水坡斜面相交，其交线分别为侧垂线和侧平线。整个顶帽形状如图 3.2.9 所示。

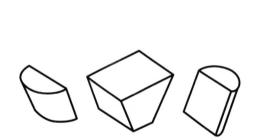

图 3.2.8 墩帽托盘的形状

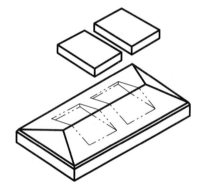

图 3.2.9 墩帽的顶帽形状

桥墩各部分的工程数量及材料要求，见图 3.2.4 中所附工程数量表。墩帽的钢筋布置另见墩帽钢筋布置图（附于习题集中）。

综合以上对桥墩各组成部分的分析，可得出如图 3.2.3（d）所示的桥墩形状。

四、桥涵工程图中的习惯画法及尺寸标注特点

（一）桥涵工程图中的习惯画法

1. 在桥涵工程图中，常常由于工程施工需要进行模板的制造、安装和测量工作，将形体的平面与曲面连接处用双点画线画出，如图 3.2.4 所示。

2. 为了帮助读图，常常将斜面和圆锥面，用由高到低、一长一短的示坡线表示，以增加直观感，如图 3.2.10 所示。

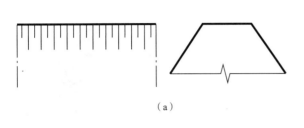

（a）

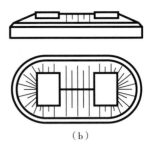

（b）

图 3.2.10　斜向、锥面的表示方法

3. 在桥梁工程图中，对于需要另画详图的部位，一般采用附注说明或详图索引符号表示，如图 3.2.4 中的"说明"或图 3.2.14 中的详图索引符号。

4. 在桥涵工程图中，大体积混凝土断面的材料图例习惯用 45°细实线代替，如图 3.2.4 所示。读者在读图时应注意工程图的特点，以避免与房建图中的砖石材料或机械图中的金属材料相混淆。

（二）桥涵工程图中的尺寸标注特点

在桥涵工程图中的尺寸标注，除了应遵守在组合体尺寸标注中所规定的基本要求外，由于工程的特点，还有一些特殊要求。

1. 重复尺寸

为了施工时看图方便，图中各部分尺寸都希望不通过计算而直接读出，同时也要求在一个投影图上，将物体的尺寸尽量标注齐全，这样就出现了重复尺寸，如图 3.2.4 中桥墩基础的长和宽均标注了两次。

2. 施工测量需要的尺寸

考虑到圬工模板的制造及测量定位放线的需要，对工程的细部尺寸一般都直接注出。如图 3.2.4 中桥墩平面与曲面的分界线尺寸，襟边尺寸（两层基础形成的台阶宽度称襟边尺寸），桥墩顶帽悬出墩身部分的尺寸等。

3. 特殊要求尺寸

所谓特殊要求尺寸即建筑物与外界联系的尺寸。这类尺寸在铁路建筑中一般要求比较高，常以标高形式出现，如图 3.2.2 全桥布置图中的路肩标高，轨底标高，梁底标高等。标高符号的画法及其注写要求见表 3.5.2 所示。

4. 对称尺寸

在桥涵工程图中，对于对称部分图形往往只画出一半，如图 3.2.4 所示半正面、半平面及半 1—1 剖面等。为了将尺寸全部表达清楚，常用 $\frac{B}{2}$ 的形式注出，如 $\frac{4\,180}{2}$、$\frac{1\,500}{2}$ 等，说明其全部尺寸为 4 180、1 500。

第三节　桥　台　图

一、概　述

桥台是桥两端梁的支承，它除了支承桥跨外，还起到阻挡路基端部的填土压力和桥梁与线路路基的过渡连接作用。桥台的形式很多，一般以台身断面形状命名，常见的有 T 形桥台（图 3.2.11）、U 形桥台［图 3.2.12（a）］及耳墙式桥台［图 3.2.12（b）］等。

虽然桥台有各种不同的形式，但它们都是由基础、台身和台顶（包括顶帽、墙身和道砟槽）所组成，如图 3.2.11 所示。

桥台的基础和桥墩基础一样，可采用明挖扩大基础、沉井基础及桩基础等。图 3.2.11 所示的 T 型桥台就是采用的明挖扩大基础。该基础共三层，由三块大小不等的 T 形棱柱体叠加而成。

台身是桥台的中间部分，由前墙、后墙和托盘组成。

台顶在桥台的顶部，由部分后墙、顶帽及道砟槽组成。顶帽在前墙托盘之上，一部分嵌入后墙内，它的上面有支承垫石。台顶的墙身是后墙的延伸部分，墙身的靠梁一端称为胸墙，靠路基一端是台尾。整个桥台最上部为道砟槽。

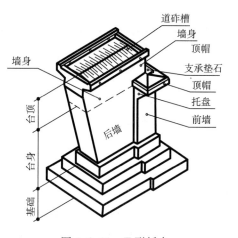

图 3.2.11　T 形桥台

二、桥台的图示方法与要求

桥台图一般有桥台总图、台顶构造详图和台顶钢筋布置图。 下面以图 3.2.13、图 3.2.14 所示 T 形桥台为例，介绍桥台图。

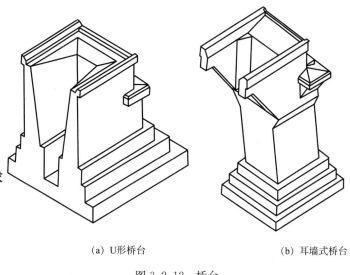

（a）U 形桥台　　　　（b）耳墙式桥台

图 3.2.12　桥台

（一）桥台总图

桥台总图主要表示桥台的总体形状和尺寸，各组成部分之间的相对位置和尺寸，桥台与路基及两边锥体护坡之间的关系，并说明各组成部分所用的材料等。

图 3.2.13 所示 T 形桥台总图，由侧面图、半平面和半基顶剖面、半正面和半背面图所组成。

1. 侧面图

桥台的侧面图，是在与线路垂直的方向上对桥台进行投影而得到的投影图， 由于它主要表示桥台的侧面形状和尺寸，故一般叫侧面图。该侧面图既反映了桥台的形体特征，又反映了桥台与线路、路基及锥体护坡之间的关系，故将其安排在正面图的位置作为主要投影图。

2. 半平面图和半基顶剖面图

桥台在宽度方向是以过线路中心的铅垂面为对称的，所以桥台的平面图采用半平面图和

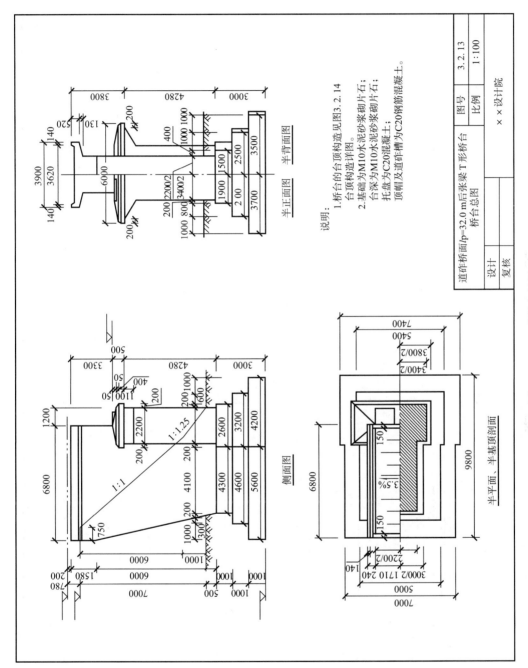

说明：
1. 桥台的台顶构造见图3.2.14
   台顶构造详图。
2. 基础为M10水泥砂浆砌片石；
   台深为M10水泥砂浆砌片石；
   托盘为C20混凝土；
   顶帽及道砟槽为C20钢筋混凝土。

半正面图　半背面图

侧面图

半平面、半基顶剖面

道砟桥面l₀=32.0 m后张梁 T形桥台
桥台总图

	图号	3.2.13
	比例	1:100
××设计院		
设计		
复核		

图3.2.13　T形桥台总图

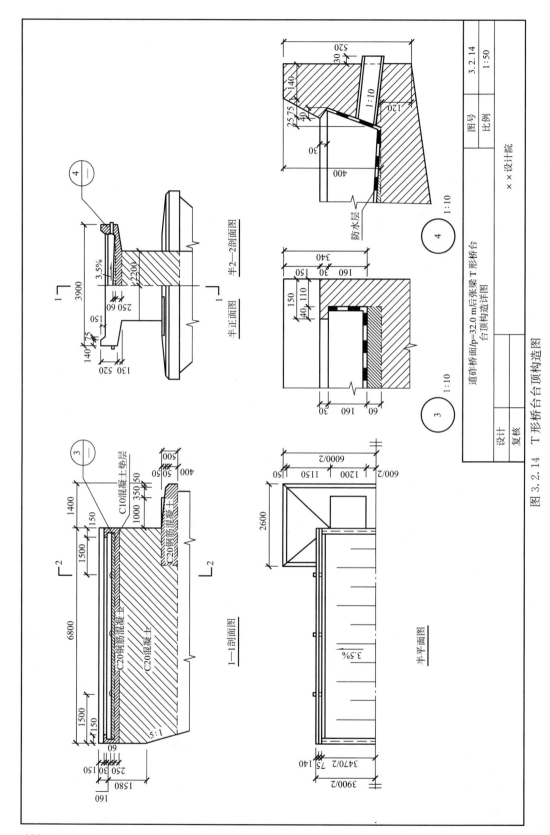

图 3.2.14 T 形桥台台顶构造图

半基顶剖面图的表达方法，中间用点画线分开。半平面图主要表达道砟槽和顶帽的平面形状和尺寸。半基顶剖面图是沿基础顶面剖切而得到的水平投影图，它主要表达台身底面和基础的平面形状和尺寸。

3. 半正面图和半背面图

桥台的半正面图和半背面图是以桥台顺线路中心线方向的正面和背面进行投影而得到的组合投影图。两个面的形状不同，但桥台在宽度方向是对称的，所以各画一半，中间以点画线分开。它主要表达桥台的正面和背面的形状和尺寸。

（二）台顶构造详图

台顶构造详图，简称台顶构造图。它主要表达桥台前墙顶部的顶帽和后墙上部的道砟槽的详细构造和尺寸。图 3.2.14 所示的台顶构造图，采用了三个基本投影图和两个局部详图，即 1—1 剖面、半平面和半正面、半 2—2 剖面及③、④详图。

1.1—1 剖面图

1—1 剖面图主要表达道砟槽的形状、构造及泄水管的位置等，此外还表示了台顶部分的材料要求及道砟槽内混凝土垫层。

2. 半正面和半 2—2 剖面图

半正面图主要表达顶帽、台顶及道砟槽的正面形状，半 2—2 剖面图主要表达道砟槽内的构造和形状。

3. 平面图

台顶的平面图考虑到桥台的前后对称，采用简化画法，即只画出平面投影的一半，中间用点画线并画上对称符号。它主要表达道砟槽的平面形状和尺寸、槽底的横向坡度及顶帽支承垫石的位置和尺寸。

4. 详图

③号详图主要表达道砟槽端横墙的详细形状和尺寸。④号详图主要表达道砟槽外挡砟墙的详细形状和尺寸以及泄水管的设置要求。

三、桥台图的识读

识读桥台图，应同时研究桥台总图和台顶构造图，从中了解桥台的详细形状、尺寸和所使用的材料等。若要进一步知道桥台的结构要求，尚需阅读桥台台顶钢筋布置图等。

下面以图 3.2.13 和图 3.2.14 为例，介绍桥台图的阅读方法和步骤。

（一）看标题栏和附注说明，从中了解工程的性质、桥台的类型及绘图比例等。如图 3.2.13 所示，该桥台为道砟桥面跨度为 32.0 m 的后张梁 T 形桥台。

（二）分析桥台总图的表达方法。该桥台总图采用了侧面图、半平面图和半基顶剖面图、半正面图和半背面图，并从"说明"中看到该桥台的台顶部分另有详图。

（三）分析桥台各组成部分的形状

识读桥台的基本方法是形体分析法，即对桥台的各组成部分进行分析，读出它们的形状和大小。

1. 基础

从桥台的侧面图和半基顶剖面图看出，桥台基础呈 T 形棱柱状，共分三层，每层高均为 1000 mm，宽度和长度如图 3.2.15（a）所示。

2. 台身

台身在桥台中部，由前墙、托盘和后墙三部分组成。由侧面图并结合半平面、半基顶剖面图得知，前墙为 2 200 mm×3 400 mm×4 280 mm 的长方体。前墙的上端为托盘，呈梯形柱体，高度为 1 100 mm，宽度分别为 3 400 mm，5 600 mm，长度为 2 200 mm。从侧面图可知后墙部分为梯形柱体，左边是倾斜面，梯形下底长为 4 300 mm，上底长为 5 156 mm，高为 4 280 mm，如图 3.2.15（b）所示。

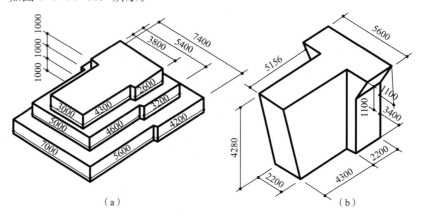

图 3.2.15　桥台基础和台身的形状

3. 台顶

台顶是由三部分组成，即顶帽、墙身和道砟槽。

（1）顶帽

顶帽在托盘上面，如图 3.2.14 中的 1—1 剖面图和半平面图，十分清楚地显示了顶帽的形状和尺寸。顶帽高 500 mm，长 6 000 mm，宽度为 2 200+200+200+2 600（mm）。顶帽表面做有排水坡、抹角和支承垫石等，如图 3.2.16（a）所示。

（2）墙身

墙身是后墙的延伸部分。其形状在图 3.2.14 中的 1—1 剖面图中反映的较清楚，它是一个棱柱体，后面有一斜面与后墙斜表面相接，前下角有一切口与顶帽相接，如图 3.2.16（b）所示。

（3）道砟槽

桥台道砟槽部分的结构形状比较

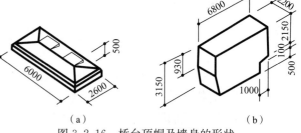

图 3.2.16　桥台顶帽及墙身的形状

复杂。由图 3.2.14 中的半 2—2 剖面图、1—1 剖面图和半平面图可知，顺台身方向两侧的最高部分为道砟槽的挡砟墙，在挡砟墙的下部设有排水管，排水管距两端各为 1 500 mm，中间排水管按等距离布置。槽底厚 250 mm，槽底上面有脊高 60 mm 向两侧倾斜（坡度为 3.5%）的混凝土垫层，以利排水。挡砟墙内侧表面的防水层及排水管的做法，如④号详图所示。

从③号详图看到胸墙顶部是一个水平面，它与挡砟墙上部内侧斜面形成开口槽，即盖板槽。该槽为安放与梁连接处的盖板，并起挡砟作用。道砟槽的形状如图 3.2.17 所示。

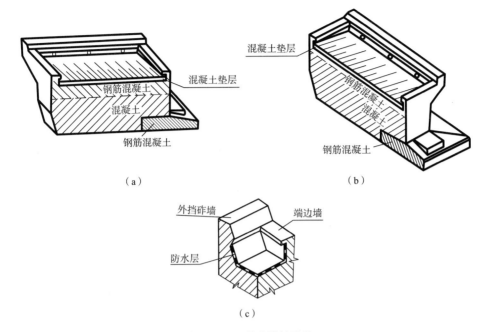

图 3.2.17　道砟槽的形状

　　将桥台各部分的结构形状了解清楚后，总结、归纳形成整体概念，这样对整个桥台的结构形状就有了一定的了解。

　　桥台各部分的材料，可以从图 3.2.13 和图 3.2.14 中得知。

四、桥台图的画法

　　画桥台图首先要分析桥台的形体特征，确定画图的基准。

　　如图 3.2.13 所示的 T 形桥台，控制其长度和位置的是桥台的胸墙和台尾的里程，因此，画侧面图时，应以胸墙为主要基准，台尾为辅助基准。宽度方向以桥台的对称面为基准。至于高度方向，则以基底的标高为起点控制高度。

　　确定了长、宽、高三个方向的基准之后，应按图 3.2.13 所选用的投影图和比例进行图面布置。布图时，各图之间应留有一定的间隔，以便标注尺寸。图纸右下角还应留出画标题栏和书写附注的位置。

　　现以图 3.2.13 所示 T 形桥台为例，说明画桥台图的步骤。

　　1. 画桥台投影图，如图 3.2.18 所示。

　　2. 桥台必须设置锥体护坡，以保证桥台的稳定性，如图 3.2.19 所示。在桥台的侧面图上应画出锥体护坡与桥台侧面的交线及其与路堤的关系。在其他投影图上则可省略。

　　锥体护坡与桥台侧面交线的作法，可按图 3.2.13 中侧面图所给的尺寸关系进行。

　　3. 检查底图。桥台的组成、构造及其表达方法都较复杂，因此，检查、复核工作十分重要。底图检查后，即可画出尺寸线。

　　4. 加深图线、标注尺寸、书写说明文字、填写标题栏，如图 3.2.13 所示。

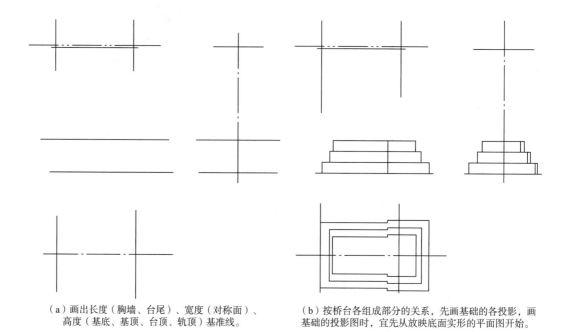

（a）画出长度（胸墙、台尾）、宽度（对称面）、高度（基底、基顶、台顶、轨顶）基准线。

（b）按桥台各组成部分的关系，先画基础的各投影，画基础的投影图时，宜先从放映底面实形的平面图开始。

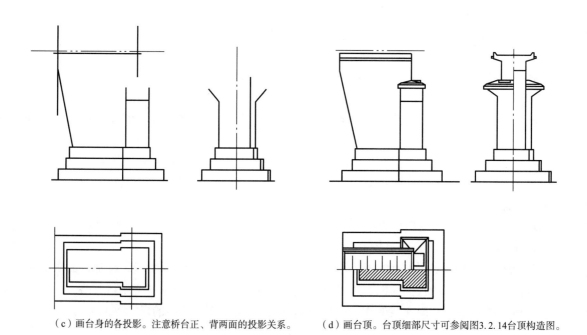

（c）画台身的各投影。注意桥台正、背两面的投影关系。

（d）画台顶。台顶细部尺寸可参阅图3.2.14台顶构造图。

图 3.2.18　桥台图的画法

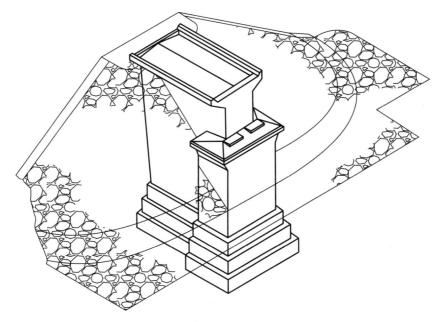

图 3.2.19　桥台的锥体护坡

第四节　钢筋混凝土梁图

一、概　　述

（一）钢筋混凝土主梁横断面形式的划分

1. 主梁的横断面为矩形的钢筋混凝土梁或预应力钢筋混凝土梁称为板式梁，如图 3.2.20（a）所示。

2. 在主梁的横断面内形成明显肋形结构的钢筋混凝土梁或预应力钢筋混凝土梁称为肋式梁，又称为 T 形梁，如图 3.2.20（b）所示。

3. 主梁的横断面呈一个或几个封闭箱形的钢筋混凝土梁或预应力钢筋混凝土梁称为箱形梁，如图 3.2.20（c）所示。

（二）钢筋混凝土梁的其他构造

1. 道砟槽。道砟槽在梁的顶部，外侧设有挡砟墙，如图 3.2.20（a）、（b）所示，挡砟墙与道砟槽板组成道砟槽。在每片梁的靠桥中线一侧设有内边墙，在梁的两端设有端边墙。

2. 横隔板。在 T 形梁的中部、端部和腹板变截（断）面处，设有横隔板，如图 3.2.20（b）所示。

3. 排水及防水。为了保证良好的线路质量，避免梁内钢筋锈蚀，在道砟槽板顶面做有横向排水坡，雨水经泄水管排出。在道砟槽板顶面还铺设有防水层。泄水管及防水层的构造，如图 3.2.21 所示。

4. 人行道、盖板。为了养护工作的需要，在梁体外侧挡砟墙内预埋的 U 形螺栓上，安装角钢支架，再铺设人行道板。

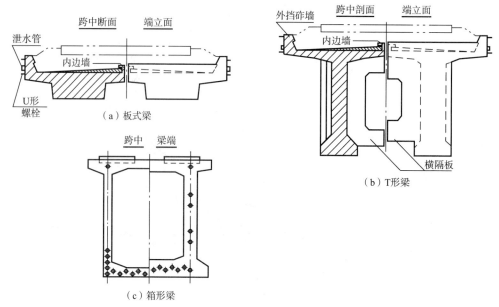

图 3.2.20 钢筋混凝土梁的形式

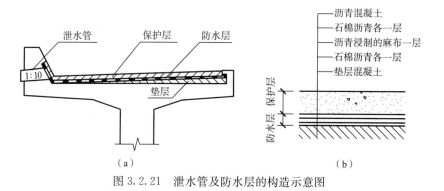

图 3.2.21 泄水管及防水层的构造示意图

为了防止掉砟及雨水流到梁的侧面或墩台顶帽上，在桥孔的两片梁之间铺设有纵向钢筋混凝土盖板。在两桥孔的梁与梁之间（或梁与桥台之间）的接缝处，应铺设横向铁盖板。

二、钢筋混凝土梁的图示方法与要求

现以图 3.2.22（见书末插页）所示跨度为 6 m 的道砟桥面钢筋混凝土梁为例，分析其图示方法与要求。

（一）正面图

从反映钢筋混凝土梁的整体特征和工作位置来分析，以其长度方向作为正面投影比较合适。

由于梁在长度方向是左右对称的，因此，在正面投影图上采用了半正面图和半 2—2 剖面图的组合投影图。半正面图是由梁体的外侧向桥跨投影而得，而半 2—2 剖面图，实际上是由梁体内侧向桥跨投影而得。它们分别反映了梁体的外侧、内侧及道砟槽的正面投影形状。

（二）平面图

平面图也采用了组合投影图的表达方法，即半平面图和半 3—3 剖面图。平面图主要表达道砟槽的平面形状，同时还反映了桥孔中两片梁间纵向铺设的钢筋混凝土盖板的位置。由于该梁为板式断面，无肋或横隔板，在3—3剖面图上只是表达了梁体的材料及其纵向断面尺寸。

（三）侧面图

在表达梁体的侧面图中，采用1—1剖面图和端立面图的组合投影图。1—1剖面图反映的是该梁的横断面形状及道砟槽的形状。端立面反映的是梁体侧面的形状。在这一组合投影图中，于梁的道砟槽上方用双点画线假想地表示了道砟、枕木及钢轨垫板的位置，从而形象地反映出由两片梁所组成的一孔桥跨的工作状况。钢轨垫板的顶面，即是在正面图上用双点画线画出的轨底标高。这种表达方法在钢筋混凝土梁图中被广泛地采用。

（四）详图

由于该梁道砟槽的端边墙、内边墙和外边墙构造比较复杂，在1∶20的概图中不能表达清楚它们的形状和尺寸，故在正面图和侧面图的1—1剖面图上，分别用索引符号指出该部分另有详图（即大样图），且该详图就画在本张图纸内，即①、②、③详图。

三、钢筋混凝土梁图的识读

现以图3.2.22为例，介绍识读钢筋混凝土梁图的方法和步骤。

（一）首先从标题栏中了解图样的名称和该工程的性质，再阅读附注说明。图3.2.22中标题栏的内容告诉我们，该图为跨度6m的道砟桥面钢筋混凝土梁。在附注说明中，指出桥面的防水层及泄水管、U形螺栓等另有详图，并对工程数量表作了补充说明。

（二）了解该图中所采用的表达方法。图3.2.22所示钢筋混凝土梁在投影表达方法上，充分地利用了对称性的特点，采用组合投影图的表达方式，同时对一些局部的形状和尺寸，采用了局部详图表示之。

（三）综合了解、掌握梁体的整体概貌。如梁的全长为6 500 mm，梁高为700 mm，该梁为板式结构，主梁上有道砟槽板、外挡砟墙、内边墙及端边墙等。

（四）分析详图，认清道砟槽各边墙顶面的高度和结合处的构造。由于该梁为板式梁，下部主梁断面为梯形，极易读懂，无需多述。上

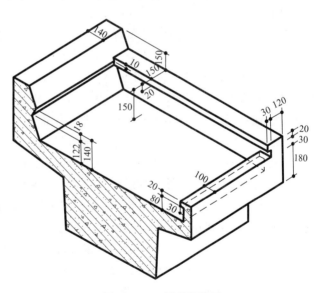

图3.2.23　梁端轴测图

部道砟槽虽与台顶道砟槽有些类似，但由于端边墙和内边墙的顶面高度、宽度不同，致使其结合处的构造较为复杂。由2—2剖面图和详图①、详图②可知，端边墙的厚度为120，顶面宽度为150，内边墙的厚度为70，顶面宽度为100；端边墙顶面比内边墙顶面高50，而外边墙（挡砟墙）顶面比端边墙顶面高150，其形状及尺寸关系如图3.2.23所示。

（五）阅读图样中的工程数量表时，要注意表中所指的一孔梁为两片梁所组成。该表不但

表明了梁体各部分的用料及工程数量，同时还是工程施工备料和为施工进度的安排提供依据。

四、钢筋布置图的识读

现以图 3.2.24（见书末插页）为例，介绍识读钢筋布置图的方法和步骤。

（一）先读标题栏和附注。从标题栏中可知，该梁为 6 m 跨度的道砟桥面钢筋混凝土梁。附注说明中还对钢筋布置作了补充说明，提醒我们在阅读钢筋布置图和进行施工时，应给予充分注意。

（二）阅读钢筋表，目的是了解该梁所布置的钢筋类型、形状、直径、根数等。该梁虽然未画出钢筋成型图，但由于在钢筋表中所画示意图很详细，实际上已经起到了钢筋成型图的作用。该梁体内布置有 21 种类型的钢筋（其中主筋 7 种）。

（三）根据图名，了解钢筋布置图中采用了哪些图，以及这些图之间的关系。如该梁采用了一个梁梗中心剖面图和 1—1、2—2、3—3、4—4 剖面图，它们各代表不同部位的钢筋布置情况。

在了解表达方法的过程中，应同时弄清楚该梁的形状和尺寸，这是阅读和分析配筋图的基本要求。

（四）分析钢筋布置图时，一般以正面图为主，再结合其他剖面图，一部分一部分地进行识读。

该梁的正面图即梁梗中心剖面图，由于在长度方向是左右对称的，所以采用了对称画法。从梁梗中心剖面图中可以看出，该梁底部的七种受力钢筋（N1～N7）是分两层布置的。由于受力的需要，两层受力钢筋中，N1～N6 分六批向上弯起，而 N7 为直筋。受力钢筋的排列及其编号，在 1—1 剖面和 2—2 剖面图中表达十分清楚。钢筋的弯起形状、尺寸在钢筋表的示意图中已经表示，由于 N4、N5 钢筋弯起后的弯钩属于非标准弯钩，故单独画出了它们的详图。在主梁部分除受力筋外，上部还有架立筋 N34。正面图上所表达的箍筋 N21，在距梁端 100 mm，距

图 3.2.25　箍筋形式
注：图中虚线、实线
各是一根箍筋。

跨中 150 mm 的范围内，按 300 mm 等距分布，共计 11 组，（梁全长内为 22 组）。箍筋可做成开口式或闭口式。从钢筋表的示意图中可知，N21 是开口式，如图 3.2.25 所示。

3—3 剖面及 4—4 剖面主要是表达道砟槽的挡砟墙及其悬臂部分的钢筋布置，这部分的钢筋比较多，且形状也较复杂，在阅读时应注意各剖面的剖切位置，将各剖面图有机地联系起来分析。例如 N18、N19 钢筋为道砟槽板部分的钢筋，由 3—3 剖面看到，N19 位于槽板的下部，但从 4—4 剖面又反映出 N19 在槽板的顶部，结合 1—1 剖面及钢筋表中的示意图，可知这是由于 N19 的弯起形状变化所致。

道砟槽内边墙部分的钢筋布置，从说明的第 2 条可知：道砟槽板底钢筋 N51 的间距与 N50 的间距相同；特设钢筋 N30 的间距与 N29 的间距相同。因此，只要我们掌握了 N29、N50 钢筋的布置规律，就可以知道 N51 在跨中段及 N30 在梁两端的布置情况。其数量分别与 N50、N29 相同，形状可以在钢筋表中得知。其他钢筋布置情况，读者可以自行分析。

掌握各部分钢筋的布置和形状是很重要的，但在读图时，计算或校核其钢筋的数量也是读图的一个重要内容。在计算钢筋数量时，要充分注意在表达方法上和构件形状上的特点。

如图 3.2.24 所示钢筋混凝土梁的配筋图，由于梁在纵向左右对称，故在梁梗中心剖面图、3—3 剖面图和 4—4 剖面图中，都采用了对称画法。这样，在计算钢筋数量时，对于某些类型的钢筋就应乘以 2。如 N18，若按 3—3 （或 4—4）剖面图计算为 14 根，但考虑到该剖面图只画出了梁长的一半，故 N18 钢筋按一片梁计算，应为 $14 \times 2 = 28$（根）。某些部位的一些特殊构造，在计算钢筋时也应引起注意，如在梁的挡砟墙及内边墙上分别设置有 10 mm 的断缝，因此，在设置 N54、N16 钢筋时，在此断开，于是 N54 的数量应为 $4 \times 2 = 8$（根），N16 的数量为 $1 \times 2 = 2$ 根。

最后综合以上分析结果，把钢筋表中的各类钢筋归入到构件的各部位，使之成为一个完整的、正确的钢筋骨架。

第五节　钢桁梁图

在土建工程中，钢梁、钢屋架、钢脚手架等都是由各种型钢组拼而成的，这些结构物统称为钢结构。表达钢结构的图叫钢结构图。本节主要通过钢桥中的钢桁梁图来介绍钢结构图的图示内容、特点与阅读方法。

一、型钢的标注及连接方法

（一）型钢的标注方法

型钢是由工厂按标准规格轧制而成的。因此，各种型钢（如角钢、工字钢、槽钢等）的断面形状和尺寸都是定型的。它们的标注方法见表 3.2.2 所示。

表 3.2.2　型钢的标注方法

序　号	名　　称	截　面	标　　注	说　　明
1	等边角钢	∟	∟$b \times t$	b 为肢宽 t 为肢厚
2	不等边角钢	∟	∟$B \times b \times t$	B 为长肢宽
3	工字钢	I	IN, QIN	轻型工字钢时加注 Q
4	槽钢	[	[N, Q[N	轻型槽钢时加注 Q
5	钢板	—	$\dfrac{b \times t}{L}$	宽×厚 板长

（二）型钢的连接方法

钢结构中型钢的连接方法一般有三种，即焊接、铆接和螺栓连接。

1. 焊接

将被连接的金属件，在连接部位加热，使其与焊条一起熔化，凝固成为不可分离的整体。两构件的焊接结合处称焊缝。在钢结构中焊接的应用极为广泛。

常见的焊缝形式有对接焊缝、角焊缝、端接焊缝等。

焊缝的形式和基本符号示例见表 3.2.3［根据《焊接术语》（GB/T 3375—1994）和《焊缝符号表示法》（GB/T 324—2008）］。

表 3.2.3　焊缝形式、基本符号和标注示例

焊缝名称	示意图	接头形式	焊缝形式	基本符号	标注示例
V 形焊缝		对接接头	对接焊缝	V	
双面V 形焊缝		对接接头	对接焊缝	X	
带钝边U 形焊缝		对接接头	对接焊缝	Y	
角焊缝		T 形接头	角焊缝	△	

通常在焊缝位置标注焊缝符号。焊缝符号包括指引线、基本符号、补充符号、尺寸等，如图 3.2.26 所示。基本符号表示焊缝横截面的基本形式或特征，补充符号用来补充说明有关焊接或接头的某些特征（如表面形状、衬垫、寒风分布、施焊地点等）

图 3.2.26（a）所示指引线由箭头线和基准线组成。当基本符号在实线侧时表示焊缝在箭头侧，当基本符号在虚线侧时表示焊缝在非箭头侧。

图 3.2.26（b）表示双面角焊缝，焊脚尺寸 5 mm，焊缝段数 4，焊缝长度 50 mm，间距 30 mm。

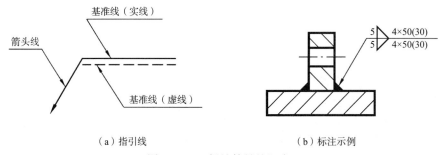

（a）指引线　　　　　　　　　　（b）标注示例

图 3.2.26　焊缝符号的组成

2. 铆接

用铆钉将两块或两块以上的型钢连接在一起叫作铆接。铆接时，首先将被连接的型钢钻出较铆钉直径稍大的铆钉孔，并将预先加热的铆钉插入孔内，最后用铆钉枪冲打铆钉尾端，使其冲打成铆钉头形状，如图 3.2.27 所示。

（a）将钢板钻孔　　　　　　（b）插入铆钉　　　　　　（c）压成第二个铆钉头

图 3.2.27　铆接

铆接有工厂连接及现场连接两种。铆钉按其头部的形状分半圆头、埋头、半埋头等多种，通常多用半圆头铆钉。铆接和焊接都是不可拆卸的连接。

3. 螺栓连接

螺栓连接是可拆卸的连接方法。在被连接的型钢上钻出比螺栓直径稍大的孔，将螺杆插入，垫以垫圈并拧紧螺母，将型钢连接起来，如图 3.2.28 所示。

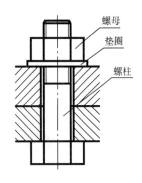

图 3.2.28 螺栓连接

高强度螺栓，是近年来在重要的钢结构中推广使用的连接方式。这种螺栓是采用强度较高的钢材制作。安装时，通过特制的扳手，以较大的扭矩上紧螺帽，螺杆中便产生了很大的预拉力，使被连接的部件夹得很紧。这样，在外力作用下，就可以通过部件间的摩擦力传递内力。高强度螺栓连接的优点是施工简单、受力好、耐疲劳且可以拆卸，在动力荷载作用下不致松动等。这是一种很有发展前途的连接方式。

钢结构图中螺栓、孔的表示方法见表 3.2.4。

表 3.2.4　螺栓、孔的表示方法

序号	名　称	图　例	说　明
1	永久螺栓		
2	高强螺栓		
3	安装螺栓		M 表示螺栓型号；ϕ 表示螺栓孔直径；d 表示膨胀螺栓直径
4	膨胀螺栓		
5	圆形螺栓孔		
6	长圆形螺栓孔		

二、钢桁梁的图示方法与要求

常用的钢梁分为钢板梁和钢桁梁，其中钢板梁已逐步为钢筋混凝土梁所代替。钢桁梁常用于大跨度的桥梁中，其中栓焊梁应用广泛。栓焊梁制造容易、使用安全、养护方便、造价低廉。它的每根杆件是在工厂中用型钢焊接而成，然后运到工地，再用高强度螺栓将杆件连接起来，组成桥梁、因而称为栓焊梁。图3.2.29为下承式，跨度为64m的栓焊钢桁梁。

钢桁梁是由前后两片主桁架、顶部的上平纵联、底部的下平纵联、中间的横联、两端的桥门架和桥面（纵梁、横梁、联结等）等组成的。

钢桁梁图通常包括设计轮廓图、节点图、杆件图和零件图。

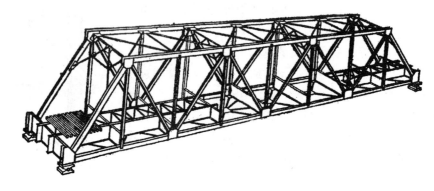

图3.2.29　下承式栓焊梁透视图

（一）设计轮廓图

设计轮廓图是整个钢桁梁的示意图，一般只画出各杆件的中心线。如图3.2.30是跨度为64m下承式钢桁梁的设计轮廓图，它是由五个投影图组成。

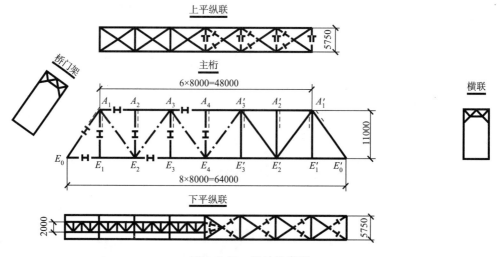

图3.2.30　设计轮廓图

1. 主桁

主桁图是主桁架的正面图，它表示前后两片主桁架的总体形状和大小。图中标出了各节点的代号和各杆件的断面形状（杆件的断面形状画在各杆件的断开处），虚线表示两端桥门架和中间横联所在的位置。

2. 上平纵联

上平纵联是指钢桁梁上弦杆平面内的纵向联结系，简称上平纵联。通常把上平纵联图画在主桁图的上面，表示桁梁顶部上平纵联的结构形式和大小。图中也画出了各杆件的断面形状。

3. 下平纵联

下平纵联是指钢桁梁下弦杆平面内的纵向联结系，简称下平纵联。通常把下平纵联图画在主桁图的下面。图的右半部表示下平纵联的结构形式和尺寸，以及各杆件的断面形状。图的左半部表示桥面系的结构形式，纵梁间距为 $2\,000\,\mathrm{mm}$。

4. 横联

横联是指设置在主桁各竖杆平面内的联结系，简称横联。通常把横联图画在主桁图的两侧。本图的横联画在主桁图的右侧。

5. 桥门架

在梁端所设置的横向联结系称为桥门架。桥门架图是按垂直于桥门平面方向进行投影而得到的一个辅助投影图，通常将其画在与主桁图中桥门有投影联系的位置，反映桥门的实形。

（二）节点详图

钢桁梁是一个空间结构，它是将杆件通过节点连接而构成的桁架结构。一个完整的钢桁梁，都是由若干个节点组成，只要把每个节点的构造形式和大小表达清楚，再配合设计轮廓图、杆件图或零件图，即可把整个钢桁梁的构造形式和大小表达清楚。

1. 节点的构造

表明节点详细构造的图样叫作节点详图，简称节点图。节点图是钢桁梁图中较复杂的一部分。为了便于弄清节点图，首先介绍一下节点的构造。

图 3.2.31 是跨度为 $64\,\mathrm{m}$ 单线铁路栓焊钢桁梁后片 E_2 节点的轴测图。该节点是由两块（每侧一块）节点板 (D_4)，用高强度螺栓将主桁架中两根下弦杆（$E_0—E_2$ 和 $E_2—E_4$）、两根斜杆（$E_2—A_1$ 和 $E_2—A_3$）和一根竖杆（$E_2—A_2$）连接起来。另外在节点下面有一块下平纵联节点板 (L_{11})，连接下平纵联的两根水平斜杆（L_2、L_3）。还设置了拼接板 P_5 以利两根下弦杆（$E_0—E_2$ 和 $E_2—E_4$）在节点处拼接，由于两根下弦杆的竖板厚薄不同（$12\,\mathrm{mm}$ 和 $20\,\mathrm{mm}$），故拼接时需在 $E_0—E_2$ 弦杆内侧（外侧是平齐的）加设填板 B_6 以利拼接，填板 B_9 为与横梁联结而设置的。

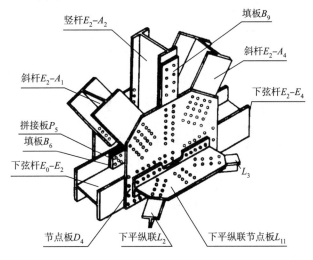

图 3.2.31 E_2 节点轴测图

2. 节点详图的主要内容

节点详图包括主桁简图，如图 3.2.32 所示（见书末插页）。

主桁简图采用较小的比例（$1：1000$）绘制，画在详图的右上部。简图表示各杆件的相对位置和总体尺寸，并用圆圈标出所取 E_2 节点在整个桁架中的位置。

节点详图通常用较大的比例（$1：10$、$1：20$）画出。详图一般由两个基本投影和各杆件的断面图组成。

（1）正面图

正面图是假定人站在两主桁之间，正对着该节点画出的，它表明了各杆件的连接情况。在节点的正面图下部，为了防止遮挡，而把下平纵联的两根水平斜杆（L_2、L_3）拆去，只画出下平纵联的节点板（L_{11}）。在钢结构图中，这种表示方法叫**拆卸画法**。采用拆卸画法所画出的投影图中，突出了主要内容，而把与投影面倾斜且在其他投影图中又能表达清楚的杆件拆去不画。如在正面图中，拆除了 L_2、L_3 后，突出地表达了竖杆、斜杆及弦杆与节点板 D_4 的连接情况。而下平纵联斜杆 L_2、L_3 在平面图中清楚地表达了与节点板 L_{11} 的连接情况。

（2）平面图

平面图是把竖杆 E_2—A_2 和斜杆 E_2—A_1、E_2—A_3 拆除后画出的。图中表明了下弦杆 E_0—E_2 和 E_2—E_4 的联结情况，图中示出了拼接板、填板的位置，还反映了下平纵联的两根斜杆与主桁架的连接。图中下弦杆上的两个小圆孔是泄水孔。

（3）断面图

断面图画在正面图各杆件轴线上，它表明各杆件的断面形状、尺寸及组合方式，并在图旁边注出了钢板数量、大小及编号。例如 E_0—E_2 弦杆，是由两块 N_1 竖板（460 mm×12 mm×15 940 mm）和一块 N_2 水平板（436 mm×10 mm×15 940 mm）焊接而成，其焊缝为自动焊，焊缝高为 8 mm。

（4）尺寸标注

节点详图中的尺寸，基本上可分三种。

一种是确定各杆件或零件大小的尺寸。

另一种是确定螺栓或孔洞位置的尺寸，用一般尺寸标注形式注写。

第三种是确定杆件位置的尺寸，如弦杆相对于节点中心位置的尺寸为 60 mm；斜杆 E_2—A_3 相对于节点中心位置的尺寸为 6 005 mm。同时斜杆还采用画在它轴线上的直角三角形，以确定杆件的斜度。

在节点图中，有时把邻近的几个节点画在用一张图纸上，节点之间的杆件断面没有变化时，常采用断开画法。

3. 节点详图的特点

通过图 3.2.32 的介绍，我们可以看出节点详图有以下特点：

（1）在节点详图中，常用单线条、小比例画出主桁简图。

（2）为了使图样清晰，常采用拆卸画法。

（3）平面图中用 45°细实线表示填板。

（4）斜杆的斜度，用画在其轴线上的直角三角形来确定。

（5）用黑圆点表示螺栓孔，用细实线表示该孔的中心位置。

（三）杆件图和零件图

通常将上、下弦杆及各种位置的竖杆、斜杆等称作杆件，将节点板、拼接板、填板等称作零件。**表示杆件和零件形状、尺寸及连接方法的图样叫作杆件图和零件图。**

图 3.2.33 为下弦杆 E_2—E_4 的杆件图。由于杆件较长，且断面形状不变，因此采用了断开画法。在平面图中，由尺寸 6×1000 可知，在该长度内有 7 个 $\phi50$ 的泄水孔，其间距为 1 000 mm，整个杆件左右对称，有 14 个泄水孔。

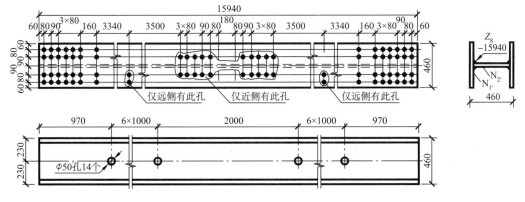

图 3.2.33 E_2—E_4 杆件图

如果是竖杆或斜杆，在画杆件图时也应该平放。

图 3.2.34 为拼接板 P_5 的零件图。它只用一个投影图，另外还标注了 P_5—$200 \times 20 \times 1100$，就能完全清楚地表达其形状和大小。

三、钢桁梁图的识读

现以图 3.2.30 和图 3.2.32 所示的轮廓图和节点详图为例，介绍识读钢桁梁图的方法与步骤。

（一）首先读设计轮廓图。

图 3.2.30 表示跨度为 64 m 下承式栓焊钢桁梁的设计轮廓图。从图中可以看出主桁架、上平纵联、下平纵联、桥门架、横联的构造形式和每个杆件的断面形状，还可以看出每片主桁架的节点数。桁梁跨度为 64 000 mm，全长为 65 100 mm（图中未注），高是 11 000 mm，宽是 5 750 mm。

（二）在读懂轮廓图的基础上，将不同的节点逐个分析，弄清其构造与大小，同时分析各杆件、零件之间的相对位置以及它们用何种方法连接。

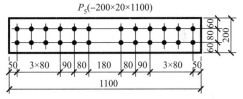

图 3.2.34 P_5 零件图

图 3.2.32 为该桁梁的 E_2 节点详图。

在主桁简图上标明了节点代号，如上弦节点为 A_1、A_2……，下弦节点为 E_0、E_1、E_2……，共十六个节点。对称于跨中（A_4、E_4）的各个节点构造相同。

E_2 节点在主桁简图上用细实线圆圈圈出，以表示所取 E_2 节点在整个桁架中的位置。

E_2 节点详图的正面图表明了各杆件的位置、断面尺寸及连接情况。这些杆件是用编号为 D_4 的节点板，通过高强度螺栓连接的。由图纸的附注中知道，◆表示 $\phi 22$ 的高强度螺栓或 $\phi 23$ 的孔。在节点板上面的竖杆上有一块 B_9 的填板，其厚度与节点板 D_4 相同，它的作用是当横梁与其连接时，用来填充空隙。在节点正面图下部采用了拆卸画法，仅表示出了带缺口的下平纵联节点板。由节点详图的平面图可知，该节点前后共有两块 D_4 的节点板。在下弦杆竖板内侧有四块拼接板（上下各两块，编号为 P_5），用来连接 E_0—E_2 和 E_2—E_4。因

E_0—E_2 的竖板较薄（12 mm），在竖板和拼接板 P_5 之间垫了四块编号为 B_6 的填板（上、下各两块），以便与 E_2—E_4 平顺连接。填板在正面图上为虚线，在平面图上画有间隔均匀的细实线。同时还看出，下平纵联的两根水平斜杆（L_2、L_3）通过下平纵联节点板（L_{11}）与下弦杆连接的情况。

从节点各杆件的断面图中看出，每根杆件均由三块钢板焊成"工"字形，图旁注出了它们的有关尺寸。

（三）综合分析。

在读懂设计轮廓图和节点详图的基础上，再结合杆件图、零件图，并联系其他各节点综合分析，从而搞清楚整个桁梁的构造和大小。

第三章 涵洞工程图

涵洞是埋在路堤下面，用来泄水或作为交通用的建筑，如图 3.3.1 所示。本章重点讲授涵洞工程图的图示方法和特点，并介绍识读涵洞工程图的方法和步骤。

图 3.3.1 涵 洞

第一节 概 述

涵洞的类型是按涵洞洞身的断面形状来分的，常用的涵洞有拱涵 [图 3.3.2（a）]、圆涵 [图 3.3.2（b）] 和盖板箱涵 [图 3.3.2（c）]。

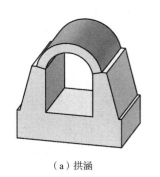
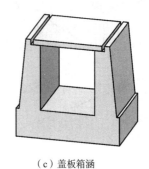

（a）拱涵　　　　　　　　　（b）圆涵　　　　　　　　　（c）盖板箱涵

图 3.3.2 涵洞的类型

拱涵是常见的一种涵洞，它主要由洞身、洞口两部分组成，如图 3.3.3 所示。

一、洞 身

涵洞的洞身由若干管节组成。在入口处的第一管节为提高管节（也有不设提高管节的），它由基础、边墙、拱圈和端墙组成。中间为普通管节，因提高管节与普通管节的高度不同，因此与提高管节相邻的普通管节上设有接头墙。各管节彼此之间用沉降缝断开。

二、出口和入口

涵洞的出口和入口形状是相似的，都是由基础、横墙、翼墙和帽石组成，只是各部分的尺寸不同。

三、附属工程

在洞门外要进行沟床铺砌，在横墙前要设置锥体护坡，在图 3.3.3 中均未画出。

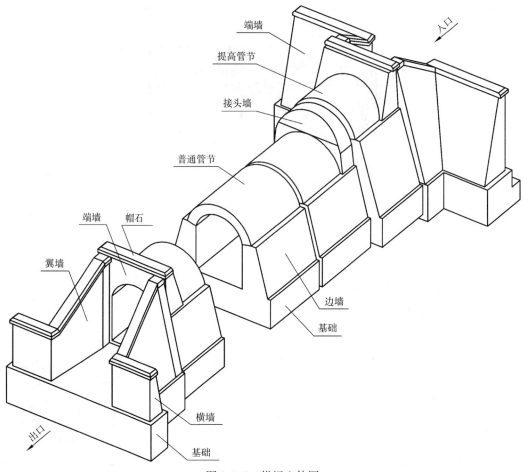

图 3.3.3　拱涵立体图

第二节　涵洞的图示方法与要求

涵洞一般用总图来表达，需要时可单独画出涵洞某一部分的构造详图。图 3.3.4（见书末插页）为石及混凝土拱形涵洞图，它一般由中心纵剖面图，半平面及半基顶剖面图，出、入口正面图及剖面图等组成。

一、中心纵剖面图

中心纵剖面图是沿涵洞中心线剖切后画出的全剖面图。该图表达了涵洞的总节数、每节的长度、总长度、沉降缝的宽度、翼墙的长度和各部分基础的厚度（深度）、净孔高度、拱圈厚度以及覆盖层厚度等。若涵洞较长，中间管节结构相同时，可以采用折断画法。

二、半平面及半基顶剖面图

半平面图主要表示各管节的宽度、出入口的形状和尺寸、帽石的位置、端墙与拱圈上表面的交线等。半基顶剖面图是通过边墙底面剖切后所画的水平投影，主要表示边墙、翼墙底面的形状和尺寸，基础的平面形状和尺寸等。

三、出、入口正面图

出、入口的正面图就是涵洞的右侧和左侧立面图。为了看图方便，将入口正面图绘制在中心纵剖面图的入口一侧，出口正面图绘制在中心纵剖面图的出口一侧。它们表示了出入口的正面形状和尺寸，以及锥体护坡和路基边坡的片石铺砌高度等。

四、剖 面 图

涵洞的翼墙和管节的横断面形状及其有关尺寸，在上述三个投影图中都未能反映出来，因此，必须在涵洞的适当位置进行横向剖切，作出其剖面图。由于涵洞前后对称，所以各剖面图以中心线为界只画出一半，也可以把形状接近的剖面结合在一起画出，如图 3.3.4 的 2—2 剖面图和 3—3 剖面图。

五、拱 圈 图

它表示了拱圈的形状和尺寸。

第三节　涵洞工程图的识读

现以图 3.3.4 为例，介绍识读的方法和步骤。

1. 首先阅读标题栏和说明，从中得知涵洞的类型、孔径、孔数、有否提高管节、基础的形式、比例、材料等。
2. 了解该涵洞图所采用的投影图及其相互关系。
3. 按照涵洞的各组成部分，分别看懂它们的结构形状和尺寸。

一、洞 身

洞身可分为普通管节和提高管节两部分，与提高管节相邻的普通管节设有接头墙。

（一）普通管节

由中心纵剖面图、半平面及半基顶剖面图、3—3 剖面图可知，普通管节每节长 3 000 mm，两节之间设沉降缝为 30 mm，缝外铺设防水层。该涵洞为整体式基础，每节基础为 3 000 mm×4 400 mm×1 200 mm 的长方体，涵洞净孔高为 1 850＋800＝2 650（mm）。由 3—3 剖面图可知，涵洞的边墙为一五棱柱体，结合拱圈即可知道其尺寸大小。综上所述即可想象出普通管节的结构形状和尺寸，如图 3.3.5（a）所示。

在涵洞入口处第二节管节的拱顶上是一圆柱体的接头墙，它与提高管节的拱顶平齐，其右端做成斜面，形成一椭圆曲线，如半平面图所示，整个接头墙的形状如图 3.3.5（b）所示。

（二）提高管节

提高管节应结合 2—2 剖面图进行识读。提高管节的基础、边墙和普通管节相似，但尺寸略大。拱圈也与普通管节相同。提高管节的净孔高为 2 750＋800＝3 550（mm）。端墙的三面都做成斜面，右侧与提高管节拱圈相交，截交线为一椭圆曲线。端墙的尺寸可由图得知，端墙顶部设有 450 mm×2 900 mm×200 mm 的长方形帽石，它的三面都有 50 mm 的抹角，后面与端墙形成台阶状。综上所述，整个提高管节的结构形状如图 3.3.5（c）所示。

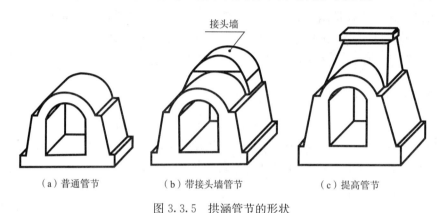

（a）普通管节　　　　　　　（b）带接头墙管节　　　　　　　（c）提高管节

图 3.3.5　拱涵管节的形状

出口处的第一节也设有端墙，其形状与提高管节的端墙相似，仅其高度不同而已。

二、出、入口

（一）入口

入口应结合入口正面图及 1—1 剖面图进行分析。

入口的基础是 T 形柱体，左端呈两级台阶形。翼墙呈"八"字式，顶部倾斜，但在靠近洞口的一侧有一段长 400 mm，顶面水平，且与涵洞轴线平行。横墙与翼墙相连，墙身垂直于涵洞轴线。翼墙和横墙顶部都设有帽石，帽石内侧有抹角。

出入口部分的尺寸可由图中得知。

必须注意的是：翼墙和横墙的外侧表面由两个梯形平面和一个三角形平面组成。对照 1—1 剖面图可知，翼墙外侧的梯形平面为一侧垂面，三角形平面则是一般位置平面。对照中心纵剖面图可知，横墙外侧的梯形平面为一正垂面。

（二）出口

出口的构造与入口相似，读者可结合正面图和 4—4 剖面图自行分析。

综上所述，即可想象出图 3.3.3 所示的整个出入口的结构形状。

三、锥体护坡和沟床铺砌

从中心纵剖面图、入口正面图和出口正面图中，可以看到涵洞的锥体护坡和沟床铺砌的构造。锥体护坡在顺路基边坡方向的坡度为 1∶1.5，顺横墙方向的坡度为 1∶1。出、入口的锥顶高度不同。沟床铺砌由出入口起延伸到锥体护坡之外，其端部砌筑垂裙，具体尺寸另有详图表示，本书不再说明。

通过以上分析，可以将涵洞各部分的构造、形状综合起来，即可想象出整个涵洞的形状和尺寸。至于各部分的材料，可由图中的附注说明得知。

第四章　隧道工程图

隧道工程图一般包括平面图、纵剖面图、横断面图（表示衬砌横断面形状）、隧道洞门图及避车洞图等。

本章仅对隧道洞门图的表达方法和其识读步骤重点讲解，同时介绍隧道的衬砌横断面图和避车洞图。

第一节　概　述

当在山岭地区修建铁路（公路）时，为了减少土石方工程，保证车辆的平稳行驶和缩短里程，可考虑修筑隧道。

隧道主要由洞门和洞身（衬砌）组成，此外还有避车洞、防水、排水及通风设备等。

洞门位于隧道洞身的两端，是隧道的外露部分。隧道洞门的形式有端墙式、柱式和翼墙式，如图 3.4.1 所示。

（a）端墙式　　　　　　（b）柱式　　　　　　（c）翼墙式

图 3.4.1　隧道洞门的形式

翼墙式隧道洞门，主要由端墙和翼墙组成。端墙用来保证仰坡稳定，并使仰坡上的雨水和落石不致掉到线路上。它以 10∶1 的坡度向洞身方向倾斜。在端墙顶的后面，有端墙顶水沟，其两端有挡水短墙。在端墙上设有顶帽、在靠近洞身处有洞口衬砌，包括拱圈和边墙。在翼墙上设有排除墙后地下水的泄水孔，墙顶有排水沟。

洞门处的排水系统构造比较复杂。隧道内的地下水通过排水沟流入路堑侧沟内；洞顶地表水则通过端墙顶水沟、翼墙排水沟流入路堑侧沟。

第二节　隧道洞门的图示方法与要求

隧道洞门各部分的结构形状和大小，是通过隧道洞门图来表达的，图 3.4.2（见书末插页）为翼墙式隧道洞门图。

一、正面图

正面图是顺线路方向对着隧道门进行投影而得到的投影图。它表示洞门衬砌的形状和主要尺寸，端墙的高度和长度，端墙与衬砌的相互位置，端墙顶水沟的坡度，翼墙的倾斜度，翼墙顶排水沟与端墙顶水沟的连接情况，洞内排水沟的位置及形状等。端墙上边用虚线表示的是端墙顶水沟和两端的短墙。

二、平面图

平面图主要表示洞门处排水系统的情况，排水系统的详细情况另有详图表示。

三、1—1 剖面图

1—1 剖面图是沿隧道中心线剖切而得，它表示了端墙的厚度（800）和倾斜度（10：1），端墙顶水沟的断面形状和尺寸，翼墙顶排水沟仰坡的坡度（1：0.75），轨顶标高和拱顶的厚度等。

四、2—2 断面和 3—3 断面

这两个断面图是用来表示翼墙的厚度，翼墙顶排水沟的断面形状和尺寸，翼墙的倾斜度，翼墙的基础以及底部水沟的形状和尺寸等。

第三节　隧道洞门图的识读

现以图 3.4.2 为例，介绍隧道洞门图的识读方法和步骤。

一、了解标题栏和附注说明的内容

从标题栏中可以了解到，该隧道洞门为翼墙式单线直边墙的铁路隧道洞门，绘图比例为 1：100。在附注说明中，对该隧道洞门的各部分提出了材料要求和施工注意事项。

二、了解该隧道洞门所采用的表达方法

本图共采用了两个基本投影图（正面图和平面图）、一个剖面图（1—1 剖面）和两个断面图（2—2 断面和 3—3 断面）。

三、按洞门的各组成部分，分别读出它们的形状和尺寸

（一）端墙

从正面图和 1—1 剖面图可知，洞门端墙是一堵靠山倾斜的墙，其坡度为 10：1。端墙长度为 10 260 mm，墙厚在 1—1 剖面图中示出，其水平方向为 800 mm。墙顶上设有顶帽，顶帽上部除后边外，其余三边均做成高 100 mm 的抹角。

端墙顶的背后有水沟，由正面图中的虚线可知，水沟是从洞顶向两旁倾斜的，坡度为 5%，沟的深度为 400 mm。结合正面图可知，端墙顶水沟的两端有厚为 300 mm、高为 2 000 mm 的短墙，用来挡水，其形状如 1—1 剖面图中的虚线所示。沟中的水通过埋设在墙体内的水管，流到端墙外墙面上的凹槽里，然后流入翼墙顶部的排水沟内。

由于端墙顶水沟靠山坡一侧的沟岸是向两边倾斜的正垂面（梯形），所以它与洞顶仰坡相交产生两条一般位置的直线，在平面图中，洞顶仰坡的坡脚线即是其投影。水沟的沟岸和沟底均向洞顶两边仰斜，其坡脊为正垂线，水平投影与隧道中心线重合。水沟靠山坡一侧的沟壁是铅垂的，靠洞口一侧的沟壁是倾斜的，但此沟壁不能作成平面，如果它是一个倾斜平面，则必与向两边倾斜的沟底交出两条一般位置直线（其水平投影向山坡一侧倾斜），致使墙顶水沟的沟底随着水沟的不断加深而变窄，为了

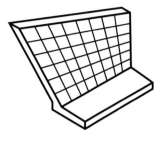

图 3.4.3　水沟立体图

保持沟底宽度（600 mm）不变，工程上常将此沟壁做成扭曲面，即此面的上下边为两条异面线（均为正平线），沟壁的坡度随沟底的不断加深而逐渐变陡，如图 3.4.3 所示。

（二）翼墙

由正面图可知端墙两边各有一堵翼墙，它们分别向路堑两边的山坡倾斜，坡度为 10∶1。结合 1—1 剖面图可知，翼墙的形状大体上是一个三棱柱。从 2—2 断面图中可以了解到翼墙的厚度、基础的厚度和高度，以及墙顶排水沟的断面形状和尺寸。从 3—3 断面图中可以看出，此处的基础厚度有所改变，墙脚处有一个宽 400 mm、深 300 mm 的水沟。在 1—1 剖面图上，还表示出翼墙面的中下部有一个 100 mm×150 mm 的泄水孔，用来排出翼墙背面的积水。

（三）侧沟

从洞门图中只能知道排水系统的大概情况，其详细形状和尺寸、连接情况等，由图中的附注说明可知，需另见图 3.4.4 和图 3.4.5。

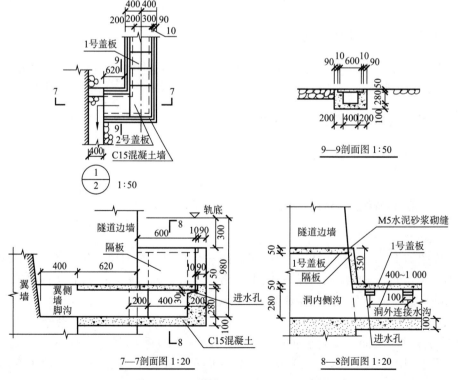

图 3.4.4　隧道洞门内外侧沟连接图

图 3.4.4 是隧道洞门内外侧沟的连接图，图 3.4.5 是隧道洞门外侧沟剖面图。

图 3.4.4 中⊕详图是根据图 3.4.2 中平面图上索引部位绘制的 1 号详图，该详图虽然采用了较大的比例（1：50），但由于某些细部的形状、尺寸和连接关系仍未表达清楚，故又在 1 号详图上作出 7—7、9—9 剖面图，并用更大的比例（1：20）画出。

从图 3.4.4 ⊕详图可知，洞内侧沟的水是经过两次直角转弯才流入翼墙墙脚处的排水沟。从 7—7、8—8 剖面图可知，洞内、外侧沟的底面是平的，但洞内侧沟边墙较高，洞外侧沟边墙较低。边墙高度在 7—7 剖面图中示出，内外侧沟顶上均有盖板覆盖。在洞口处边墙高度变化的地方，为了防止道砟掉入沟内，用隔板封住，这在 8—8 剖面图中表示得最为清楚。在洞外侧沟的边墙上开有进水孔，进水孔的间距为 400～1 000 mm。9—9 剖面图表明了洞外水沟横断面的形状和尺寸。

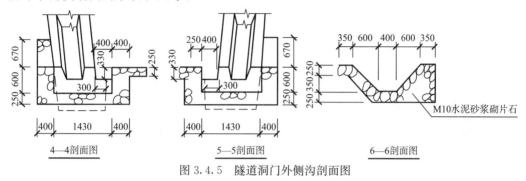

图 3.4.5　隧道洞门外侧沟剖面图

图 3.4.5 中各图的剖切位置，在图 3.4.2 平面图中已示出。4—4 和 5—5 剖面图分别表明左、右翼墙端部水沟的连接情况。从图 3.4.2 的平面图和这两个剖面图可知，翼墙顶排水沟排下的水和翼墙脚处侧沟的水，先流入汇水坑，然后再从路堑侧沟排走。6—6 剖面图表明了路堑侧沟的断面形状。

第四节　衬砌断面图

隧道的洞身有不同的形式和尺寸，主要用横断面图来表示，称为隧道衬砌断面图。图 3.4.6 为直边墙的隧道衬砌断面图，底部左侧有排水沟，右侧为电缆沟。

两侧边墙厚均为 400 mm，左边墙外侧高 1 080+4 430=5 510（mm），内侧高 1 080+4 350=5 430（mm）；右边墙外侧高 700+4 430=5 130（mm），则侧高 700+4 350=5 050（mm）；起拱线坡度为 1：5.08。拱圈由三段圆弧组成，顶部一段在 90°范围内，其半径为 2 220 mm，其他两段在圆心角为 33°51′范围内，半径为 3 210 mm，圆心分别在离中心线两侧 700 mm，高度离钢轨顶面为 3 730 mm 处，钢轨以下部分为线路道床，其底面坡度为 3%，以便排水。隧道衬砌断面总宽为 5 700 mm，总高为 8 130 mm。

第五节　避 车 洞 图

避车洞有大、小两种，是供维修人员和运料小车在隧道内避让列车用的。它们沿线路方向交错设置在隧道两侧的边墙上。小避车洞通常每隔 30 m 设一个，大避车洞每隔 150 m 设一个。为表示隧道内大、小避车洞的相互位置，需画出大、小避车洞位置示意图，如图 3.4.7 所示。

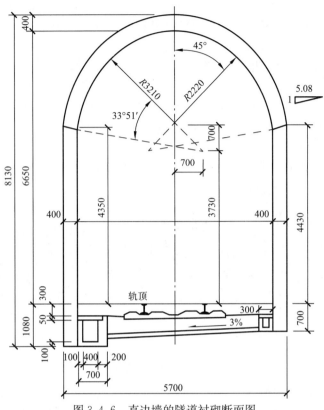

图 3.4.6　直边墙的隧道衬砌断面图

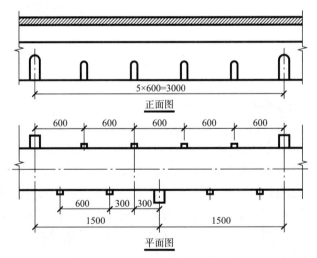

图 3.4.7　大、小避车洞位置示意图

　　由于这种示意图的图形比较简单，为节省图幅，纵横方向可采用不同的比例。通常纵向用 1∶2000，横向用 1∶200 等。

　　为了表示出大、小避车洞的形状、构造和尺寸，还需要画出大小避车洞的详图，如图 3.4.8 和图 3.4.9 所示。

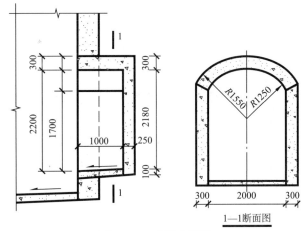

图 3.4.8　小避车洞图

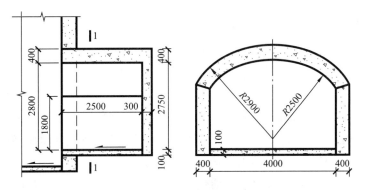

图 3.4.9　大避车洞图

第五章　房屋建筑工程图

本章结合建筑制图的有关标准，对房屋建筑施工图、结构施工图和室内给水、排水工程图的图示方法、内容及要求作比较全面的阐述，同时还对阅读和绘制房屋建筑工程图的方法和步骤作详细的介绍。

第一节　概　　述

一、房屋的主要组成部分及其作用

每一幢房屋在使用功能、外形大小、平面布局以及材料和做法等方面都有所差异和各自的特点。通常将其划分为：工业建筑（厂房、仓库、动力间等）、农业建筑（谷仓、饲料场、拖拉机站等）以及民用建筑。

图 3.5.1 为某房屋的组成部分示意图。这幢房屋是钢筋混凝土构件和砖墙承重混合结构。屋顶和外墙构成了整个房屋的外壳，用来防止雨雪、风沙对房屋的侵袭，是房屋的围护结构；楼面承受人、家具、设备的重量，而且还起分隔上、下层的作用；墙（或柱）要承受风力和上部荷载，这些重量及自重要通过基础传到地基上。屋面、楼面、墙（或柱）、基础等共同组成了房屋的承重系统。

内墙把房屋内部分隔成不同用途、不同大小的房间及走廊，起分隔作用，有的还承重；楼梯是室内上下垂直交通联系的结构；门除了起到沟通室内外房间的交通联系外，还和窗一样有采光和通风的功能。

天沟、落水管、散水等起排水作用。

墙裙、踢脚、勒脚起保护墙身、增强美观的作用。

二、房屋建筑工程图的分类及其主要内容

要建造一幢房屋，必须根据使用要求、规模大小、投资情况、材料供应及施工条件等进行设计。

学习房屋建筑工程图，主要是研究阅读和绘制房屋施工图，因为它是房屋设计工作的最后成果，也是进行工程施工的依据。

一套房屋施工图，根据其内容和作用的不同，可分为以下几点。

（一）**建筑施工图**（简称"建施"）

1. 首页图：包括图纸的目录和设计总说明。一般简单的图纸均可省略。

2. 总平面图：用以表示新建工程所在位置的总平面布局。

3. 建筑平面图：用以表示房屋的平面形状和内部布局。

4. 建筑立面图：用以表示房屋的外貌及外部装修。

5. 建筑剖面图：用以表示房屋的内部分层、结构形式、构造做法。

6. 建筑详图：用以表示建筑物的局部构造情况。

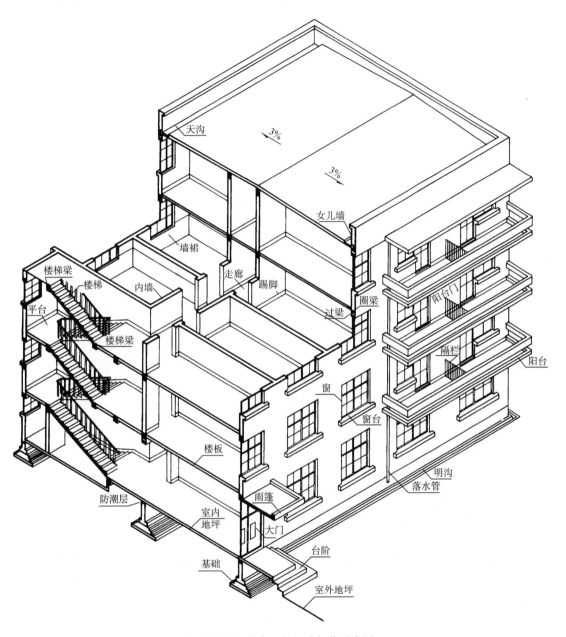

图 3.5.1　某房屋的组成部分示意图

（二）**结构施工图**（简称"结施"）

1. 结构设计总说明：包括设计依据、建筑材料及施工要求等。

2. 结构平面布置图，包括：

基础平面图：用以表示墙基础、柱基础及其预留洞等的平面布置情况。

楼层结构平面布置图：用以表示各层的承重构件（如梁、板、柱、门窗过梁、圈梁等）的平面布置情况。

3. 构件详图：用以表示各种构件（如基础、梁、板、柱等）的形状、大小、材料、构造等情况的图样。一般构件详图用较大的比例单独画出。

（三）设备施工图（简称"设施"）

1. 给水、排水施工图。

2. 采暖、通风施工图。

3. 电气、照明施工图。

三、房屋建筑工程图的特点

房屋施工图除了要符合正投影原理、剖面、断面（截面）图的基本图示方法、严格遵守第一篇第二章所介绍的基本制图标准外，还应注意有关专业的制图标准及规定。

（一）比例

由于房屋的体形较大，故其施工图一般都采用缩小比例绘制。绘制时应根据图样的用途及复杂程度，优先选用表 3.5.1 中所列的常用比例。

表 3.5.1 绘图所用的比例

图　名	常用比例	必要时可用比例
总平面图	1：500；1：1 000；1：2 000；1：5 000	1：2 500；1：10 000
建筑物或构筑物的平面图、立面图、剖面图、结构布置图	1：50；1：100；1：200	1：150；1：300；1：400
建筑物或构筑物的局部放大图	1：10；1：20；1：50	1：15；1：25；1：30；1：40；1：60
详　图	1：1；1：2；1：5；1：10；1：20；1：50	1：3；1：15；1：25；1：30；1：40；1：60

（二）图例

建筑物和构筑物是按比例缩小绘制的，因此，对一些建筑细部、构件外形及建筑材料等往往不能如实画出。所以在图样中采用统一规定的图例及代号，从而可以得到简单明了的图示效果，见表 2.6.1 中所列建筑材料图例等。其他类别的图例将在有关章节中介绍。

（三）符号

为了使图纸简明、清晰、便于查阅，在房屋施工图中，对于图样中的某些局部或构配件，如需另见详图，则应标以索引符号。如在平面图、立面图及剖面图中，常用索引符号注明已画详图的位置、详图的编号以及该详图所在图纸的编号。

第二节　建筑施工图

一、施工总说明及建筑总平面图

（一）施工总说明

施工总说明，主要说明设计的依据、施工要求及不便用图样表达而又必须说明的事项，都可列入总说明中。对于一些构造的用料、做法等，也可作一些具体的文字说明，以便施工人员对工程结构、构造和整体技术要求有一个概括的了解，如图 3.5.2 所示。

一、图纸目录

图 号	图 名
建施—1	首页图
2	总平面图
3	建筑平面图[底层平面图、二(三)层平面图、四层平面图]
4	建筑立面图(①—⑦立面图、⑦—①立面图)
5	建筑剖面图(1—1剖面图、2—2剖面图)
6	外墙剖面节点详图、门窗详图
7	楼梯平面图、楼梯剖面图
结施—1	基础平面图、基础详图
2	二层结构平面布置图
3	钢筋混凝土结构详图(L$_i$详图)
4	钢筋混凝土柱详图
5	楼梯结构平面图
6	楼梯结构剖面图
设施—1	给、排水管网平面布置图
2	给、排水管网轴测图

二、施工说明

1. 施工放线按总平面图中所示之施工坐标或按总平面图所示之尺寸放线

2. 设计标高 ±0.000 相当于绝对标高 46.20 m

3. 门窗采用 88ZJ711；卫生设备采用 88ZJ511

4. 预应力钢筋混凝土多孔板，采用 EG101 定型构件

5. 落水管采用 φ100 铸铁落水管

6. 防潮层以上砖墙用 MU7.5 机制砖，M5 混合砂浆砌筑。基础用 MU10 机制砖，C10 水泥砂浆砌筑

三、材料做法

名称	用 料 做 法	名称	用 料 做 法
地面	1. 素土夯实 2. 70厚道砟压实 3. 50厚C15混凝土 4. 30厚水泥砂浆(卫生间做10厚水磨石面层)	楼层顶	楼层顶用10厚水泥，石灰共砂打底，纸浆灰粉面刷白二度四楼会议室顶为模板条吊顶，并涂三遍防火涂料
楼面	1. 120 厚Y-KB 2. 15 厚1:3水泥砂浆找平 3. 25 厚细石混凝土加 7%氧化铁红		
踢脚板	室内做 25 厚1:2水泥砂浆打底，暗红色踢脚线	基础	70厚C10混凝土垫层条形基础C15混凝图柱基础C20混凝土
屋面	1. 120 厚Y-KB 铺成 1:30 的坡度 2. 40 厚C20混凝土，φ4双向筋@200 3. 60 厚1:6水泥炉渣隔热层 4. 20厚水泥砂浆刷冷底子油 5. 二毡三油洒绿豆砂		
内墙	20 厚 1:2.5 石灰砂浆打底，纸浆灰粉面，刷白二度后加奶黄色涂料至窗口做 50 宽栗色木挂镜线	装饰	1. 阳台及雨篷用白色菱格瓷砖和深绿色瓷砖贴面 2. 白色水泥浆引条线 3. 窗台用1:2.5水泥砂浆粉刷后，用白水泥加107胶刷白 4. 楼梯 30 厚普通水磨石面层，黑色水磨石踢脚紫红色马赛克防滑条
外墙	20 厚 1:1:6 混合砂浆打底后，做成浅绿色水刷石面层		
外墙裙	卫生间做 25 厚 1200 高普通水磨石墙裙		

××学校招待所 首页图		图 号	建施—1
设 计			
复 核		× × 设计院	

图 3.5.2 首页图

(二)建筑总平面图

1. 建筑总平面图的特点

在画有等高线或加上坐标方格网的地形图上，画上原有和拟建房屋的轮廓线，即为建筑总平面图，如图 3.5.3 所示。它表明新建房屋所在范围内的总体布置，反映出新建房屋、构筑物等的平面形状、位置、朝向以及它与周围地形、地物的关系。

建筑总平面图是新建房屋及其设施施工定位，土方施工和绘制水、暖、电等管线总平面图和施工总平面图的依据。

因建筑总平面图所包括的范围较大，所以，绘制时都用较小的比例（如 1∶2 000、1∶1 000、1∶500）。故在总平面图中常用图例表明新建区、扩建区及改造区的总体布置，表明各建筑物、构筑物的位置，表明道路、广场及绿化等的布置情况，以及各建筑物的层数等；其所用图例均按《总图制图标准》（GB/T 50103—2010）中所规定的图例，见表 3.5.2。若需要增加新的图例，则必须在总平面图中绘制清楚，并注明名称。

表 3.5.2 总平面图例

序号	名称	图例	说明	序号	名称	图例	说明
1	新建建筑物	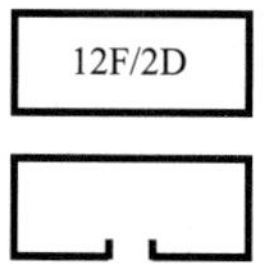 12F/2D	用粗实线表示。图中文字表示地上12层，地下2层。下图标明了出口位置	9	涵洞、涵管		上图为道路涵洞、涵管，下图为铁路涵洞、涵管
							左图用于比例较大的图面，右图用于比例较小的图面
2	原有建筑物	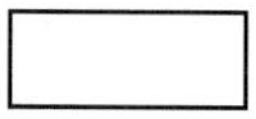	用细实线表示	10	桥梁	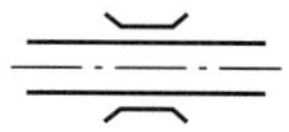 	上图为公路桥 下图为铁路桥
3	计划扩建的预留地或建筑物		用中粗虚线表示				
4	坐标	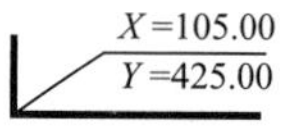 $X=105.00$ $Y=425.00$ 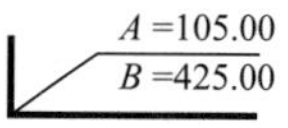 $A=105.00$ $B=425.00$	上图为地形测量坐标系，下图为建筑坐标系	11	落叶阔叶乔木林		—
				12	草坪	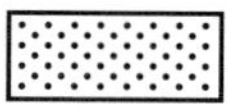	—
5	填挖边坡		—	13	指北针	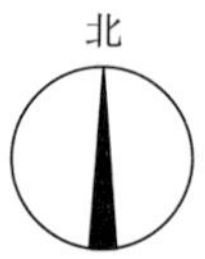 北	圆直径 24 mm，指针尾部宽度 3 mm，指针头部注"北"或"N"字
6	洪水淹没线	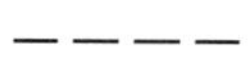	洪水在高水位以文字标注				
7	室内地坪标高	151.00 (±0.00)	151.00 为绝对标高 ±0.00 为相对标高	14	风向频率玫瑰图	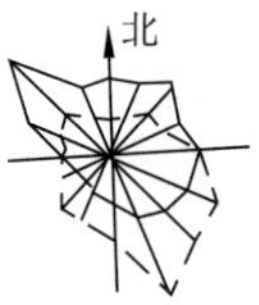 北	实线表示常年风，虚线表示夏季风
8	室外地坪标高	▼ 143.00	室外标高也可采用等高线				

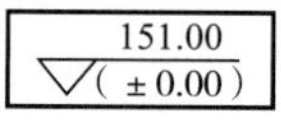

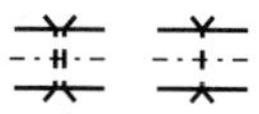

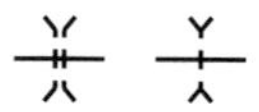

2. 建筑总平面图的识读

图 3.5.3 为某校招待所总平面图。读时注意：

（1）先看标题栏，了解工程的名称及其绘图比例。图 3.5.3 所采用的绘图比例为 1∶500。图中用粗实线画出了该招待所底层的平面轮廓图形，用中实线画出了原有建筑物的平面图形，如食堂、浴室、教学楼等。在平面图形内的右上角，用小黑点数表示房屋的层数。

（2）明确拟建房屋的位置和朝向。为了保证房屋在复杂地形中定位放线准确，总平面图中常用坐标表示房屋的位置。如果总平面图中没有坐标方格网，则可根据已建房屋或道路定位。本图注出了两种定位方法。

总平面图中的风向频率玫瑰图（有时也单独画出指北针），可以确定房屋的朝向，如该招待所为西南朝向。由风向频率玫瑰图可知，该地区的常年风向为西北风和东南风。

（3）从总平面图中，还可以了解该地区的道路和绿化现状以及规划情况。

（4）在总平面图中，有时还画出给排水、采暖、电气等管网的情况，此时要注意看清各种管网的走向、位置，并注意到它们对施工的影响。

在建筑总平面图中，除了用图形表达外，有时还对有关事项加以文字说明。此处不再多述。

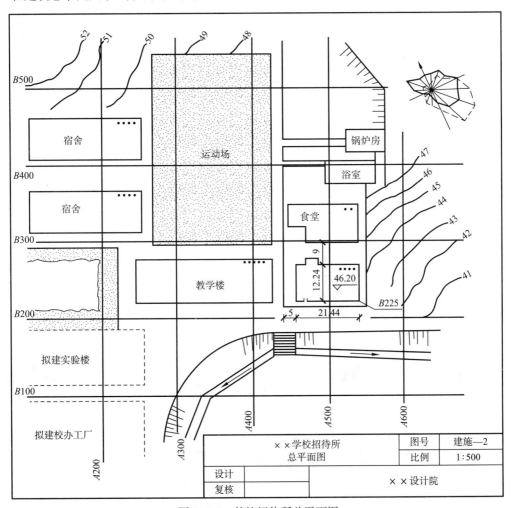

图 3.5.3 某校招待所总平面图

二、建筑平面图

（一）建筑平面图的形成

建筑平面图实际上是房屋的水平剖面图（屋顶平面图除外）。它是**假想用一水平剖切平面，沿略高于窗台的位置把整幢房屋剖开，对剖切平面以下部分所作的水平投影，即为建筑平面图，简称平面图。**

图 3.5.4、图 3.5.5 和图 3.5.6，即为某校招待所的底层平面图、二（三）层平面图和四层平面图。表 3.5.3 为门窗表。

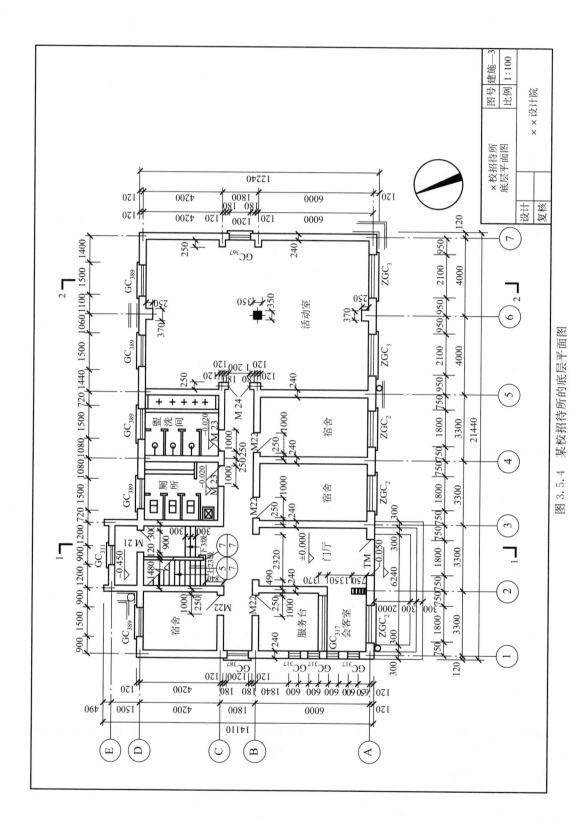

图 3.5.4 某校招待所的底层平面图

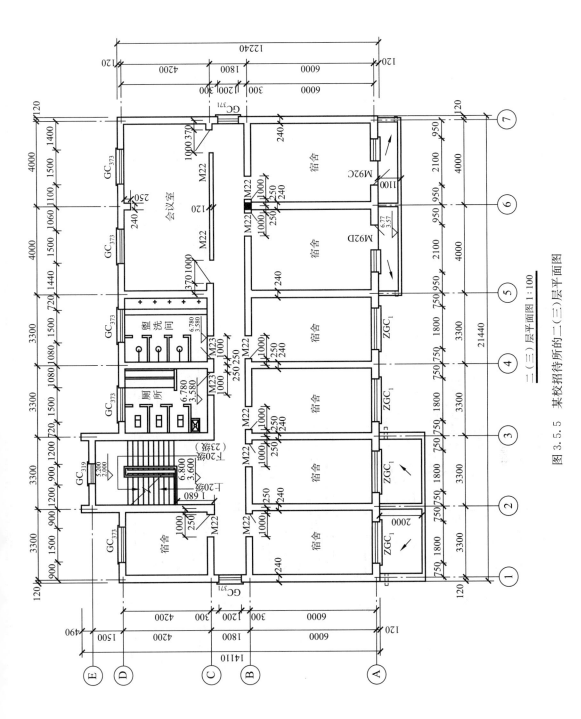

二（三）层平面图 1:100

图 3.5.5 某校招待所的二（三）层平面图

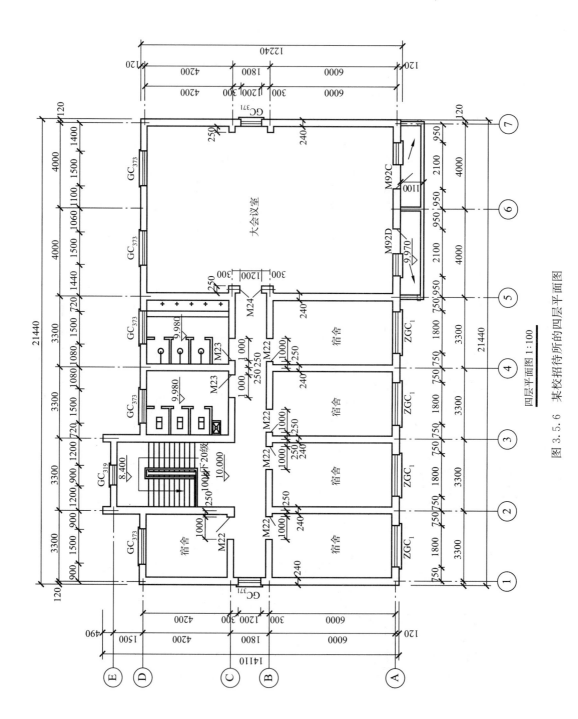

四层平面图 1:100

图 3.5.6 某校招待所的四层平面图

表 3.5.3　门　窗　表

编号	洞口尺寸		数量				合计
	宽度	高度	一层	二层	三层	四层	
GC$_{319}$	900	1 200	—	1	1	1	3
GC$_{373}$	1 500	1 800	—	5	5	5	15
GC$_{371}$	1 200	1 800	—	2	2	2	6
ZGC$_1$	1 800	1 800	—	4	4	4	12
GC$_{311}$	900	900	1	—	—	—	1
GC$_{389}$	1 500	2 100	5	—	—	—	5
ZGC$_2$	1 800	2 100	3	—	—	—	3
ZGC$_3$	2 100	2 100	2	—	—	—	2
GC$_{317}$	600	1 200	4	—	—	—	4
GC$_{387}$	1 200	2 100	2	—	—	—	2
M92D	2 100	2 700	—	1	1	1	3
M92C	2 100	2 700	—	1	1	1	3
M21	900	2 100	1	—	—	—	1
M22	1 000	2 700	4	9	9	5	27
M23	1 000	2 100	2	2	2	2	8
M24	1 200	2 700	1	—	—	1	2
TM	1 800	3 100	1	—	—	—	1

对多层房屋来讲，房屋有几层就应画出几个平面图，并在其下方注明相应的图名。但如果上下各层的房间数量、大小和布置都一样时，则相同的楼层可共用一个平面图来表示，该平面图称为标准层平面图。因此，多层房屋至少需要画出三个楼层的平面图，即底层平面图、标准层平面图和顶层平面图。图 3.5.5 所示的二（三）层平面图，实际上是二层平面图，但由于二、三层的内部布置完全相同，只是二层平面图要画出进口处雨篷，三层平面图则无需画出此雨篷的投影，故它们可以合画为一个共同的平面图，二（三）层平面图，即为标准层平面图。

当屋顶结构复杂时，还需绘制屋顶平面图。

如果房屋平面图左右对称，则可将两平面图画在一起，即左边画某楼层的一半，右边画另一楼层的一半，中间用对称符号分界，并在图的下方分别注明图名。

由于平面图一般采用 1∶100、1∶200 和 1∶50 的比例绘制，所以门窗等配件均按《建筑制图标准》（GB/T 50104—2010）中规定的图例绘制。构造及配件图例见表 3.5.4。

表 3.5.4　构造及配件图例

序号	名　称	图　例	说　明	序号	名　称	图　例	说　明
1	楼梯	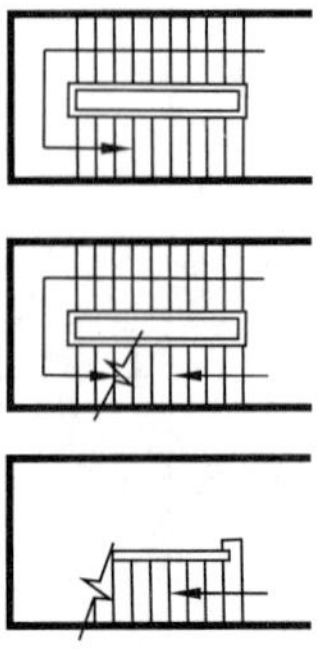	上图为顶层楼梯平面,中图为中间层楼梯平面,下图为底层楼梯平面	4	空门洞		—
2	单层外开平开窗		1. 窗的名称代号用 C 表示 2. 立面图中的斜线表示窗的开启方向,虚线为内开,实线为外开;开启方向线交角的一侧为安装合页一侧,一般设计图中可不表示 3. 剖面图中左为外,右为内,平面图中、下为外,上为内 4. 平、剖面图上虚线仅说明开关方式 5. 窗的立面形式按实际情况绘制	5	单面开启单扇门(包括平开或单面弹簧门)		1. 门的名称代号用 M 表示 2. 剖面图中左为外,右为内,平面图中、下为外,上为内 3. 立面图上开启方向线交角的一侧为安装合页的一侧。实线为外开,虚线为内开 4. 平面图上的开启弧线及立面图上的开启方向线,在一般设计图上不需表示,仅在制作图上表示 5. 立面形式按实际情况绘制
3	单层内开平开窗			6	单面开启双扇门(包括平开或单面弹簧门)	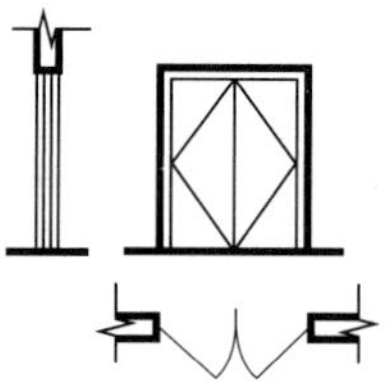	
				7	双面开启双扇门(包括双面平开或双面弹簧门)	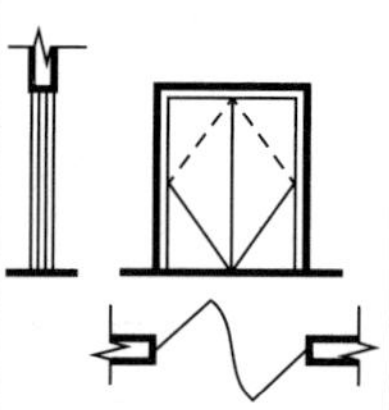	

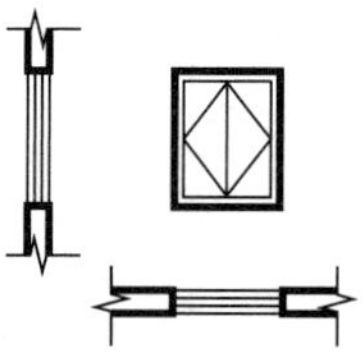

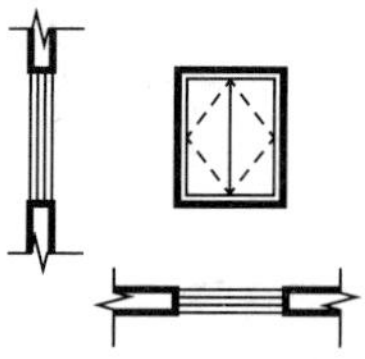

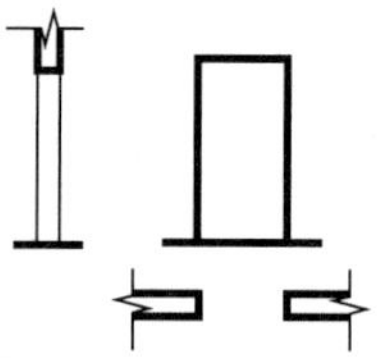

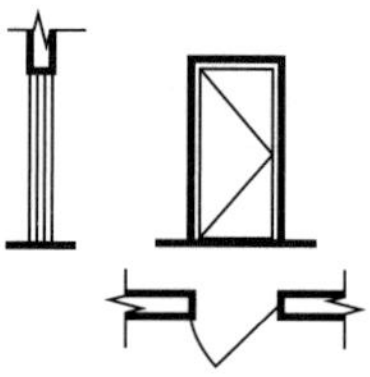

在 1∶100 和 1∶200 小比例的平面图中,剖到的砖墙一般不画出材料图例(或只在透明纸的背面涂红)。对于比例等于 1∶50 时,图中砖墙往往也可不画材料图例,其粉刷层也不必画出。被剖到的墙、柱的断面轮廓线用粗实线(b)画出,没有被剖到的可见轮廓线,如窗台、台阶、明沟、楼梯段等突出部分及门的开启线(45°斜线),均用中粗线($0.5b$)画出。其余图线如尺寸线、标高符号、定位轴线的圆圈、图例线等,均用细实线($0.35b$)画出,定位轴线用细点画线($0.35b$)画出。

(二)建筑平面图的内容及阅读方法

以图 3.5.4 底层平面图为例,说明建筑平面图的内容及其阅读方法。

1. 从图名可以了解该图是某校招待所的底层平面图,绘图比例为 1∶100。

2. 通常在底层平面图外画一指北针符号(表 3.5.2),由图可知该房屋的朝向为西南向。

3. 从平面图的形状和总长、总宽的尺寸,可知该招待所的平面形状为长方形,总长为 21.44 m,总宽为 14.11 m,占地面积约 302 m²。

4. 从底层平面图中，可知该房屋的底层平面布局。招待所的大门在南面左侧，门厅中有服务台、会客室。门厅对面是楼梯间、楼梯为双跑式楼梯。楼梯段的投影是按表3.5.4所示图例绘制的，其梯级数均为实际级数，如上二楼为23级。在楼梯间东侧下3级台阶通向储藏室，其右侧为厕所及盥洗间，走廊东端为活动室。

5. 一般在平面图或首页图中，都附有该房屋的门窗表。图、表对照阅读，可以了解该幢房屋的门窗布置及其种类和数量，见表3.5.3。门的代号为M，窗的代号为C，而GC为钢窗代号，ZGC为组合钢窗代号。TM为特别设计的弹簧木门。

6. 从图中定位轴线的编号及其间距，可以了解到各承重构件的位置和房间的开间、进深。所谓定位轴线，就是确定建筑物结构或构件位置的基准线。图3.5.4中对房屋的墙、柱等主要承重构件，都画出了定位轴线，并进行了编号，以便施工时定位或查阅图纸。

定位轴线采用细点画线表示，轴线端部画细实线圆（直径为8mm，在详图中可增为10mm），如图3.5.4、图3.5.5、图3.5.6所示。平面图上定位轴线的编号，宜标注在下方及左侧。横向编号用阿拉伯数字，从左至右顺序编写。竖向编号用大写拉丁字母，从下至上顺序编写。注意拉丁字母中的I、O、Z不得作为轴线编号，以免与数字1、0、2混淆。

表 3.5.5　索引符号与详图符号

名称		符　　号	说　　明
详图的索引标志	详图索引符号	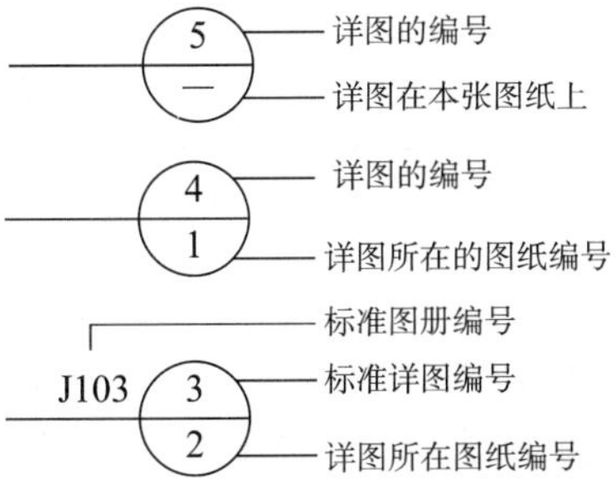 ⑤／— 详图的编号／详图在本张图纸上 ④／① 详图的编号／详图所在的图纸编号 J103③／② 标准图册编号／标准详图编号／详图所在图纸编号	细实线圆，直径10mm
	局部剖面详图的索引符号	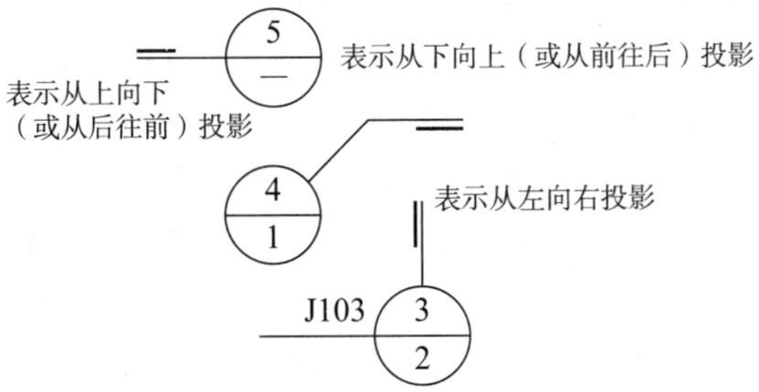 ⑤／— 表示从下向上（或从前往后）投影 表示从上向下（或从后往前）投影 ④／① 表示从左向右投影 J103③／②	细实线圆，直径10mm
详图的标志		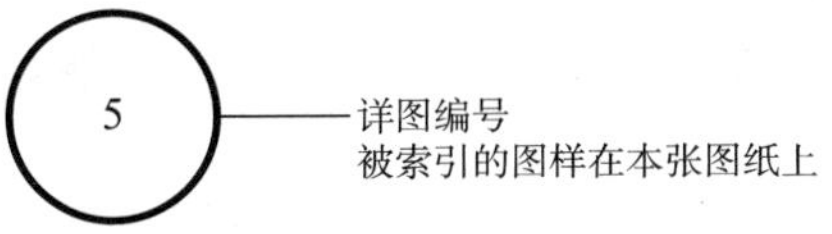 ⑤ 详图编号 被索引的图样在本张图纸上	粗实线圆，直径14mm
		 ⑤／① 详图编号／被索引的图纸编号	

两根轴线之间如需附加轴线时，则编号应用分数形式表示。分母表示前一轴线的编号，分子表示附加轴线的编号，附加编号宜用阿拉伯数字顺序编写，如：

①/2 表示 2 号轴线后附加的第一根轴线。

③/C 表示 C 号轴线后附加的第三根轴线。

7. 在平面图上注有外部尺寸和内部尺寸。

(1) 外部有三道尺寸。第一道尺寸表示房屋的总长、总宽。如该招待所的总长为 21.44 m，总宽为 14.11 m。第二道尺寸表示轴线之间的距离，用以说明房间的开间和进深。如图 3.5.4 所示招待所房间的开间为 3.30 m，南边房间的进深为 6.00 m，北边房间的进深是 4.20 m。第三道尺寸表示各细部的位置及大小。如图 3.5.4 所示的门窗洞宽和位置，ZGC_3 洞宽为 2 100，距⑥轴线 950，距⑤（或⑦）轴线 950。标这道尺寸时，应与轴线联系起来。

(2) 内部尺寸。内部尺寸应注明室内门窗洞、墙厚、一些固定设备（如厕所、盥洗台）的大小及位置、楼地面的标高等。

室内楼地面标高系相对标高，即以底层地面标高为零点（±0.000）计。在建筑施工图中，标高数值一般注至小数点后三位数字。

8. 剖切符号及详图索引符号。在底层平面图中要画出剖面图的剖切符号，如 1—1、2—2 等，以表示剖切位置及投影方向。

对某些局部的构造或做法，如需另见详图时，在平面图中可采用详图索引符号。如该招待所的楼梯构件等，均采用了详图索引符号。该详图画在图 3.5.25 中。

9. 从图中还可以了解其他细部，如室外的台阶、雨篷、阳台、明沟及雨水管等的布置情况。

（三）绘制建筑平面图的方法和步骤

1. 选择合适的比例。在保证图样能清晰地表达其内容的情况下，根据房屋的总长、总宽和施工要求，选择适当的比例。本图采用 1∶100 的比例进行绘制。

2. 合理布置图面。根据所选择的绘图比例，大体估计一下所画图样的大小，并预留出标注尺寸、注写轴线编号和画标题栏所需的位置，将平面图布置在图框内的适当处，应注意平面图的长边宜与横式图幅的长边一致。如考虑平面图、立面图、剖面图安排在一张图纸内，则平面图应布置在左下角，并与立面图、剖面图保持长对正、宽相等的关系。

若在同一张图纸上绘制多于一层的平面图时，各层平面图宜按层次顺序，从左至右或从下至上布置。

3. 绘制平面图。现以图 3.5.4 为例，说明平面图的画法和步骤。

图 3.5.7 示出了平面图的画法和步骤。

为了使平面图中的三道尺寸标注清晰、准确，在标注尺寸时应遵守国家标准的有关规定，如图 3.5.8 所示。

平面图中的定位轴线，只需伸进墙内 5~10 mm，柱的轴线应穿过断面。定位轴线编号要排列整齐，如图 3.5.9 所示。

4. 经检查无误后，可按要求加深图线，画尺寸起止符号、注写尺寸数字，并填写标题栏等，如图 3.5.4 所示。

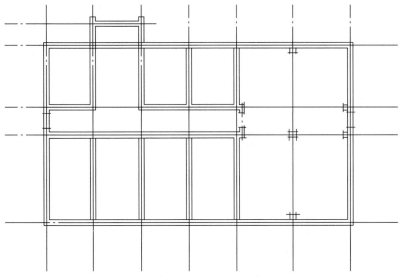

（a）画定位轴线和墙、柱的轮廓线

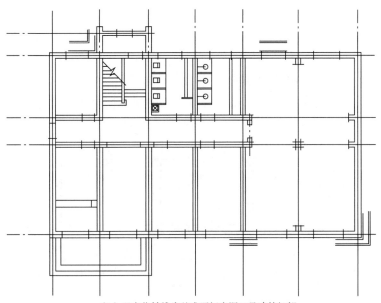

（b）以定位轴线为基准画门窗洞口及建筑细部

图　3.5.7

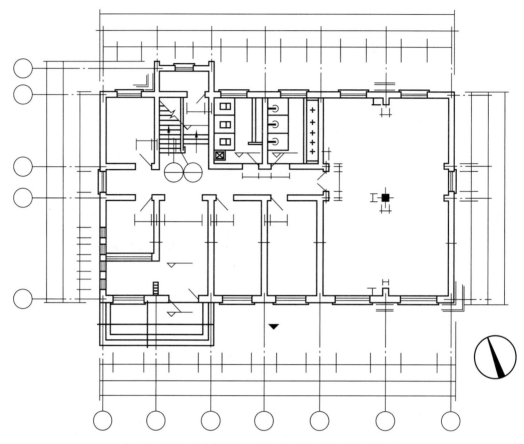

（c）检查底图，擦去作图线，画出门窗图例尺寸线、定位轴线圆圈及指北针

图 3.5.7　平面图的绘图步骤

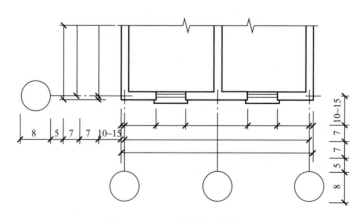

图 3.5.8　尺寸的排列与布置

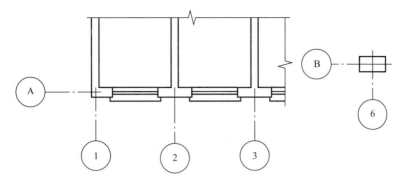

图 3.5.9　定位轴线的画法

三、建筑立面图

（一）建筑立面图的形成

房屋各立面的正投影图称为建筑立面图，简称立面图。立面图中不画虚线。

一幢房屋，凡外貌不同的立面均应绘制立面图，以表示该立面的外貌及外部装修情况。各立面图的命名，按国家标准规定，对有定位轴线的建筑物，宜根据两端定位轴线编号命名，如图 3.5.10 所示①—⑦立面图、图 3.5.11 所示⑦—①立面图等。无定位轴线的建筑物，可按房屋朝向命名，如南立面图、北立面图等。

如果房屋的某一立面既无门窗又无特殊装饰，则该立面图可省略不画，相同的立面可画一个立面图作为代表。若房屋左右对称时，立面图可各画一半，中间用对称符号分开，也可以单独画一半，并在对称轴线处画一对称符号。

立面图和平面图一样，由于比例较小，所以门窗也按表 3.5.4 规定的图例绘制。而台阶、雨篷、窗台、勒脚、檐口等，往往用单线代替这些复杂的细部。

为了加强图面效果，使外形清晰、重点突出、层次分明，在立面图上常选用不同粗细的图线绘制。通常把房屋立面的最外轮廓线画成粗实线（b），室外地坪线为特粗线（$1.4b$），门窗洞、台阶、雨篷、阳台及立面上其他突出部位的轮廓线，画成中粗线（$0.5b$）。门窗扇、雨水管、墙面分格线（包括引条线）、栏杆等，用细实线（$0.35b$）。

（二）建筑立面图的内容和阅读方法

要想了解整幢房屋的外貌，不能孤立地从一个立面图中找答案，而应全面了解房屋的各个立面。更重要的还应配合有关平面图、剖面图进行阅读，这样才能收到满意的效果。

现以图 3.5.10 为例，说明建筑立面图的内容及其阅读方法。

1. 首先要查看标题栏。在知道该图是①—⑦立面后，再对照图 3.5.4 底层平面图上的定位轴线，弄清立面图和平面图的关系。①—⑦立面图是该房屋主要出入口的一面，所以也是该建筑物的主要立面。该图所选用的比例和平面图一样，为 1∶100。

2. 掌握建筑物的大概外貌，分清立面上的凸凹变化。该招待所的①—⑦立面，左边有大门，其上有雨篷，下有台阶。右边二、三、四层楼设有阳台。

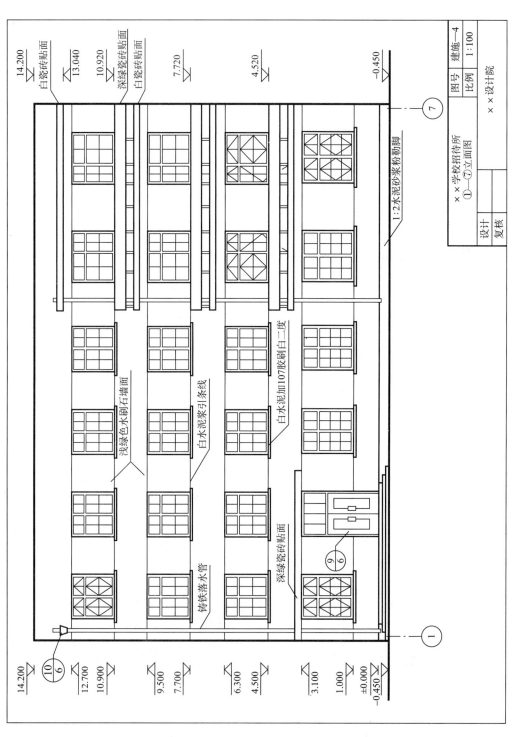

图 3.5.10 ①—⑦立面图

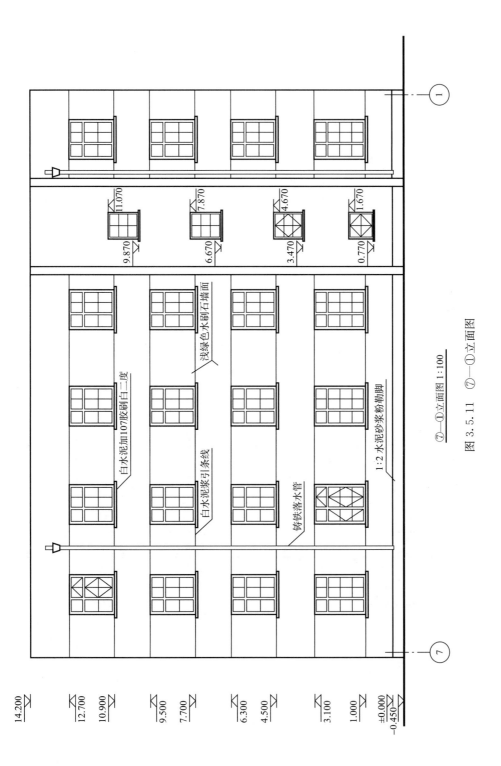

⑦—①立面图 1:100

图 3.5.11 ⑦—①立面图

浅绿色水刷石墙面

白水泥加107胶刷白二度

白水泥浆引条线

铸铁落水管

1:2 水泥砂浆粉勒脚

3. 在立面图上窗中的细斜线，表示开启方向，对于型号相同的窗，只需画出一、两个即可，也可不画。门的开启方向，在平面图中已表示清楚，故在立面图中不需表示。

门窗的位置、型号及数量可对照平面图进行核对。图3.5.4底层平面图中，其南面有窗5樘，双扇双面弹簧门一樘。从门窗表（表3.5.3）可知，TM门为特别设计的木门，窗为3扇（ZGC$_2$）和2扇（ZGC$_3$）组合钢窗。

4. 了解墙面及各部位的做法，并与首页图核对。该房屋的墙面、窗台、阳台等部位，均在引出线上用文字说明了其材料和做法。

5. 立面图上的高度尺寸主要用标高的形式标注，阅读时最好与剖面图对照，以便互相核对。立面图上所注的标高中，除板底、门窗洞口为毛面标高外，其余部位均为完成面的标高，即建筑标高。

6. 注意立面图上的索引标志符号，如①—⑦立面图大门的雨篷、落水管的水斗等，需另见详图，故画出了索引符号。

（三）建筑立面图的画法

1. 画建筑立面图时，首先应考虑该建筑物需画几个立面图，通过分析该招待所可知，东西两个侧立面外貌简单，不同之处是，东立面多了会客室的四个窗，所以在绘制时，只需画出东立面（即Ⓔ—Ⓐ立面）图即可。南北立面的外貌比较复杂，两个立面图都应绘制。

2. 画立面图

以图3.5.10所示①—⑦立面图为例，说明立面图的绘制方法与步骤。图3.5.12示出了立面图的画法。

（a）画室外地坪线及外墙①、⑦轴线，定出房屋的最外轮廓线（含屋顶线）。
根据各部位的标高，画出阳台、雨篷、门窗洞及台阶的水平位置线

图 3.5.12

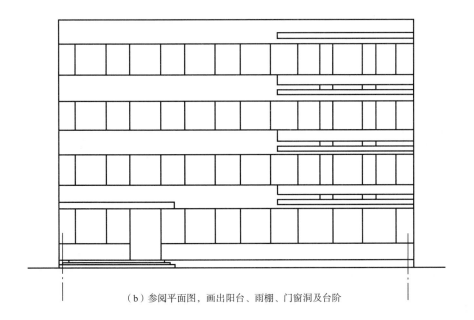

（b）参阅平面图，画出阳台、雨棚、门窗洞及台阶

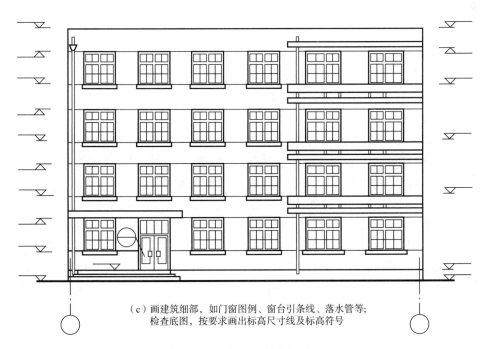

（c）画建筑细部，如门窗图例、窗台引条线、落水管等；
检查底图，按要求画出标高尺寸线及标高符号

图 3.5.12　立面图的画法和步骤

在立面图上一般不注写大小尺寸，只注写主要部位的相对标高尺寸。若房屋立面左右对称时，一般注在左侧，不对称时左右两侧均需标注。立面图上的标高一般注在图形之外，并按图 3.5.13 所示的方法步骤进行标注，使符号大小一致，排列整齐。

最后应按要求加深图线，并注写尺寸数字、轴线编号、文字说明以及标题栏中的图名、比例等，如图 3.5.10 所示。

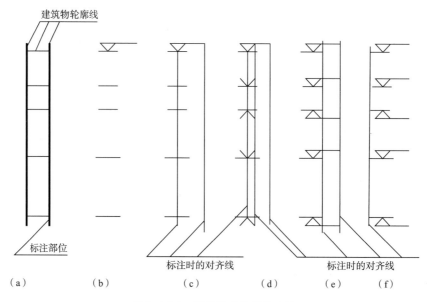

建筑物轮廓线

标注部位

标注时的对齐线

标注时的对齐线

（a）　　　（b）　　　（c）　　　（d）　　　（e）　　　（f）

图 3.5.13　标高尺寸的标注方法

四、建筑剖面图

（一）建筑剖面图的形成

建筑剖面图是假想用铅垂面将房屋从屋顶到基础剖开所得的投影图。如图 3.5.14 和图 3.5.15 所示，剖面图是用来表示房屋内部的结构形式、分层情况和各部位的联系、材料及其高度的图样。

剖面图的数量要根据房屋的具体情况而定，一般至少作一个横向剖面，必要时也可作平行于正立面的纵向剖面图。剖切位置，应选择在能反映出房屋内部结构比较复杂或房屋的典型部位。一般应通过门窗洞口，多层房屋应选择在楼梯间处。从图 3.5.4 所示底层平面图中可以看到，1—1 剖面图的剖切位置既通过房屋的主要出入口，又通过楼梯间及外墙窗口。若建筑物较复杂，作一个剖面不足以说明问题时，可以作多个剖面图来表达。如图 3.5.15 所示的 2—2 剖面图，是通过了该房屋的各层房间分隔有变化和有代表性的宿舍部分，它补充了 1—1 剖面的不足，这两个剖面图结合，就能较全面地反映出招待所在竖向的全貌。

剖面图的图名是根据平面图上的剖切符号来命名的，因此它必须与底层平面图上所注的剖切符号一致。

剖面图通常采用和平面图、立面图一样的比例，其线型粗细也和平面图一样。

（二）剖面图的内容及其阅读方法

平面图、立面图和剖面图是从不同方面来反映房屋构造的图样，因此，我们在阅读时应充分地注意三图之间的联系。现以图 3.5.14 所示 1—1 剖面图来说明其内容和阅读方法。

1. 根据图名在底层平面图（图 3.5.4）中找到与之相对应的剖切符号。1—1 剖切平面位于轴线②、③之间，通过外墙④、Ⓔ的横向剖切平面，剖切后从右向左投影。

2. 房屋的剖切是从屋顶到基础。一般情况下，基础的构造由结构施工图中的基础图来表达。室内、外地面的层次和做法，通常由剖面节点详图或施工说明来表达，故在剖面图中

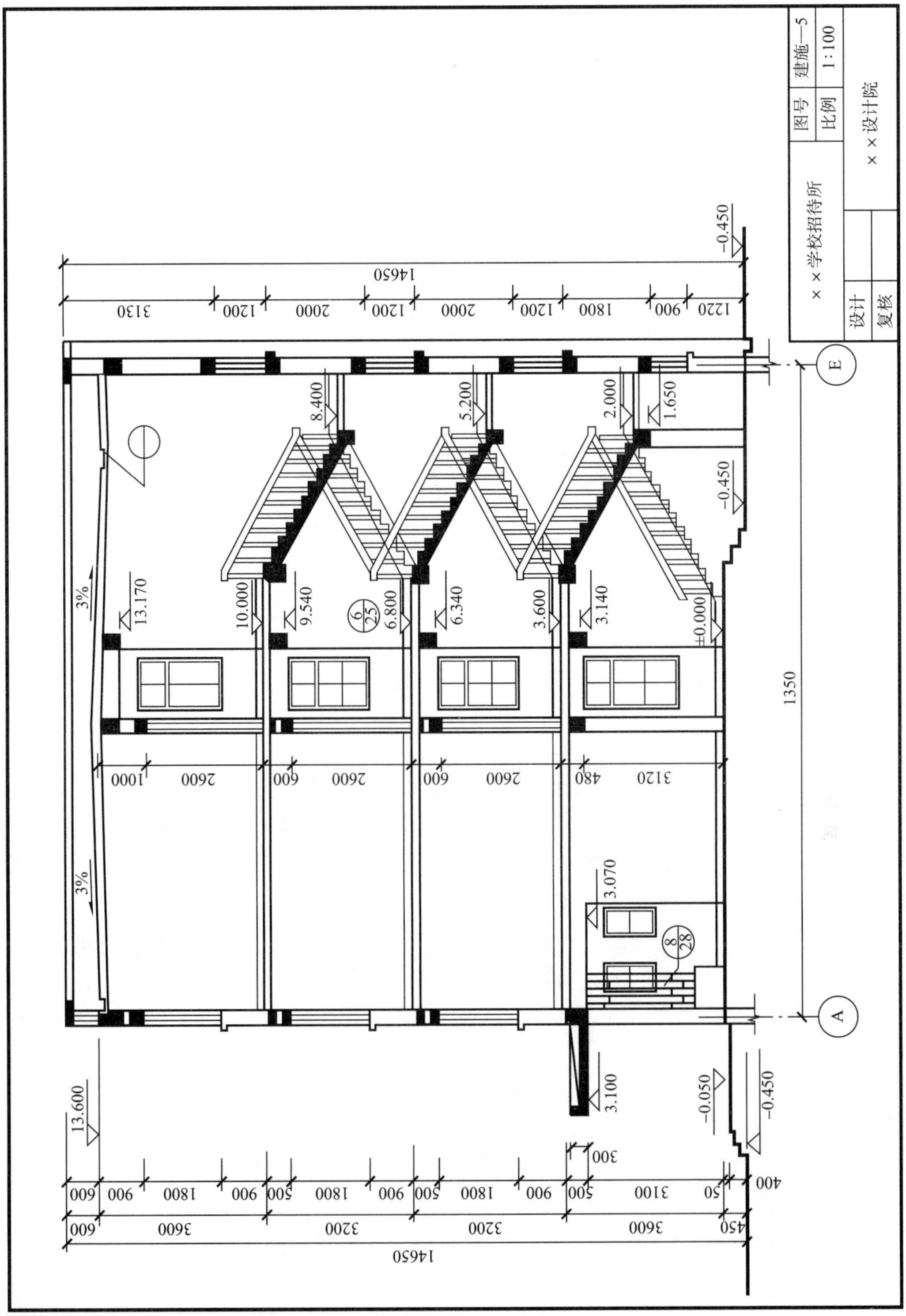

图 3.5.14　1—1 剖面图

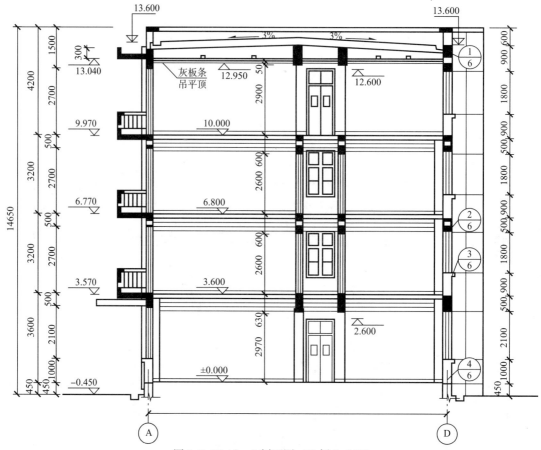

图 3.5.15 2—2 剖面图（比例 1：100）

只画一条特粗线（1.4b）。基础处的涂黑层是钢筋混凝土的防潮层。

3. 由剖面图可知该房屋为四层，各层楼面设置楼面板，屋顶设置屋面板，它们搁置在墙或梁上。楼面板和屋面板在剖面图中均属被剖切到的构件，但由于比例较小，故用两条粗实线表示它们的厚度。为排水需要，屋面板铺设成 1：30 的坡度（有时也可以水平铺设，而将屋面材料做出一定的坡度）。在檐口处和其他部位设置了内天沟板（有时也可设置外天沟板），以便将屋面的雨水导向落水管。楼面板、屋面板、天沟板的详细形式及楼面层、屋顶的构造层次和做法，由于剖面图的比例较小，难以表达清楚，可另画剖面节点详图表达，也可在施工总说明中表明。

4. 在墙身的门窗洞顶、屋面板下和各层楼面板下的涂黑断面，为该房屋的钢筋混凝土门窗过梁和圈梁。大门上方的涂黑断面为过梁连同雨篷的断面。当圈梁的梁底标高与同层门窗过梁的梁底标高一致时，可用圈梁代替门窗过梁。在外墙顶部的黑色断面是女儿墙顶部的现浇钢筋混凝土压顶。

5. 由于 1—1 剖面的剖切平面是通过每层楼梯的第二梯段，其楼梯为钢筋混凝土结构，所以被剖切到的第二梯段用涂黑表示，而第一梯段未被剖到，但为可见梯段，故仍按可见轮廓线（0.5b）画出。被剖到的楼梯休息平台，采用两条粗实线的简化画法来表达它的厚度。

6. 从剖面图的尺寸中，不但可以了解房屋各构配件的位置，同时还可了解到房屋的层高及各层楼地面的标高。如1—1剖面外墙④所标注的三道尺寸，第一道为门窗洞及窗间墙的高度尺寸（楼面上下是分开标注的）；第二道为层高尺寸（如3 600、3 200等）；第三道为室外地面以上总高尺寸（如14 650）。另外还标注了内墙门窗洞的高度尺寸、楼面标高、楼梯休息平台标高以及楼梯梁的梁底标高等。

标注剖面图中的标高尺寸时，和立面图一样，应按图3.5.13所示的方法和步骤进行标注。

7. 在剖面图中，由于所用比例较小，对所需绘制详图的部位（如门厅花饰、屋面天沟、楼梯等）均画出了详图的索引符号。

（三）建筑剖面图的画法

画房屋的剖面图首先要明确剖切的目的，其次要选择有代表性的部位进行剖切，随后要对所作剖切的部位（即各楼层）进行投影分析，即明确剖切后的投影方向，分清哪些是剖切到的部分，哪些是没有剖切到但为可见的部分。只有这样才能做到图示正确，图示的内容具有一定的代表性。

现以图3.5.14所示1—1剖面图来说明绘制剖面图的方法和步骤。

1. 阅读建筑平面图、建筑立面图。根据剖切位置的选定原则和要求，在图3.5.4底层平面图上确定1—1剖面图的剖切位置，并以2—2剖面图为其补充的剖面图。

2. 画剖面图，如图3.5.16所示。

3. 楼房的地面、屋面等是用多层材料构成，如在其他图纸上没有说明，则可在剖面图中加以说明。某局部需另绘详图时，则可用引出线画出详图索引符号，如在2—2剖面图上就引出了明沟、地面、窗台节点、窗顶节点及檐口节点的详图索引符号。这些都可以在建筑详图中用较大的比例画出，如外墙剖面节点详图等。

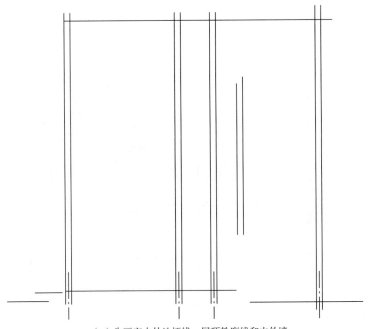

（a）先画室内外地坪线、屋顶轮廓线和内外墙
的轴线，并定出墙的宽度

图　3.5.16

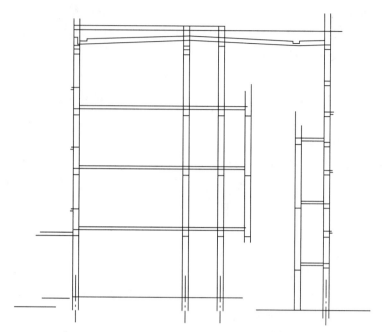

（b）画剖切到的各层楼面、屋面及楼梯休息平台的厚度，画圈梁、
过梁的断面，定门窗的高度

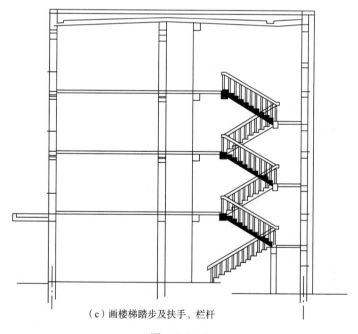

（c）画楼梯踏步及扶手、栏杆

图　3.5.16

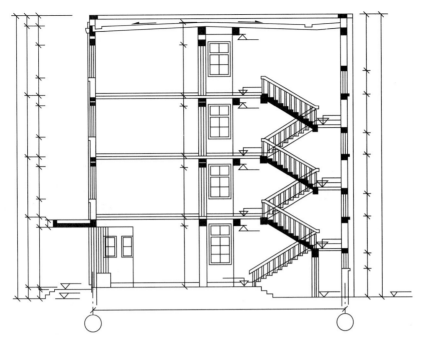

（d）画门窗图线及其他细部，检查底图无误后，画出
尺寸线及标高符号、轴线圆圈等

图 3.5.16 剖面图的画法

4. 最后应按图线要求加深图线，并注写尺寸数字、轴线编号及书写标题栏等，如图 3.5.14
所示。

五、建筑详图

（一）概述

我们从房屋的建筑平面图、立面图和剖面图中，虽然可以看到房屋的外形、平面布置及
内部构造等情况，但是由于比例较小，有些建筑构配件（如门窗、楼梯、阳台及各种装饰
等）和某些建筑剖面的节点（如檐口、窗台等）的详细构造（包括式样、做法、用料和详细
尺寸等）都无法表达清楚。因此必须**采用较大比例将其形状、大小、材料和做法详细表达出
来，这种图样称为建筑详图**。对于套用标准图或通用详图的建筑构配件和剖面节点，只需注
明套用图集名称、编号或页码，不必另画详图。

建筑详图是建筑平面图、立面图和剖面图的重要补充。它的特点是比例大、尺寸齐全准
确、文字说明详尽。

施工时为了便于查阅详图，在平面图、立面图及剖面图中，均用索引符号注明已画详图
的部位、编号及详图所在图纸的编号，同时对所画出的详图，以详图符号表示。

（二）外墙剖面节点详图

1. 外墙剖面节点详图的内容和阅读方法

外墙剖面节点详图，实际上就是建筑剖面图中外墙与各构配件交接处（即节点）的局部
放大图。阅读详图时应对照剖面图找出所表达的部位，逐一进行节点分析，从而了解各部位

的详细构造、尺寸和做法，并与施工总说明核对。

现以图 3.5.17 所示外墙剖面节点详图，说明其内容和阅读方法。

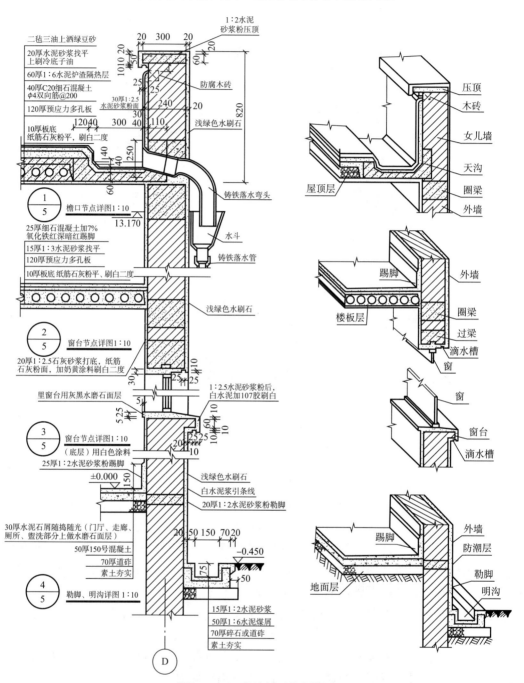

图 3.5.17 外墙剖面节点详图

（1）首先了解该详图所表达的部位。图 3.5.17 的外墙轴线为 Ⓓ，对照平面图和立面图可知，外墙 Ⓓ 为该招待所的北外墙，其所表达的部位为图 3.5.15 所示 2—2 剖面图上的 ⊕、⊕、⊕ 及 ⊕ 节点，即檐口节点、窗顶节点、窗台节点及勒脚、明沟节点。绘图比例为 1 ∶ 10。

（2）看图时要由上至下或由下至上，一个节点一个节点地阅读。

第一个节点为檐口节点详图。它表达了该房屋女儿墙外排水檐口的构造和屋面层的做法等。图中不但给出了有关尺寸，还对某些部位的多层构造用引出线作了文字说明（引出线的用法见表 3.5.6）。该房屋的屋面首先铺设的是 120 厚预应力钢筋混凝土多孔板和预制天沟板，为了排水需要，屋面按 1∶30 的坡度铺设。屋面板上做有 40 厚细石混凝土（内放钢筋网）和 60 厚隔热层，最上面是二毡三油的防水覆盖层。

表 3.5.6　引出线图例

序号	符　号	说　明
1	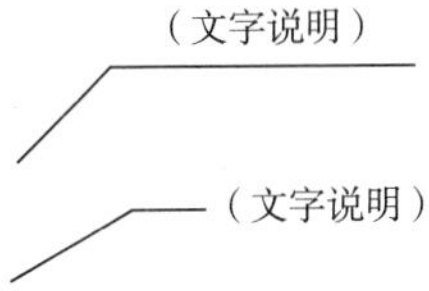 （文字说明） （文字说明）	引出线为细实线 引出线与水平线交角宜为 30°、60°、90° 文字说明写在横线上方或端部
2		索引详图中引出线应对准索引符号的圆心
3		共用引出线
4	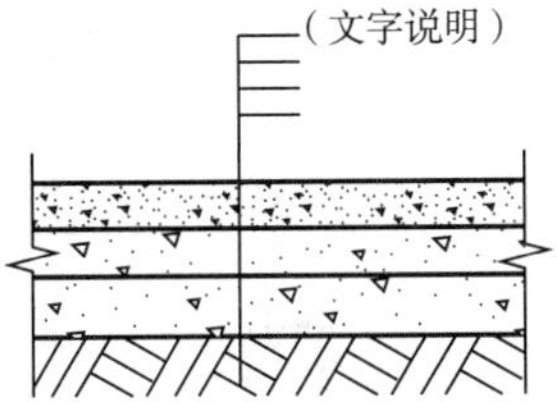 （文字说明）	多层构造引出线 说明的顺序应与被说明的层次相互一致
5	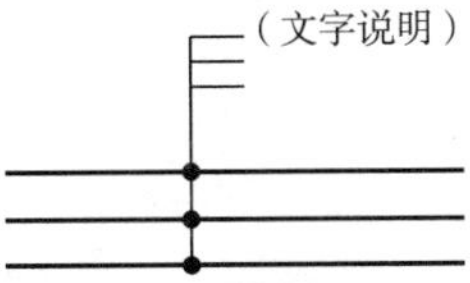 （文字说明）	同序号 4

第二个节点为窗顶节点详图，它主要表达窗顶过梁处的做法和楼面层的做法。在过梁外侧底面用水泥砂浆做出滴水槽，以防雨水流入窗内。楼面层的做法及其所用材料也采用引出线方法，作了详细的文字说明。

从檐口节点和窗顶节点，可以看到楼面板和屋面板均按平行纵向外墙搁置，即它们是搁置在横墙或梁上的。

第三个节点为窗台节点详图，它表明了砖砌窗台的做法。除了在窗台底面做出滴水槽外，同时还在窗台面的外侧做一斜坡，以利排水。

第四个节点为勒脚、明沟节点详图。该详图对室内地面及室外明沟的材料、做法与要求都用文字作了详细的说明，并注明了尺寸。其中勒脚高度为 450 mm（由−0.450 至±0.000）。勒脚选用防水和耐久性较好的粉刷材料粉刷。在室内地面下 30 mm 的墙身处，设有 60 mm 厚的钢筋混凝土防潮层，以隔离土壤中的水分和潮气沿基础墙上升而侵蚀上面的墙身。

从详图⊕、⊕中可以看到室内地面和各楼层面墙壁处，均需做踢脚板保护墙壁，在⊕详图中注明了踢脚板的详细作法和尺寸。

（3）详图中所注的尺寸，一般应标注出各重要部位的标高，如室内外地面标高等。某些细部的大小尺寸亦应详细注出，如女儿墙、天沟、窗台及明沟等尺寸。

2. 外墙剖面节点详图的画法

画外墙剖面节点详图的方法和画剖面图相似，下面结合图 3.5.17 所示的外墙剖面节点详图，介绍画图的方法与步骤。

（1）选择适当的绘图比例，外墙剖面节点详图常用的比例为 1∶10、1∶20、1∶50，本图采用 1∶10 的较大比例绘制。

按《建筑制图标准》（GB/T 50104—2010）的规定，在比例大于 1∶50 的平、剖面图中除了画其结构厚度外，还应画出抹灰层（粉刷层）的面层线，并宜画出材料图例。

（2）画外墙剖面节点详图，如图 3.5.18 所示。

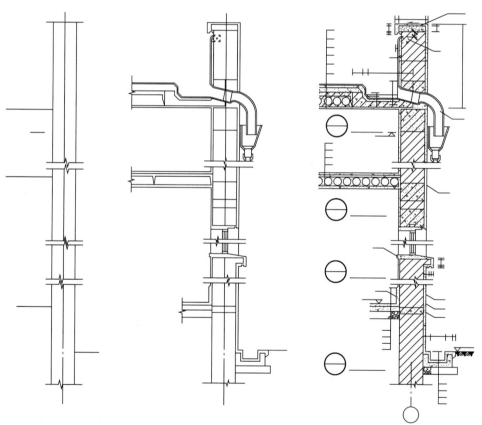

（a）画出外墙①的轴线，定出墙宽，画室内、室外的地面线及楼面线、屋面线。用折断线分开各详图

（b）画墙体粉刷厚度线。画地面、楼面板、屋面板（含粉刷层），画其他细部

（c）按规定画出各断面的材料图例。画尺寸线、引出线及详图符号等

图 3.5.18　外墙剖面节点详图的画法

（3）最后应检查底图，擦去作图线。按要求加深图线，并注写文字说明、标注尺寸。由于图中各部分注写的文字说明很多，因此在注写时应注意，文字叙述应简明、书写要整齐规范化，叙述内容应与首页图（或施工总说明）中的说明一致。

（三）楼梯详图

在多层房屋建筑中，楼梯是楼房上下层之间的通道。目前多采用现浇或预制的钢筋混凝土楼梯，或部分预制构件、部分现浇相结合的楼梯。楼梯是由楼梯段（简称梯段，包括踏步、斜梁）、平台（包括平台板和梁）和栏杆（或栏板）等组成，如图3.5.19所示。楼梯的构造一般比较复杂，各部分的尺寸也较小，在1：100的平面图和剖面图中难以表示清楚，必须用较大的比例详细表达，以便用以指导施工。

楼梯详图一般分建筑详图和结构详图，并分别编入"建施"和"结施"中。但对于一些构造和装修较简单的现浇钢筋混凝土楼梯，其建筑详图和结构详图可合并绘制，编在"建施"或"结施"中均可。该招待所楼梯段的整体部分列入结构施工图中，而楼梯的一些建筑配件及其梯段之间的构造和组成，则必须画出建筑详图。楼梯的建筑详图主要表示楼梯的类型、结构形式、各部位的尺寸及装修方法。建筑详图的线型与平面图、剖面图相同。楼梯详图一般包括平面图（或局部）、剖面图（或局部）和节点详图。

1. 楼梯平面图

（1）楼梯平面图的内容

和房屋建筑平面图一样，楼梯平面图实际上是在该层往上走的第一梯段中间剖切后的水平投影图，也是房屋各层平面图楼梯间处的局部放大图，如图3.5.19～图3.5.21所示。原则上每层楼都要画楼梯平面图，在多层房屋建筑中，若中间各层楼梯的位置及其梯段数、踏步数和大小均相同时，通常只画出底层、中间层和顶层三个楼梯平面图即可。

底层楼梯平面图。由于剖切平面是在该层往上走的第一梯段中间剖切，故底层楼梯平面图只画了一个被剖切梯段及栏杆，如图3.5.20所示。按《建筑制图标准》的规定，被剖切梯段用倾斜45°的折断线表示（注意折断线一定要穿过扶手，并从平台边缘画出）。由于底层只有上没有下，故只画了上楼方向，注有"上23级"的箭头，即从底层往上走23级可到达第二层。"下3级"是指从底层往下走3级即到达储藏室门外的地面。

中间层（二、三层）楼梯平面图。由于剖切平面是在该层往上走的第一梯段中间剖切，如图3.5.19所示，剖切后从上往下不但看到该层上行的部分梯段，也看到了下层下行的部

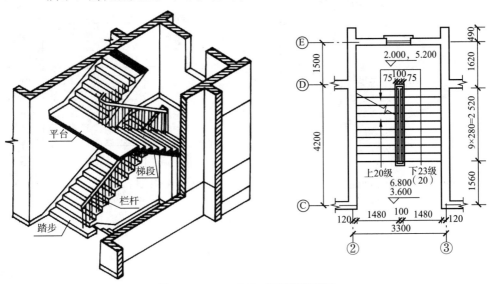

图3.5.19　二（三）层楼梯平面图

分梯段，这两个部分梯段的投影形成了一个完整梯段。按《建筑制图标准》的规定，用倾斜45°的折断线为分界线以示区别。右边完整的下行梯段未被剖切到，但均为可见。图中所注"上20级"箭头，表示从二层（或三层）上行20级即到达三层（或四层）。图中所注"下23（20）级"箭头，表示从二层（或三层）下行23级（或20级）即可到达底层（或二层）。

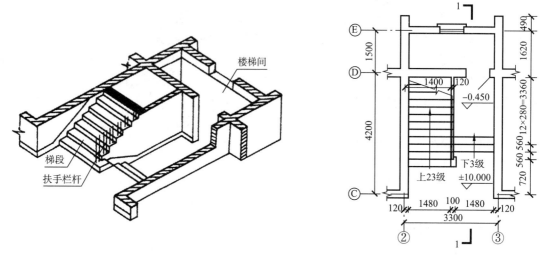

图 3.5.20　底层楼梯平面图

顶层（四层）楼梯平面图。该招待所的四层即为顶层，该层的剖切位置在楼梯安全栏杆之上，如图 3.5.21 所示，故两个梯段及平台都未被剖切到，均为完整的可见梯段。由于是顶层，只有下行没有上行，所以顶层楼梯平面图中注有下楼的方向，即"下 20 级"的箭头。

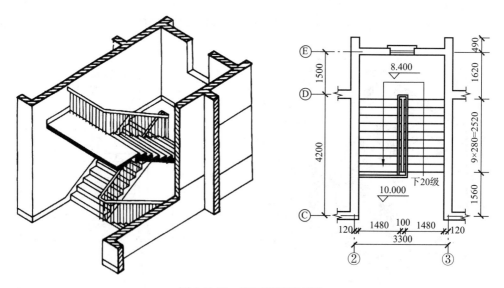

图 3.5.21　顶层楼梯平面图

楼梯平面图中除注有楼梯间的开间和进深尺寸、楼地面和平台的标高尺寸外，还须注出各细部的尺寸。通常把楼梯段的长度尺寸和踏面数、踏面宽的尺寸合并写在一起，如底层楼梯平面图中的12×280＝3 360，这表示该梯段有12个踏面、每个踏面宽280 mm，梯段长为3 360 mm。

（2）楼梯平面图的画法

绘制各层的楼梯平面图，其关键是画出各梯段的水平投影。根据楼梯段踏面的等分性质，可采用平行格线的几何作图方法，较为简便和准确，所画的每一格，表示梯段的一级踏面。由于梯段端头一级的踏面与平台面或楼面重合，所以平面图中每一梯段的踏面格数比该梯段的级数少一，即楼梯梯段长度＝每一踏面的宽×（梯段级数－1）。

下面以二（三）层楼梯平面图为例，说明其具体作图步骤，如图3.5.22所示。

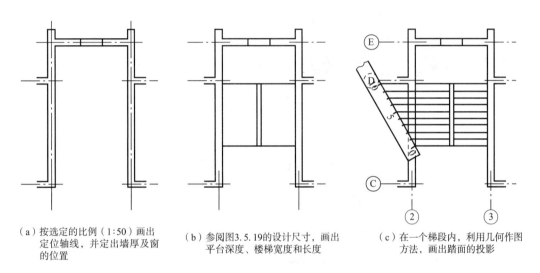

（a）按选定的比例（1:50）画出定位轴线，并定出墙厚及窗的位置　　（b）参阅图3.5.19的设计尺寸，画出平台深度、楼梯宽度和长度　　（c）在一个梯段内，利用几何作图方法，画出踏面的投影

图3.5.22　楼梯平面图的画法

2. 楼梯剖面图

（1）楼梯剖面图的内容

楼梯剖面图的剖切位置，一般应通过各层的楼梯段和楼梯间的门窗洞，其投影方向应向未被剖切到的梯段一侧投影，这样得到的楼梯剖面图才能较清晰、完整地表达楼梯竖向的构造。图3.5.23所示的楼梯剖面图，就是按图3.5.4底层平面图中1—1剖面所画的局部放大图。

楼梯剖面图主要反映楼梯的梯段数、各梯段的踏级数、踏级的高度和宽度、梯段的构造、各层平台面和楼面的高度以及它们之间的相互关系。

从图3.5.23可以看出，每层楼有两个梯段，其上行的第二梯段被剖到，而上行的第一梯段未被剖到。楼梯的结构形式为钢筋混凝土双跑式楼梯，矩形断面的平台为预应力钢筋混凝土多孔板。一般在楼梯间的顶部如果没有特殊之处，可省略不画。在多层房屋中，若中间层楼梯构造相同，则剖面图可只画出底层、中间层和顶层剖面，中间用折断线分开。

楼梯剖面图中所标注的尺寸，有地面、楼面、平台面的标高及梯段的高度等尺寸。其中梯段的高度尺寸与楼梯平面图中梯段的长度尺寸注法相同，但高度尺寸中注的是步级数，而

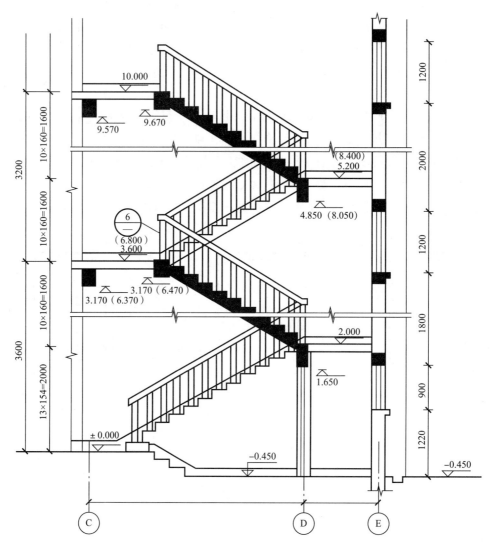

图 3.5.23　楼梯剖面图

不是踏面数（两者相差为 1）。

从索引标志中，可知楼梯的扶手、栏杆及踏级都另有详图，并且都画在本张图（即建施—7）上。

（2）楼梯剖面图的画法

图 3.5.23 所示楼梯剖面图和前述的建筑剖面图作法基本一致，现在重点介绍楼梯踏级分格的作图方法。

各层楼梯的踏级也是利用画平行线的几何作图法绘制的，其中水平方向的每一分格表示梯段的一级踏面宽度；竖向的每一分格表示一个踏级的高度，竖向格数与梯段级数相同。具体作图方法与步骤如图 3.5.24 所示。

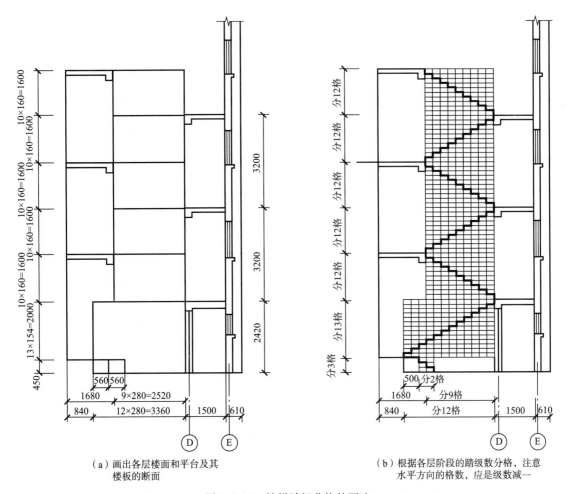

（a）画出各层楼面和平台及其
楼板的断面

（b）根据各层阶段的踏级数分格，注意
水平方向的格数，应是级数减一

图 3.5.24　楼梯踏级分格的画法

3. 楼梯节点详图

楼梯节点详图是根据图 3.5.4 底层平面图和图 3.5.23 楼梯剖面图中的索引部位绘制的，如图 3.5.25 所示。它用较大的比例表达了索引部位的形状、大小、构造及材料情况。从图中可以看出，楼梯各节点的构造和尺寸都十分清楚，但对于某些局部如踏级、扶手等，在形式、构造及尺寸上，仍然显得不够清楚，此时可采用更大的比例，作进一步的表达。

（四）门窗详图

如选用通用标准门窗，可在首页图总说明中或门窗表中注明门窗标准图集的代号，此时可不必另画详图而直接查阅通用图集。但出入口大厅所采用的是非通用门窗，故应画出其详图。为了便于读图，教材中除画出非通用 TM 门详图（图 3.5.26）外，也将通用钢窗详图（图 3.5.27）画出，供读者自行试读。

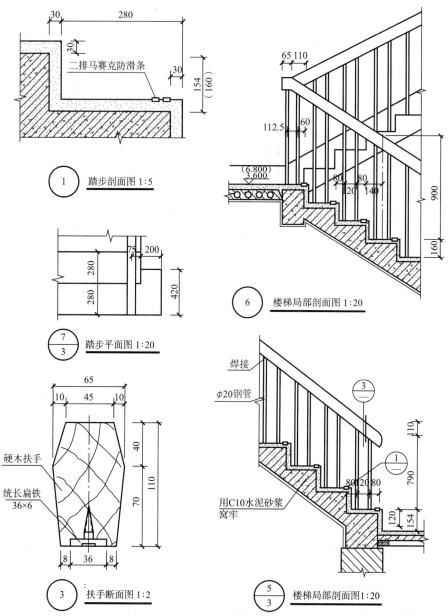

图 3.5.25 楼梯节点详图

① 踏步剖面图 1:5

二排马赛克防滑条

⑦/③ 踏步平面图 1:20

③ 扶手断面图 1:2

硬木扶手

统长扁铁
36×6

⑥ 楼梯局部剖面图 1:20

⑤/③ 楼梯局部剖面图 1:20

焊接

φ20钢管

用C10水泥砂浆
窝牢

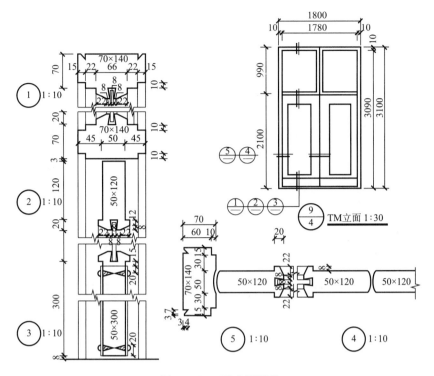

图 3.5.26　TM 门详图

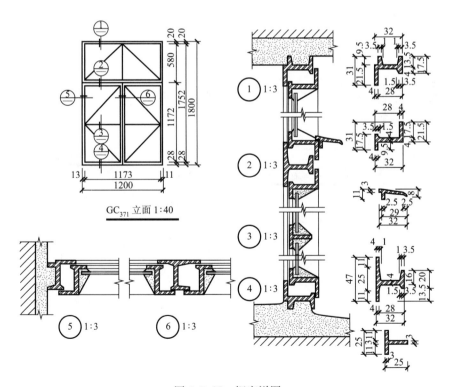

图 3.5.27　钢窗详图

（五）其他构配件详图

图 3.5.28 为门厅花式详图，图 3.5.29 为落水系统配件详图。

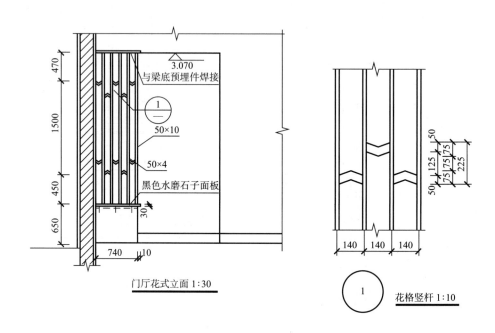

门厅花式立面 1:30

花格竖杆 1:10

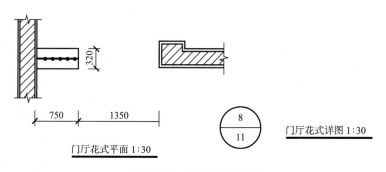

门厅花式平面 1:30

门厅花式详图 1:30

图 3.5.28　门厅花式详图

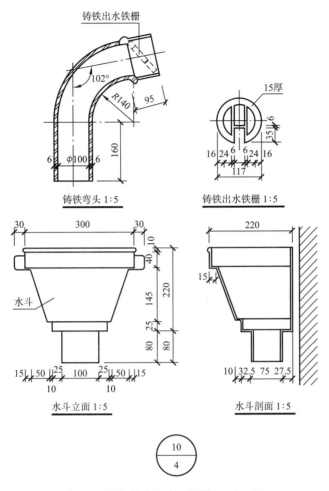

图 3.5.29　落水系统配件详图 (1：5)

第三节　结构施工图

一、概　述

房屋建筑施工图表达了房屋的外形、内部布局、建筑构造及装修等内容，而房屋的各承重构件（如图 3.5.30 中所示的基础、梁、柱、板及其他构件）的布置、结构构造等内容，都没有表达出来。因此，在房屋建筑设计中，除了进行建筑设计外，还要进行结构设计，绘制出结构施工图，用以表示各种构件。

（一）结构施工图内容

1. 结构设计说明。

2. 结构平面图。包括：

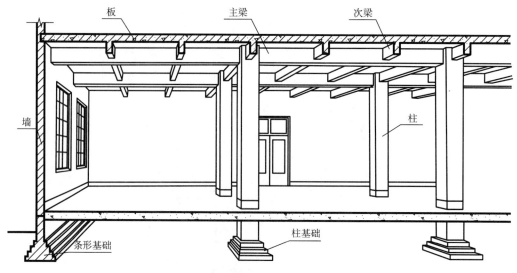

图 3.5.30　钢筋混凝土结构示意图

（1）基础平面图（工业建筑还有设备基础平面图）。

（2）楼层结构平面布置图（工业建筑还包括柱网、吊车梁、柱间支承、连系梁布置等）。

（3）屋面结构平面布置图（工业建筑还包括屋面板、天沟板、屋架；天窗架及支承系统布置等）。

3. 构件详图。包括：

（1）基础详图。

（2）梁、板、柱的构件详图。

（3）楼梯结构详图。

（4）屋架结构详图。

（5）其他详图，如支承详图等。

结构施工图主要用作施工放线、挖基槽、制作构件及构件安装等，以及编写预算和编制施工组织设计等。

本节仍以某校招待所为例，说明结构施工图的图示内容和图示方法，并将阐述钢筋混凝土构件的布置图及结构详图等内容。

（二）常用构件代号

房屋的各种结构构件，如梁、柱、板等，种类很多，布置也较复杂，为简化图纸，《建筑结构制图标准》（GB/T 50105—2010）中规定了常用构件的代号，它是用该构件名称的汉语拼音的第一个字母来表示的，见表 3.5.7。

表 3.5.7　常用构件代号

序号	名　称	代号	序号	名　称	代号	序号	名　称	代号
1	板	B	5	折板	ZB	9	挡雨板或檐口板	YB
2	屋面板	WB	6	密肋板	MB	10	吊车安全走道板	DB
3	空心板	KB	7	楼梯板	TB	11	墙板	QB
4	槽形板	CB	8	盖板或沟盖板	GB	12	天沟板	TGB

序号	名 称	代号	序号	名 称	代号	序号	名 称	代号
13	梁	L	27	檩条	LT	41	地沟	DG
14	屋面梁	WL	28	屋架	WJ	42	柱间支承	ZC
15	吊车梁	DL	29	托架	TJ	43	垂直支承	CC
16	单轨吊车梁	DDL	30	天窗架	CJ	44	水平支承	SC
17	轨道连接	DGL	31	框架	KJ	45	梯	T
18	车挡	CD	32	刚架	GJ	46	雨篷	YP
19	圈梁	QL	33	支架	ZJ	47	阳台	YT
20	过梁	GL	34	柱	Z	48	梁垫	LD
21	连系梁	LL	35	框架柱	KZ	49	预埋件	M—
22	基础梁	JL	36	构造柱	GZ	50	天窗端壁	TD
23	楼梯梁	TL	37	承台	CT	51	钢筋网	W
24	框架梁	KL	38	设备基础	SJ	52	钢筋骨架	G
25	框支梁	KZL	39	桩	ZH	53	基础	J
26	屋面框架梁	WKL	40	挡土墙	DQ	54	暗柱	AZ

注：预应力钢筋混凝土构件代号，应在构件代号前加注"Y—"，如 Y—DL 表示预应力钢筋混凝土吊车梁。

二、基 础 图

（一）基础平面图

在房屋施工过程中首先要放线，挖基坑砌筑基础，这些工作都要根据基础平面图和基础详图进行。

基础平面图是假想用一水平剖切平面，沿房屋的地面和基础之间，把整幢房屋剖开后所作的水平投影图。它主要表达了基槽未回填土时的基础平面布置状况，如图 3.5.31 所示。

1. 基础平面图的内容

图 3.5.31 为某校招待所基础平面图，该房屋采用的是条形基础，在活动室大厅内采用了柱基础。在基础平面图中，只要求画出基础墙、柱以及它们的基础底面的轮廓线，至于基础细部（如大放脚）的轮廓线，可以省略不画。这些细部形状，将具体反映在基础详图中。基础墙和柱的外形是剖到的轮廓线，应画成粗实线，基础底面的外形线是可见轮廓线，则画成细实线。由于基础平面图常采用 1：100 的比例，故材料图例的表示方法与建筑平面图相同。

当房屋底层平面中有较大的门洞时，为防止在地基反力作用下，门洞处室内地面发生开裂，有时在门洞处的条形基础中设置基础梁，如图 3.5.31 中 JL₁、JL₂ 等，并用粗点画线表示。

为了表示基础不同部位的断面（截面）形状和构造，在基础平面图中对相应部位进行剖切，并以较大的比例画出断面详图。剖切位置及编号，可用断面剖切符号或详图索引符号注写。编号顺序规则为：

（1）外墙从左下角按顺时针方向编号。

（2）内横墙从左到右编号。

（3）内纵墙从上到下编号。

在作基础断面详图时，凡断面形状和构造不同的部位都应进行剖切，并画出详图。凡断面形式和构造相同的基础，可共用同一断面编号，如图 3.5.31 所示。

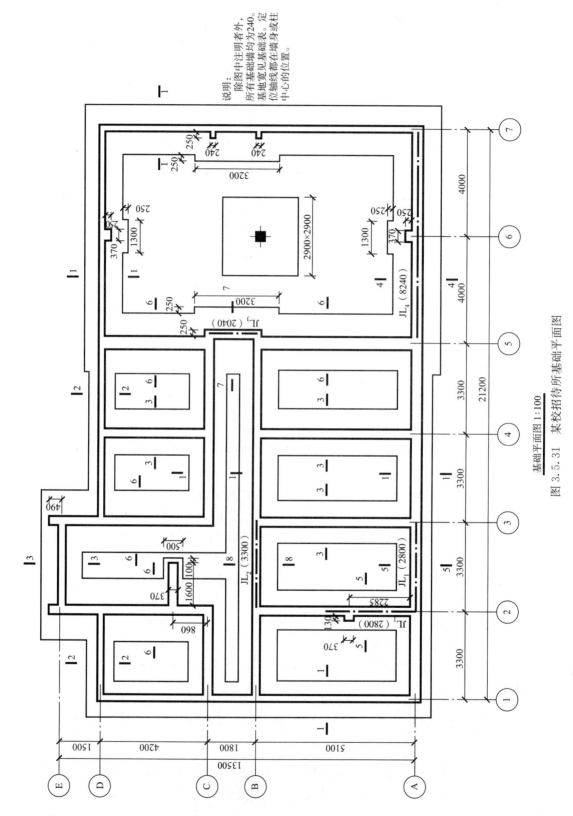

说明：除图中注明者外，所有基础墙均为240。基础宽见基础表。定位轴线都在墙身或柱中心的位置。

基础平面图 1:100

图 3.5.31 某校招待所基础平面图

2. 基础平面图中的尺寸标注

在基础平面图中，应注明基础墙的宽度。柱的外形尺寸以及基底宽度，这些尺寸都可以直接标注在基础平面图上，也可以用文字在附注中说明，如图 3.5.31 所示。对于基础各细部的尺寸、做法等，均在基础详图中表达。

（二）基础详图

1. 基础详图的内容

基础详图即基础断面图，绘制时均采用较大的比例，如 1∶10、1∶20 等。在基础详图中，不但要表达基础在高度方向的形状、尺寸及室内外地面的标高等，而且还要表明基础各部位的材料和构造，如基础墙防潮层的位置和做法、基础垫层的材料和做法及基础内钢筋布置等情况。图 3.5.8 为条形基础表，图 3.5.9 为基础梁的钢筋表。

表 3.5.8　条形基础表

基　础	宽度（B）	受力筋①	说　明
1—1	1 300	φ8@150	—
2—2	1 000	φ8@200	—
3—3	1 500	φ10@170	—
4—4	1 800	φ12@180	设 JL₄
5—5	1 500	φ8@150	设 JL₁
6—6	2 300	φ14@180	—
7—7	2 800	φ10@200	设 JL₃
8—8	1 400	φ10@200	设 JL₂

表 3.5.9　基础梁的钢筋表

基础梁	梁长（L）	受力筋②
JL_1	2 800	4Φ18
JL_2	3 300	4Φ22
JL_3	2 040	4Φ14
JL_4	8 240	4Φ25

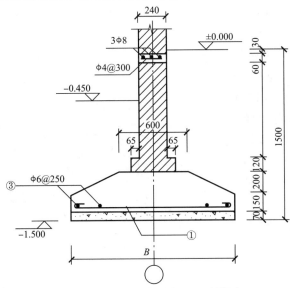

图 3.5.32　承重墙钢筋混凝土条形基础详图（1∶20）

图 3.5.32 为承重墙钢筋混凝土条形基础详图。由于各承重墙的基础断面形状和配筋类似，因此采用通用的基础详图，对于基础中某些尺寸（如基础宽度 B 和①号筋）的变化，均列入表 3.5.8 之中。由图 3.5.31 可知，在某些部位的基础内还设置有基础梁，由于这些基础梁的断面形状和配筋均类似，因此也采用一通用基础梁详图，如图 3.5.33 所示。对于基础梁的长度 L 和②号受力筋的变化，列在表 3.5.9 中。这样所采用的通用详图既省图幅，又能把各部位的形状、大小和构造等表达清楚，识读时只要图、表结合就一目了然。由于详图

能通用，故详图的剖切位置编号及轴线编号均可不注。

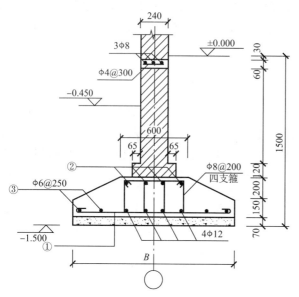

图 3.5.33　基础梁详图（1∶20）

2. 基础详图的识读

看基础详图，首先从基础平面图开始。从图 3.5.31 可以看出，该招待所除柱基础外，其余均为条形基础。为了表达基础在高度方向的断面尺寸及其各部位的材料、做法等，对不同部位分别作了剖切，如 1—1、2—2 等。由图 3.5.32 所示的钢筋混凝土条形基础详图表明，它采用的是通用的基础详图表达方法。

阅读通用基础详图，应从该详图所表达的"通用"部分开始，即该招待所的外墙基础，室内标高为±0.000，室外地面标高为－0.450，基础墙为 240，基础墙底大放脚为 1/4 砖长，高为二皮砖厚。在室内地面以下 30 mm 处设置了 60 mm 厚的防潮层，并配有纵向钢筋 3φ8，横向分布钢筋 φ4。基础底标高为－1.500，基础底铺设有 70 厚的混凝土垫层。

不同基础的底面宽度和配筋情况，由图 3.5.32 和表 3.5.8 确定。如 1—1 断面，从图 3.5.31 可知，它是外墙④、Ⓓ及①、⑦轴线上的基础断面，从表 3.5.8 中查得 1—1 断面的基础宽度（B）为 1300，受力筋①为 φ8@150，而分布筋在详图中表示为 φ6@250。

从图 3.5.31 中可知，在该招待所的条形基础内，有 5 处设置有基础梁并分别作了剖切，标出了不同的剖切符号。图 3.5.33 为基础梁详图，由于它属于基础的一部分，因此在读基础梁详图前，首先应对基础的形状、尺寸及配筋情况进行分析，然后再进一步了解基础梁的形状、尺寸及配筋要求，如 7—7 基础断面内设置有 JL₃。由图 3.5.32 和表 3.5.8 可知，该基础的宽度（B）为 2800 mm，受力筋①为 φ10@200，其他的细部尺寸与配筋情况在详图中已经清楚表达。下面进一步分析基础梁的情况，由图 3.5.33 和表 3.5.9 可知，在该基础内所设置的基础梁（JL₆）长为 2040 mm，所配置的受力筋②为 4φ14。详图中还告诉我们该梁的架立筋为 4φ12，箍筋为 φ8@200，箍筋是由两个矩形箍筋组成的"四肢箍"，如图 3.5.34 所示。在梁的长度（2040）范围内，基础的分布筋③φ6@250 与梁体的架立筋 4φ12 重复时，应由 4φ12 架立筋代替。

图 3.5.35 为楼梯基础详图。由于荷载较小，基础宽度只有 500 mm，高为 200 mm，采用的是混凝土矩形基础。

图 3.5.36 为柱下钢筋混凝土独立基础（ZJ）的详图。基础底面是 2 900 mm×2 900 mm 的

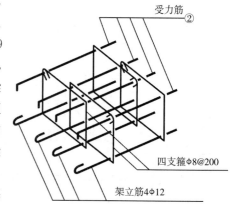

图 3.5.34　基础梁四支箍

正方形，下面铺设 70 mm 厚的混凝土垫层。由首页图中可知，柱基础的材料用 C20 混凝土，图中还表明柱基础为双向配置 φ12@150 钢筋。在柱基础内预埋有 4 φ22 钢筋，以便与柱子内的钢筋搭接，其搭接长度为 800 mm。在搭接区内配置的箍筋 φ6@100 比柱子内的箍筋 φ6@200 要密些。按施工规范规定，在基础高度范围内至少布置二道箍筋。

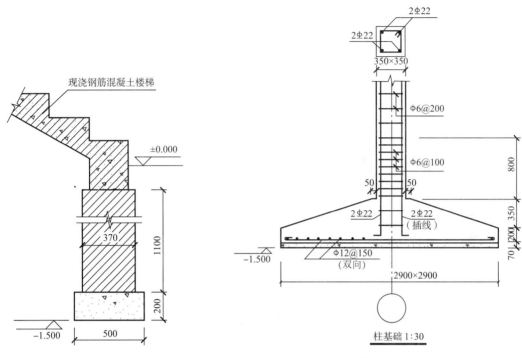

图 3.5.35　楼梯基础详图（1∶20）　　　　图 3.5.36　柱基础详图

三、楼层结构平面布置图

（一）楼层结构平面布置图的内容与要求

楼层结构平面布置图，是假想沿楼板面将房屋剖开后，采用正投影法所绘制的水平投影图，如图 3.5.37 所示。它主要是表达每层楼的板、梁、柱、墙、圈梁和门窗过梁等的平面布置，以及现浇楼面的构造及配筋情况。在绘制楼层结构平面布置图时，被楼板遮挡的墙用中虚线，各种梁（楼面梁、雨篷梁、阳台梁、圈梁及门窗过梁等）均用粗点画线表示。预制楼板的布置，可在每结构单元内画出其实际块数，并用一条对角线（细实线）表示其布置范围，在沿对角线方向注写预制板的数量和型号。如有若干结构单元楼板的布置、数量和型号相同，则可用一个结构单元按上述方法标注，并确定一个统一的代号（如甲、乙等），其他结构单元只需画出一条对角线，并注写出代号即可，如图 3.5.37 所示。

现浇楼面的表示方法，除应画出楼面梁、柱、墙的平面位置外，主要应表示出板内的钢筋形状、直径、间距和编号，如图 3.5.38 所示。

（二）楼层结构平面布置图的识读

1. 预制楼层结构平面图的识读

阅读楼层结构平面布置图，首先要注意它与建筑平面图的关系，即要核对各轴线及其编

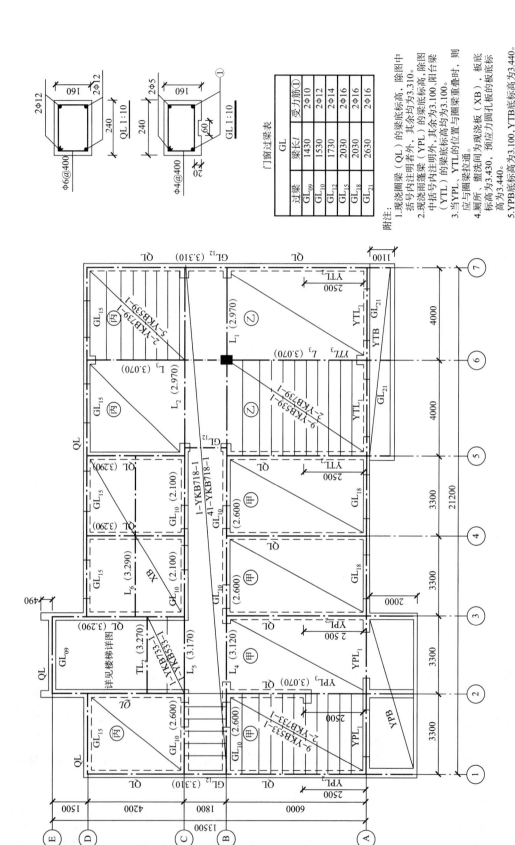

门窗过梁表

过梁	GL	
	梁长 l	受力筋①
GL_{09}	1430	2Φ10
GL_{10}	1530	2Φ12
GL_{12}	1730	2Φ14
GL_{15}	2030	2Φ16
GL_{18}	2030	2Φ16
GL_{21}	2630	2Φ16

附注：
1. 现浇圈梁（QL）的梁底标高，除图中括号内注明者外，其余均为3.310。
2. 现浇雨篷梁（YPL）的梁底标高，除图中括号内注明外，其余为3.100，阳台梁（YTL）的梁底标高均为3.100。
3. 当YPL、YTL的位置与圈梁重叠时，则应与圈梁拉通。
4. 厕所、盥洗间为现浇板（XB），板底标高为3.430，预应力板的板底标高为3.440。
5. YPB底标高为3.100，YTB底标高为3.440。

图 3.5.37 二层结构平面布置图（1∶100）

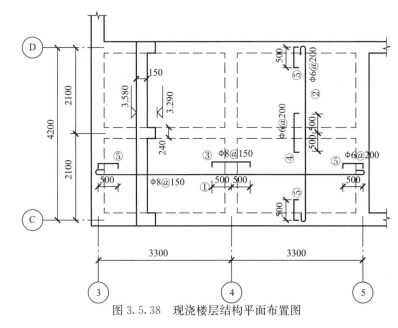

图 3.5.38　现浇楼层结构平面布置图

号是否一致，熟悉各楼层的布局及其大小，各种构件的代号及其标注方法和首页图中的有关施工总说明。

由图 3.5.37 可知，该房屋在底层出入口处有雨篷，它是由雨篷梁（YPL）和雨篷板（YPB）组成。位于右侧的阳台是由阳台梁（YTL）及阳台板（YTB）组成。为了加强房屋的整体刚度，在楼板下各道砖墙上设置了圈梁（QL），门窗上设置了过梁（GL）。在轴线⑤至轴线⑦间的底层平面是开间较大的活动室，如图 3.5.4 所示，中间设有钢筋混凝土柱（涂黑表示被剖到的钢筋混凝土），并在纵、横方向布置有梁（L_1、L_3），楼面板就搁置在横墙和横梁 L_3 上。由图 3.5.5 可知，在轴线⑤和轴线⑦之间的二层平面用砖墙分隔成宿舍、走廊和会议室，砖墙是砌筑在梁 L_1 和 L_3 顶面的楼板上。为了承受二层会议室与走廊间的半砖墙的重量，故在轴线Ⓒ上再加设了一道纵梁 L_2。

该层楼面板有预制和现浇两种。图中标记 9-YKB533-1 的含义为：9—板的数量，YKB—预制板，5—宽 500 mm，33—长 3 300 mm，1—荷载等级。

在图 3.5.37 二层结构平面布置图中，画出了圈梁（QL）和门窗过梁（GL）的通用断面图，通过附表明确了过梁的长度及受力筋的布置要求。

在工程图样中，一般都有附注或说明，主要是对于图样中一些不便于表达或具有共性的部位，给予简洁的文字说明，同时对结构、构造等在施工时可能遇到的特殊情况的处理办法与要求给予指示，这样的附注或说明既补充了图样的不足，同时又对施工人员如何理解图样和施工给予了指导。如在图 3.5.37 中，除了对部分圈梁的梁底标高、门窗过梁的梁底标高作了标注外，其余各种结构的标高都在附注中作了说明。

在结构平面布置图中，轴线尺寸应与建筑平面图相等，各种承重构件的平面位置、尺寸，如雨篷、阳台的外挑尺寸，雨篷梁、阳台梁伸入墙内的尺寸，梁、板的底面结构标高等，都是施工的重要依据，因此必须逐一搞清楚，以利于正确指导施工。

2. 现浇楼层结构平面布置图的识读

图 3.5.38 为厕所和盥洗间的现浇楼层结构平面布置图。由于图 3.5.37 的比例太小，不便于表达其配筋情况，故采用较大比例（1∶50）画出其配筋详图。若现浇部分的配筋情况，能在楼层结构平面布置图中表达清楚，也可以不画放大图。

在图 3.5.38 中，直接画出了梁、板的断面形状，并注明了现浇板的厚度 150 mm，梁底标高 3.290 m，顶面标高 3.580 m。在现浇钢筋混凝土板的平面图中，钢筋应平放，并画在其所在位置，但相同的钢筋可只画一根表示，并注上钢筋编号、直径和间距。根据《建筑结构制图标准》（GB/T 50105—2010）的规定，在平面图中配置的双层钢筋，以标题栏为准，底层钢筋弯钩应向上或向左，顶层钢筋弯钩则向下或向右。由图 3.5.38 可知，现浇板的①、②均为底层钢筋，而③、④、⑤钢筋为上层的附加钢筋。

阅读现浇楼层结构平面布置图时，还应注意与建筑平面图、给排水工程图相结合，了解其所需预留给排水管道的孔位。

四、钢筋混凝土构件详图

图 3.5.39 为钢筋混凝土梁的结构详图。

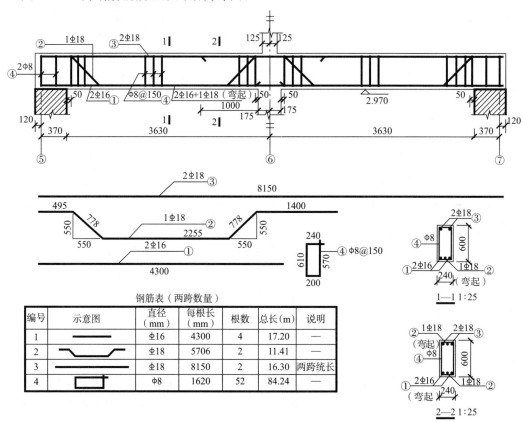

图 3.5.39　钢筋混凝土连续梁的结构详图（L₁ 结构详图 1:25）

结构平面布置图只能表示建筑物各承重构件的平面位置，至于它们的形状、大小、材料、构造等情况，尚需另画详图表达。下面结合某招待所的钢筋混凝土梁（L₁）图，说明钢筋混凝土结构详图所表达的内容及识读方法。

图 3.5.39 为招待所二层楼面⑤—⑥—⑦轴线的两跨钢筋混凝土连续梁（L₁）的结构详图。梁的两端搁置在⑤及⑦轴线的砖墙上，中间为⑥轴线上的钢筋混凝土柱支承。由于两跨梁的跨度、断面形状、配筋及支承情况完全对称，故在中间⑥轴线处画出对称符号。此时该结构可只画出左边跨内的钢筋配置情况，其右边的一跨可只画出梁的外形。由于该梁外形简单，为了读者读图时对照分析，故仍然全部画出两跨的钢筋配置情况。

由图可知，L_1 为 2×4.12 m 长的矩形断面梁（240×600）。立面图中反映了梁内钢筋布置的层次、钢筋弯起、箍筋配置等情况。结合 1—1、2—2 断面图可以看出，梁内下缘有受力筋三根，即①2 Φ16 和②1 Φ18（弯起），其中②1 Φ18 将在靠近⑤轴线及⑥轴线处以 45°角向上弯起，弯起钢筋上部的弯平点距支承点（⑤、⑦轴线墙及⑥轴线柱）边缘为 50 mm。在柱左边，弯起钢筋伸入柱内至右跨梁内，其终点距下层柱（350×350）边缘为 1 000 mm。同样，在其右跨内也有②1 Φ18 从下缘弯起后伸入左跨梁内，弯起后的钢筋形状和尺寸在立面图下方的钢筋详图（大样图）中显示出来。由于所用钢筋为Ⅱ级，其端部可不做弯钩，对无弯钩之长短钢筋投影重叠时，可在短钢筋端部以 45°短划线表示。图中钢筋上所画之斜短划即为钢筋的终止点。①2 Φ16 为下缘的直钢筋，由钢筋详图及立面图上的钢筋终止点可知，①钢筋伸入柱内。③2 Φ18 为布置在上缘的统长钢筋，钢筋详图中表明③全长为 8 150 mm。梁内箍筋为④ϕ8@150，按构造要求在靠近墙或柱边缘的第一道箍筋应距墙或柱 50 mm，即与弯起钢筋的上部弯平点位置一致。在梁进墙的支承范围内设两道箍筋。在立面图上还标出了梁底结构标高 2.970 m。

图 3.5.40 为该招待所的钢筋混凝土柱的结构详图。读者可根据钢筋布置图的图示特点，自行识读。

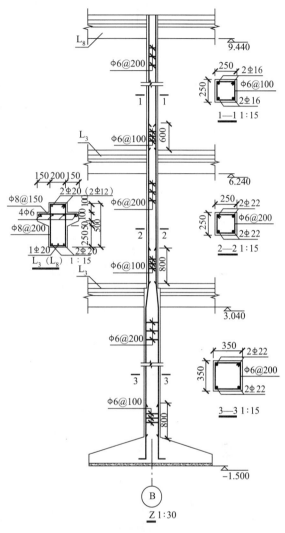

图 3.5.40　钢筋混凝土柱的结构详图

五、楼梯结构详图

楼梯结构详图，是由各层楼梯的结构平面图和楼梯结构剖面图组成。

（一）楼梯结构平面图

在楼层结构平面布置图中虽然也包括了楼梯间的平面位置，但因比例较小（1：100），不易把楼梯间的平面布置和详细尺寸表达清楚，而底层往往又不画底层结构平面布置图，因此，楼梯间的结构平面布置图通常需用较大的比例（1：50）另行绘制，如图 3.5.41 所示。楼梯结构平面图的图示要求与楼层结构平面布置图基本相同，若把图 3.5.41 与图 3.5.19～图 3.5.21 所示的楼梯平面图进行对照，可以看出由于水平剖切位置不同，所得到的楼梯间

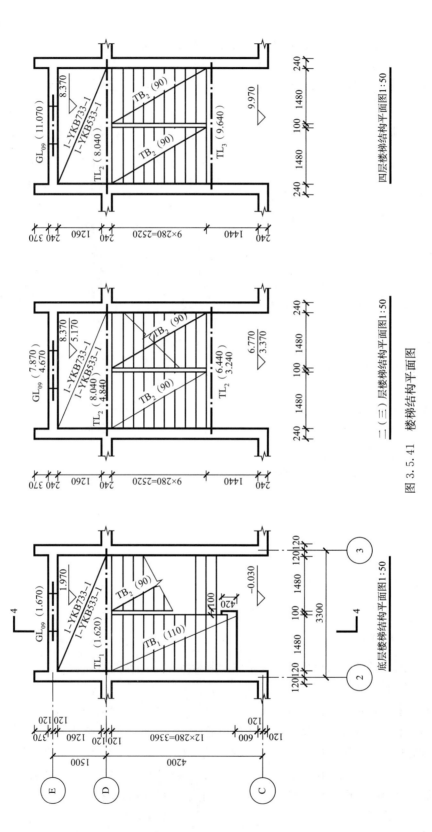

图 3.5.41 楼梯结构平面图

的梯段表示也有差异。为了表示楼梯梁、梯段板和平台板的平面位置，通常把楼梯结构平面图的剖切位置放在层间楼梯平台的上方。图 3.5.42 为楼梯结构剖面图。

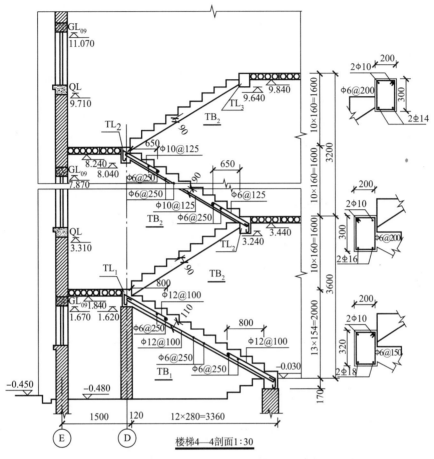

图 3.5.42　楼梯结构剖面图

楼梯结构平面图应分层画出，但中间几层若结构布置和构件的类型完全相同时，则只需画出一个标准层平面图，如图 3.5.41 所示。楼梯结构平面图中各承重构件的表达方法与尺寸标注，和楼层结构平面布置图相同。在楼梯结构平面图中，除了要注出平面尺寸外，通常还注出梁底的结构标高。

（二）楼梯结构剖面图

楼梯结构剖面图是表示楼梯间各种构件的竖向布置和构造的图样。图 3.5.42 就是按底层楼梯结构平面图所示的剖切位置和投影方向画出的楼梯结构剖面图。从图中可以看出，该楼梯是钢筋混凝土的双跑式板式楼梯，其梯段板直接支承在基础墙和楼梯梁上。图中表明了剖到梯段（TB₁、TB₂）的钢筋配置情况、楼梯基础墙、楼梯梁（TL₁、TL₂、TL₃）、平台板（YKB）、部分楼板、室内外地面和踏步，以及外墙中窗过梁（GL）和圈梁（QL）的布置，还表示出未被剖切到梯段的外形和位置。

和楼梯结构平面图一样，对中间结构、构造相同的楼层，采用标准层形式绘制，中间用断裂线断开，并在各层平台或楼层标注不同的标高。

第四节　室内给排水工程图

一、概　　述

（一）给排水系统简述

在给排水工程中，给水工程是指水源取水、水质净化、净水输送、配水使用等工程。排水工程是指雨水排除、污水排除和处理及其处理后的污水排入江河湖泊等工程。

给水、排水工程图简称给排水工程图，可以分为室内给排水工程图和室外给排水工程图两大类。本节仅介绍室内给排水工程图。

在一幢房屋内，一般都设有卫生器具、供水龙头、消防装置及排污设备等。所以，凡是需要用水的房间（如厨房、厕所、浴室、实验室、锅炉间等）都要考虑给排水装置。

（二）室内给排水工程图的特点

给排水管线的敷设与设备的安装，在房屋建筑工程中属于建筑设备工程，它们都有专业施工图纸，即设备施工图，简称"设施"。在阅读和绘制这些图样时，要注意掌握它们的特点。

1. 给水或排水管道，因其断面与长度相比甚小，所以在小比例的施工图中，各管道（不分粗细）都用单线表示，管道上的配件用图例表示。《建筑给水排水制图标准》（GB/T 50106—2010）规定的图例举例见表 3.5.10。图 3.5.43 为底层管网平面布置图。

表 3.5.10　常用给排水图例

序号	名　称	图　例	序号	名　称	图　例
1	生活给水管	—— J ——	9	雨水斗	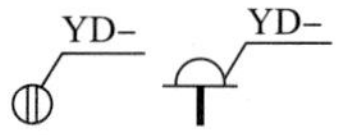 YD- / YD- 平面　系统
2	热水给水管	—— RJ ——	10	圆形地漏	 平面　系统
3	热水回水管	—— RH ——	11	自动冲水箱	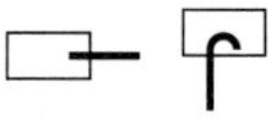
4	中水给水管	—— ZJ ——	12	管道交叉	 低 / 高
5	通气管	—— T ——	13	S形存水弯	
6	污水管	—— W ——	14	截止阀	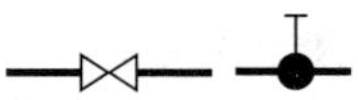
7	雨水管	—— Y ——	15	水嘴	平面　系统
8	保温管		16	室内消火栓（单口）	 平面　系统

序号	名　称	图　例	序号	名　称	图　例
17	多孔管		23	台式洗脸盆	
18	管道立管（X为管道类别1为立管）	XL-1　　XL-1 平面　　系统	24	污水池	
19	空调凝结水管	—— KN ——	25	小便槽	
20	立管检查口		26	淋浴喷头	
21	清扫口	平面　　系统	27	矩形化粪池	HC
22	通气帽	成品　蘑菇形	28	水表井	

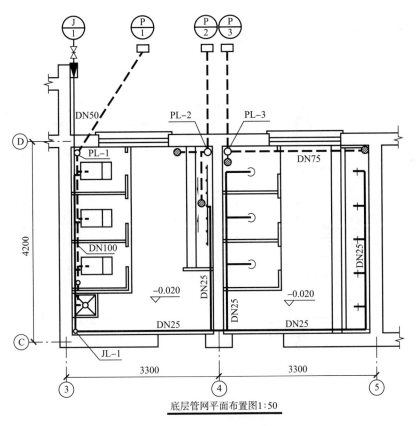

底层管网平面布置图1:50

图 3.5.43　底层管网平面布置图

2. 由于管道平面布置图的作用，在于表达用水设备的位置和用水设备与管道间的关系，为了突出给排水工程，所以在平面图中，建筑物的轮廓线，按国标规定画成细实线，如图3.5.43所示。

3. 在管道平面布置图中，管道无论是明装或暗装，管道线仅表示其所在的范围，并不表示其平面位置尺寸，如管道与墙面间的距离等。施工时，具体尺寸应根据施工规范处理。

4. 室内给排水管道的敷设往往是纵横交错，因此在平面图上难以表明其空间走向。在给排水工程图中，除施工说明、管道平面图和详图外，还配有管道系统的轴测图。这样就把管道在空间的走向和尺寸，都表示在同一张图纸上，在读图时，把平面布置图和系统轴测图对照起来看，就十分清楚了。

二、室内给排水工程图的内容

（一）平面布置图

图3.5.43～图3.5.45为招待所各层的管网平面布置图，它表达了各层用水房间所配置的卫生器具及给排水管道、附件的平面位置情况，其内容包括：

1. 用水设备，如大便器、小便槽、拖布池、盥洗台、淋浴器、地漏等的类型及其位置。

2. 各立管、水平干管和支管的平面位置、管径及各立管的编号。

3. 各管道的零件，如阀门、清扫口的平面位置。

4. 给水引入管及污水排出管的管径、平面位置。

5. 各层用水房间的名称及其纵、横墙的轴线、编号。

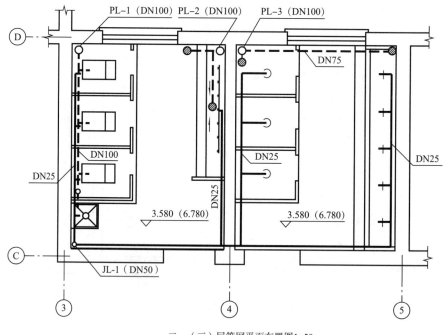

二、（三）层管网平面布置图1:50

图3.5.44　二（三）层管网平面布置图

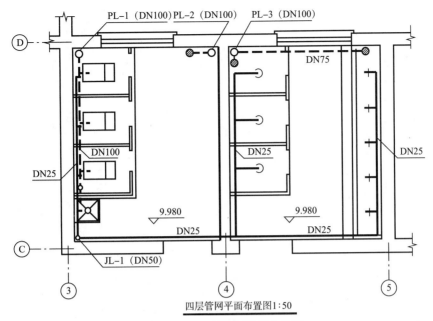

四层管网平面布置图1:50

图 3.5.45　四层管网平面布置图

（二）系统轴测图

图 3.5.46 为给水系统轴测图，图 3.5.47 为排水系统轴测图。

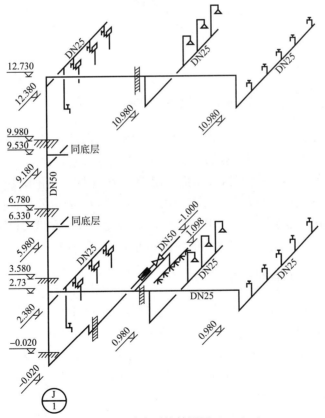

图 3.5.46　给水系统轴测图（1：100）

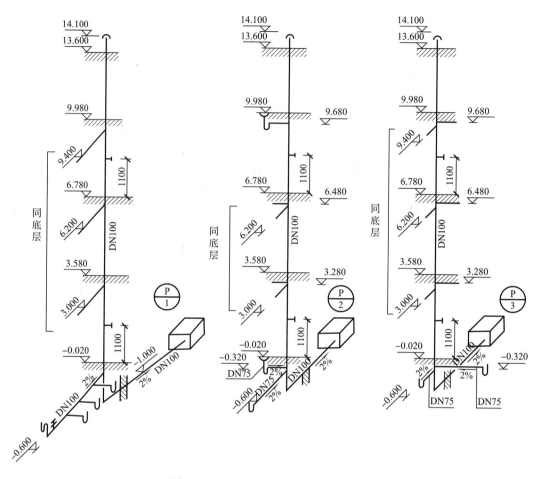

图 3.5.47　排水系统轴测图（1∶100）

系统轴测图分给水系统轴测图和排水系统轴测图，它们是根据各层平面布置图中的卫生设施、管道和竖向标高，用斜轴测投影方法绘制的，其内容包括：

1. 表示给水系统和排水系统各管道的空间走向和管道零件、用水设备的位置。

2. 在系统轴测图上，给水管网要分段注出管径（用 DN 表示公称直径）、标高及主管的编号。排水管网应分段标注其管径（用 DN 表示）、坡度、标高和检查口距地面的高度。

3. 在系统轴测图上，还要注出房屋的地面和各层楼面的标高。

三、室内给排水工程图的识读

阅读给排水工程图时，要与土建工程图进行对照，以便互相配合。敷设管道对土建工程的要求，如预留洞、预埋件、预留管沟等，在土建施工图上都有明确地表示，读图时不可忽视。

管网平面布置图和管网系统轴测图，是室内给排水工程的配套图纸，读图时要按系统把两种图联系起来，对照阅读，从而搞清图样所表达的内容。

（一）阅读管网平面布置图

图 3.5.43～图 3.5.45 为招待所各层的管网平面布置图。从图中可以看出，该招待所的

用水房间为两间，即厕所和盥洗间。在厕所间各层均设置有蹲式大便器三个、拖布池一个、地漏一个、小便槽（四层楼除外）一个。盥洗间各层均设置有三个淋浴器、盥洗台一个（设五个放水龙头）、地漏一个。唯一的给水引入管⊕（管径为DN50）进入楼房后，在厕所内设置有给水立管JL—1（DN50）穿越各楼层，并在各层的房间内设有两根支管，厕所内的一根供大便器高位水箱用水，另一根供小便槽（四层楼除外）用水。在盥洗间则分别供三个淋浴器及盥洗台的五个放水龙头用水。

厕所内大便器的污水、拖布池内的污水，由连接管经过横管（DN100）流到⊕排水立管内，再由底层排出管穿墙流入检查井。小便槽及地漏之污水，通过横管进入⊕排水立管，在底层由排出管穿墙流入检查井。盥洗间的淋浴器及盥洗台的污水，通过横管进入⊕排水立管，在底层由排出管穿墙流入检查井。

（二）阅读系统轴测图

1. 阅读给水系统轴测图时，一般由房屋的引入管→水表井→水平干管→立管→支管→用水设备依次阅读。由图3.5.46给水系统轴测图表明，⊕是该房屋的唯一给水管道，引入管为DN50，进户前管中心标高为—1.000，穿墙后登高至—0.220。所设立管JL—1的管径为DN50，在立管上引出各层的水平支管通至用水设备。

2. 阅读排水系统轴测图时，应依次按卫生器具→连接管→横管→立管→排出管→检查井的顺序识读，由图3.5.47排水系统轴测图表明，各层内的大便器污水及厕所拖布池内的污水，是经连接管流入横管（DN100，坡度2%）到⊕立管（DN100）向下至标高—1.000处，由排出管穿墙流入检查井。各层的小便槽（四层楼除外）及地漏的污水，是经连接管流到⊕立管（DN100）向下至—1.000处，由排出管穿墙流入检查井。盥洗间的淋浴污水、盥洗台的污水、是经连接管流到⊕立管（DN100）向下至—1.000处，由排出管流入检查井。

四、绘制室内给排水工程图的方法步骤

（一）管网的平面布置图

1. 室内给排水管网平面布置图中的房屋平面图，是抄绘建筑平面图中的用水房间部分而画成的平面图，其比例可与建筑平面图相同（1：100），也可以根据需要选择较大的比例，如本例选择1：50。平面布置图的定位轴线应与建筑平面图的相同。墙身及门窗等一律画成细实线，门只画出门洞位置。室内外地面、楼面等均须注出标高。

2. 在建筑平面图中，卫生设备一般均已布置好，只需用中实线（0.5b）直接抄绘即可，不必标注尺寸，如有特殊需要可注上安装时的定位尺寸。

3. 在平面布置图中，给水管道不论管径大小，一律用粗实线（b）表示，排水管道用粗虚线表示（并非表示可见与不可见，而是作为图例）。

4. 管道系统中的立管，在平面布置图上用小圆圈表示。为便于识图，管道须按系统予以标记、编号。给水管道其标记和编号为⊕等；排水管道为⊕等。圆圈直径一般为10mm。

（二）系统轴测图

1. 系统轴测图一般用斜等测投影绘制。

2. 当空间交叉的管道在系统轴测图中相交时，应鉴别其可见性，在交点处可见的管线画成连续的，不可见的管线画成断开的。

3. 在系统轴测图中，给排水管道都可以用粗实线表示（排水管道也可以用虚线表示），在直径数字前加注代号"DN"。

4. 排水管应标注坡度。坡度可注在管段相应的管径后面，标注方法如 2%，并画箭头。

5. 给排水系统轴测图的绘图步骤：

（1）画立管。定出各层楼的地面及屋面线，再画给水引入管及闸阀、污水排出管、检查井、网罩等，然后画出外墙的位置。

（2）从立管上引出各横向连接管道。

（3）在横向管道上画出给水系统的放水龙头、淋浴喷头、高位水箱、连接支管等。在排水系统中画出清扫口、地漏、存水弯管、承接支管等。

（4）标注管径、标高、坡度等。

第四篇　机　械　图

机械图按照机械制图标准绘制，其图示特点和表达方法与土建工程图也有所不同。

第一章　机械制图标准简介

本章简要介绍现行机械制图标准。

第一节　基　本　规　定

一、图线（根据 GB/T 4457.4—2002）

机械图样中采用粗、细两种线宽，它们之间的比例为 2：1，粗线有粗实线、粗点画线、细线有细实线、波浪线、双折线、细虚线、细点画线、细双点画线。

二、尺寸注法（根据 GB/T 4458.4—2003）

机械图中尺寸注法与建筑图有很多不同之处，最明显的区别有两点：一是尺寸界线在引出的位置不留间隙，二是尺寸起止符号一般用箭头表示，当位置不够时可画成圆点或 45°细实线。

尺寸的标注示例如图 4.1.1 所示。斜度和锥度注法如图 4.1.2 所示。

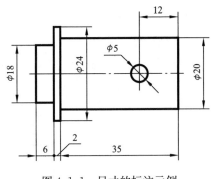

图 4.1.1　尺寸的标注示例

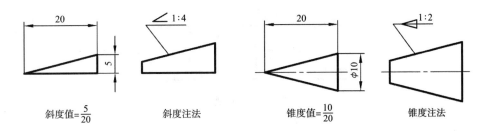

图 4.1.2　斜度和锥度注法

第二节　图样画法

一、视图（GB/T 17451—1998、GB/T 4458.1—2002）

（一）基本视图

六个基本视图名称分别为主视图、俯视图、左视图、右视图、仰视图、后视图。在同一张图纸内按图 4.1.3 配置视图时，可不标注视图的名称。

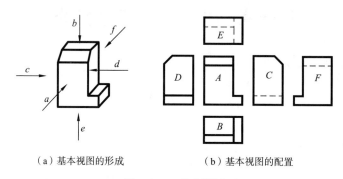

（a）基本视图的形成　　　　　（b）基本视图的配置

图 4.1.3　基本视图

（二）向视图

向视图是可自由配置的视图，如图 4.1.4 所示。

向视图的标注方法（以 B 视图为例）：在视图的上方标注大写字母 B，在相应视图（本例中为主视图）附近用箭头指明投射方向，并标注相同的字母 B，而 F 视图的投射方向标注在 D 视图上。

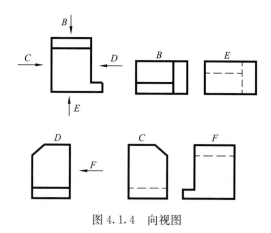

图 4.1.4　向视图

（三）局部视图

局部视图是将物体的某一部分向基本投影面投射所得的视图。局部视图可按基本视图的配置形式配置，如图 4.1.5 的俯视图；也可按向视图的配置形式配置并标注，如图 4.1.6 所示。

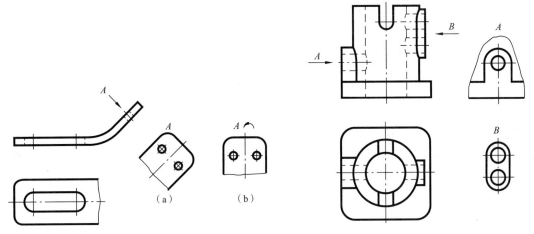

图 4.1.5　按基本视图配置的局部视图和斜视图 　　图 4.1.6　按向视图配置的局部视图

局部视图的断裂边界，以波浪线表示。当所表示的局部结构是完整的，且外轮廓线又成为封闭时，波浪线可以不画。

（四）斜视图

斜视图是物体向不平行于基本投影面的平面投射所得的视图。斜视图通常按向视图的配置形式配置并标注，如图 4.1.5（a）所示。必要时，允许将斜视图旋转配置，如图 4.1.5（b）所示。

二、剖视图和断面图（GB/T 17452—1998、GB/T 4458.6—2002 等）

剖视图和断面图的原理、画法分别与土建工程图中的剖面图和断面图基本相同。但因机件的结构很复杂，所以机械图中剖切平面的类型比土建图要多，画法也多，其标注方法也不同。

在剖视图和断面图中，被剖切到的部分应画剖面符号。剖面符号的示例见表 4.1.1。其中金属材料的符号是间隔相等、方向相同而且与水平线成 45°角的平行线（细实线），是最常用的剖面符号。

表 4.1.1　剖面符号示例

金属材料（已有规定剖面符号者除外）		非金属材料（已有规定剖面符号者除外）	
砖		液体	
玻璃及供观察用的其他透明材料		格网（筛网、过滤网等）	

（一）剖视图

剖视图的画法和注法如图 4.1.7 所示。

下面介绍剖视图的标注方法。

1. 一般应在剖视图的上方用字母标出剖视图的名称"×—×"。在相应的视图上用剖切符号表示剖切位置，（用短粗线表示）和投射方向（用箭头表示），并注上同样的字母，如图 4.1.7（b）中的 B—B 剖视。

2. 当剖视图按投影关系配置，中间又没有其他图形隔开时，可省略箭头，如图 4.1.7（a）中的 A—A 剖视。

3. 当单一剖切平面通过机件的对称平面或基本对称的平面，且剖视图按投影关系配置，中间又没有其他图形隔开时，可以省略标注；当单一剖切平面的剖切位置很明显时，局部剖视图的标注可以省略，如图 4.1.7（a）中的主视图。

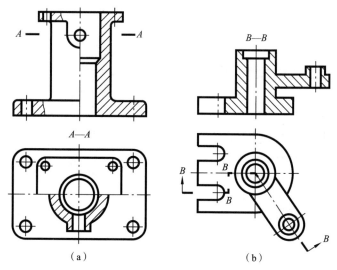

图 4.1.7　剖视图

（二）断面图

断面图分为重合断面如图 4.1.8 所示和移出断面如图 4.1.9 所示。

当剖切平面通过回转面形成的孔或凹坑的轴线时，这些结构按剖视绘制，如图 4.1.9 中的 A—A 断面。

断面图的标注方法：

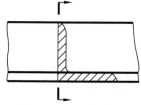

图 4.1.8　重合断面

1. 移出断面一般应用剖切符号表示剖切位置，用箭头表示投射方向，并注上字母，在断面图的上方用同样的字母标出相应的名称"×—×"，如图 4.1.9 中的 B—B 断面。

2. 配置在剖切符号延长线上的不对称移出断面，可以省略字母，如图 4.1.9（b）所示；配置在剖切符号上的不对称重合断面，不必标注字母，如图 4.1.8 所示。

3. 不配置在剖切符号延长线上的对称移出断面，如图 4.1.9（c）所示，以及按投影关系配置的不对称移出断面，如图 4.1.9（e）所示，均可省略箭头。

4. 对称的重合剖面、配置在剖切符号延长线上的对称断面，如图 4.1.9（a）所示，均可省略标注。

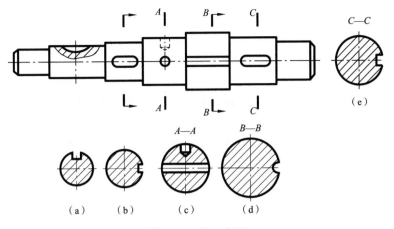

图 4.1.9　移出断面

三、局部放大图（GB/T 4458.1—2002）

局部放大图相当于土建图中的详图。局部放大图如图 4.1.10 所示。

局部放大图可画成视图、剖视图、断面图，它与被放大部分的表达方式无关。局部放大图应尽量配置在被放大部位的附近。

应用细实线圈出被放大的部位，应在局部放大图的上方注明所采用的比例。

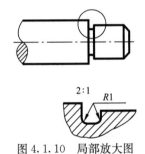

图 4.1.10　局部放大图

四、简化画法（GB/T 16675.1—2012）

机械图的简化画法很多，除了土建工程图中介绍的简化画法仍适用外，在图 4.1.11 中又列举了另外几种简化画法。

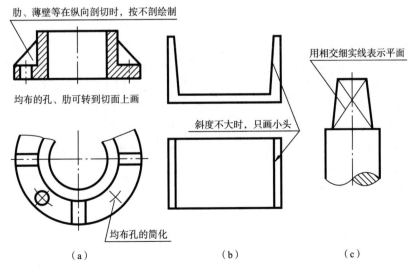

图 4.1.11　简化画法示例

第二章　标准件和常用件表示法

机器是由零件组成的。有些零件广泛应用于各类机械设备中，为了便于批量生产和提高零件的互换性，对一些常用零件的结构、尺寸、技术条件等，尽量实行标准化。其中全面标准化的零件称为标准件，如螺栓、螺钉、螺母、垫圈、键、销和滚动轴承等；部分标准化的零件称为常用件，如齿轮、弹簧等。

标准件和常用件的某些结构（或全部结构），其形状十分复杂，按实际形状绘制既困难又无必要。为了简化图样、提高作图效率，制图标准中用规定的画法来表达这些结构。对于形状简单的标准件和常用件，仍按其实际形状进行绘制。

本章主要介绍标准件和常用件的画法及其标注。

第一节　螺纹和螺纹紧固件表示法（GB/T 4459.1—1995）

一、螺纹表示法

（一）螺纹的基本知识

螺纹是零件上的常见结构，多用于螺纹紧固件、螺纹传动件和管子的连接。下面以普通螺纹为主，介绍螺纹的基本知识。

螺纹的基本形状是圆柱面上的螺旋体，分为内螺纹和外螺纹两种，一般成对使用，如图 4.2.1 所示。

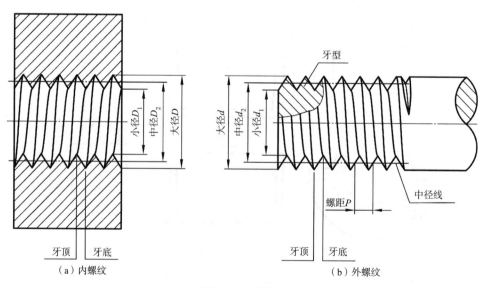

图 4.2.1　螺纹

内外螺纹连接时，它们的牙型、直径、螺距、线数和旋向这五个要素必须相同，分别介绍如下：

1. 螺纹的牙型

在通过螺纹轴线的剖面上，螺纹的轮廓形状称为牙型，如图 4.2.1 所示。普通螺纹的牙型为三角形，其他常用的还有梯形、锯齿形、矩形等。

2. 螺纹的直径

与外螺纹的牙顶或内螺纹的牙底相重合的假想圆柱面的直径称为大径（d、D）；与外螺纹的牙底或内螺纹的牙顶相重合的假想圆柱面的直径称为小径（d_1、D_1）；中径是一个假想圆柱面的直径：该圆柱面的母线通过牙型上沟槽和凸起宽度相等的地方，如图 4.2.1 所示。

代表螺纹尺寸的直径叫公称直径。普通螺纹的公称直径等于它的大径。小径的数值可根据大径查表求得，但画图时为了方便，可以直接取大径的 0.85 倍作为小径的近似值。

3. 螺纹的线数

根据使用需要，在同一圆柱表面加工出的螺纹有单线、双线、多线之分，如图 4.2.2 所示。常见的是单线螺纹。

4. 螺距与导程

相邻两牙在中径线上对应点间的轴向距离称为螺距；同一条螺旋线上相邻两牙在中径线对应点间的轴向距离称为导程。如图 4.2.1 和图 4.2.2

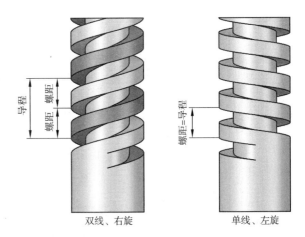

双线、右旋　　　单线、左旋

图 4.2.2　螺纹的线数、螺距、导程和旋向

所示（因图 4.2.2 未画中径线，故在大径线上表示螺距和导程）。单线螺纹的螺距等于导程，多线螺纹的螺距等于导程除以线数。

5. 旋向

顺时针旋转时旋入的螺纹称为右旋螺纹，逆时针旋入的螺纹称为左旋螺纹，如图 4.2.2 所示。

以上五项中，凡牙型、大径、螺距均符合国家标准的称为标准螺纹。

（二）螺纹的规定画法

1. 内、外螺纹的画法

内、外螺纹的画法如图 4.2.3 所示，内、外螺纹的画法是：螺纹的牙顶用粗实线表示，牙底用细实线表示；在反映圆形的视图上，表示牙底的细实线圆只画约 3/4 圈，此时倒角圆省略不画；螺纹的终止线用粗实线表示；螺纹收尾用与轴线成 30°角的细实线表示或省略不画。

常见的螺纹画法示例如图 4.2.4 所示。

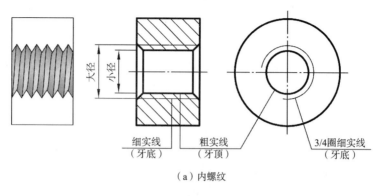

（a）内螺纹

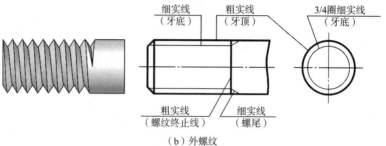

（b）外螺纹

图 4.2.3 螺纹的画法

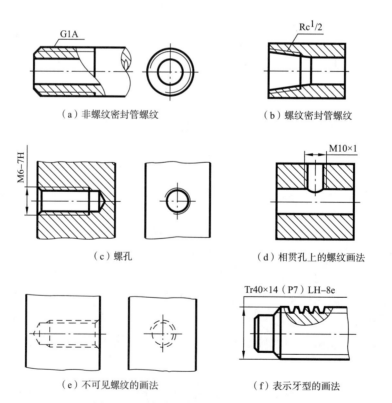

（a）非螺纹密封管螺纹 （b）螺纹密封管螺纹

（c）螺孔 （d）相贯孔上的螺纹画法

（e）不可见螺纹的画法 （f）表示牙型的画法

图 4.2.4 常见的螺纹画法及标注示例

2. 内、外螺纹连接的画法

内、外螺纹的连接通常用剖视图表示，如图4.2.5所示。图中内、外螺纹的旋合部分按外螺纹的画法绘制，其余部分仍按各自的画法表示。在画图时，内、外螺纹的牙顶线、牙底线要注意分别对齐。

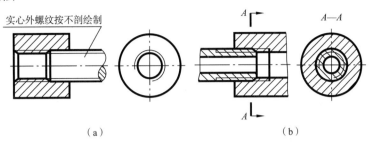

图 4.2.5　内、外螺纹连接的画法

（三）螺纹的标注方法

对于标准螺纹，应在图样上注出螺纹的标记，如图4.2.4所示。管螺纹的标记一律注在引出线上，引出线应由大径处引出或由对称中心线引出，如图4.2.4（a）、（b）所示；公称直径以mm为单位的螺纹，其标记应直接注在大径的尺寸线上或其引出线上，如图4.2.4（c）、（d）所示。

非标准的螺纹，应画出螺纹的牙型，并注出所需要的尺寸及有关要求，如图4.2.6所示。

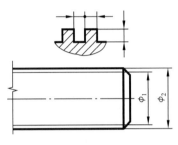

图 4.2.6　非标准螺纹的标注方法

（四）螺纹的标记

各种螺纹的标记由相应的标准规定，其中普通螺纹、梯形螺纹、锯齿形螺纹的标记由螺纹特征代号、尺寸代号、公差带代号和旋合长度代号组成；管螺纹的标记由螺纹特征代号、尺寸代号和公差等级代号组成。

螺纹标记示例见表4.2.1。

表 4.2.1　螺纹标记示例

螺纹类型及引用的标准号	螺纹特征代号	标记	标记的含义
普通螺纹 GB/T 197—2018	M	M8	公称直径为8mm、螺距为1.25mm的单线粗牙螺纹
	M	M8×1-LH	公称直径为8mm、螺距为1mm的左旋单线细牙螺纹
	M	M10×1-5g6g	中径公差带为5g、顶径公差带为6g的外螺纹
	M	M6-7H/7g6g-S	公差带为7H的内螺纹与公差带为7g6g的外螺纹组成配合，短旋合长度组
	M	M16×Ph3P1.5-6H	导程为3mm、螺距为1.5mm、中径和顶径公差带为6H的双线内螺纹
梯形螺纹 GB/T 5796.4—2022	Tr	Tr40×14（P7）LH-8e	公称直径为40mm、导程为14mm、螺距为7mm、中径公差带为8e的双线左旋内螺纹
	Tr	Tr40×7-7H/7e-L	导程和螺距为7mm、公差带为7H的内螺纹与公差带为7e的外螺纹组成配合，长旋合长度组
锯齿形（3°、30°）螺纹 GB/T 13576.4—2008	B	B40×14（P7）LH-7e	公称直径为40mm、导程为14mm、螺距为7mm、中径公差带为7e的双线左旋外螺纹

螺纹类型及引用的标准号	螺纹特征代号	标　记	标记的含义
55°密封管螺纹 圆柱内螺纹与圆锥外螺纹 GB/T 7306.1—2000	Rp	Rp3/4	尺寸代号为3/4的圆柱内螺纹
	R_1	$R_1$3	尺寸代号为3的圆锥外螺纹
	Rp/R_1	Rp/$R_1$3	尺寸代号为3的圆锥外螺纹与圆柱内螺纹组成配合
55°密封管螺纹 圆锥内螺纹与圆锥外螺纹 GB/T 7306.2—2000	Rc	Rc3/4LH	尺寸代号为3/4的左旋圆锥内螺纹
	R_2	$R_2$3	尺寸代号为3的圆锥外螺纹
55°非密封管螺纹 GB/T 7307—2001	G	G3A	尺寸代号为3的A级圆柱外螺纹

二、螺纹紧固件表示法

螺纹紧固件包括螺栓、螺柱、螺钉、螺母及垫圈等，是应用十分广泛的紧固件。

（一）螺纹紧固件的画法

对于螺纹紧固件的螺纹结构，按螺纹的规定画法绘制；其他部分仍按实际形状绘制。最常用的六角头螺栓及相配的螺母、垫圈的画法，如图4.2.7所示。

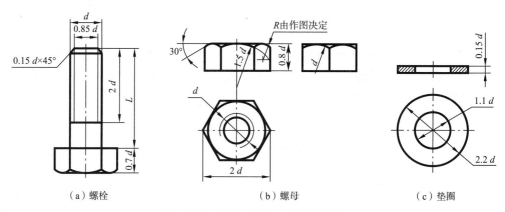

（a）螺栓　　　　　　　（b）螺母　　　　　　　（c）垫圈

图4.2.7　螺栓、螺母、垫圈的画法

在装配图中，常用螺栓、螺钉的头部及螺母等也可采用简化画法，见表4.2.2。

表4.2.2　螺纹紧固件简化画法示例

形　式	简化画法	形　式	简化画法
六角头螺栓		六角螺母	
方头螺栓		方头螺母	

形　式	简化画法	形　式	简化画法
开槽沉头螺钉		六角法兰面螺母	

（二）螺纹紧固件的标记

螺纹紧固件的标记示例见表4.2.3。

表4.2.3　螺纹紧固件的标记

标　记	标记的含义	引用的标准
螺栓 GB/T 5782 M12×80	螺纹规格为M12、公称长度 $l=80$ mm、性能等级为8.8级、表面不经处理、产品等级为A级的六角头螺栓	GB/T 5782—2016
螺母 GB/T 6170 M12	螺纹规格为M12、性能等级为8级、表面不经处理、产品等级为A级的1型六角螺母	GB/T 6170—2015
垫圈 GB/T 97.1 8A2	标准系列、工程规格8 mm、由A2组不锈钢制造的硬度等级为200 HV级、不经表面处理、产品等级为A级的平垫圈	GB/T 97.1—2002
螺钉 GB/T 70.1 M5×20	螺纹规格 $d=$ M5、公称长度 $l=20$ mm、性能等级为8.8级、表面氧化的A级六角圆柱头螺钉	GB/T 70.1—2008

（三）螺纹紧固件的连接画法

螺纹紧固件装配在一起的画法，如图4.2.8所示。

图4.2.8属于本篇第四章介绍的装配图。为了便于读图，下面介绍装配图的规定画法：

1. 两相邻零件的接触面用一条线表示；凡相邻零件不接触的表面，不论间隙大小，均画两条图线。

2. 对于紧固件以及轴、球、销等实心零件，当剖切平面通过其轴线或对称平面时，仍按不剖绘制。

3. 两相邻金属零件的剖面线，其倾斜方向应相反，或方向一致而间隔不等。

螺柱和螺钉的连接图示例，如图4.2.9和图4.2.10所示。

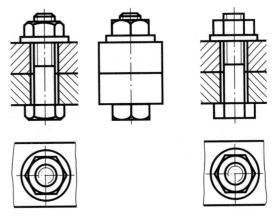

（a）规定画法　　　　（b）简化画法

图4.2.8　螺栓连接的画法

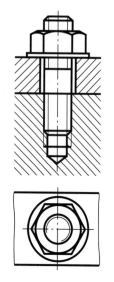

图 4.2.9　螺柱的连接图

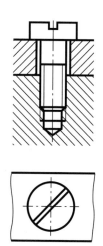

图 4.2.10　螺钉的连接图

第二节　齿轮表示法（GB/T 4459.2—2003）

齿轮是广泛应用于机械中的传动零件，它既可以传递动力，又可以改变旋转的速度和方向。常用的齿轮有圆柱齿轮、圆锥齿轮、蜗轮蜗杆等，如图 4.2.11 所示。

本节以圆柱齿轮为主，介绍齿轮的画法。

（a）圆柱齿轮　　　　　　　　（b）圆锥齿轮　　　　　　　　（c）蜗轮蜗杆

图 4.2.11　常用齿轮

一、直齿圆柱齿轮各部分的名称和尺寸关系

齿轮由轮体和轮齿两部分构成。其中轮体有平板式、辐板式、轮辐式及连轴式等几种结构；轮齿有直齿、斜齿、人字齿等几种齿线形式。

直齿圆柱齿轮的形状及各部分的名称，如图 4.2.12 所示。

1. 齿顶圆——通过轮齿顶部的圆，其直径用 d_a 表示。

2. 齿根圆——通过齿根的圆，其直径用 d_f 表示。

3. 分度圆——分度圆是设计、制造轮齿时，进行各部分计算的基准圆，也是分齿的圆。在标准齿轮分度圆的圆周上，其齿厚 s 与槽宽 e 相等。分度圆的直径用 d 表示。

4. 节圆——如图 4.2.12（b）所示，O_1 和 O_2 为一对啮合齿轮的中心，二齿轮的齿廓在

O_1O_2 线上的啮合接触点为 P，以 O_1、O_2 分别为圆心，相切于 P 点的两个圆分别为两个齿轮的节圆。节圆的直径用 d' 表示。

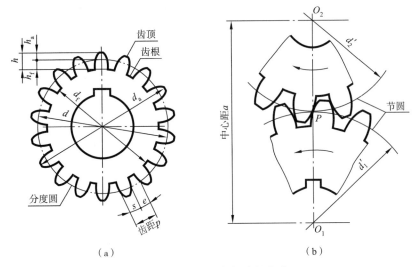

图 4.2.12　齿轮各部分的名称

一对安装正确的标准齿轮，两分度圆相切，也就是分度圆与节圆重合，即 $d=d'$。

5. 齿高——齿根圆与齿顶圆之间的径向距离，用 h 表示。齿高又被分度圆分为齿顶高（h_a）和齿根高（h_f）。

6. 齿距——分度圆上相邻两齿对应点间的弧长，用 p 表示。

7. 模数——是表示轮齿大小的量，用 m 表示，其值为 $m=p/\pi$（单位 mm）。两个齿轮啮合时，模数必须相等。各种齿轮的模数已经标准化，在设计、制造时，应选用标准模数。

模数（m）和齿轮的齿数（Z）是齿轮的基本参数。当 m 和 Z 的值确定后，轮齿的各部分尺寸均相应确定。标准直齿圆柱齿轮各部分尺寸的计算公式见表 4.2.4。

表 4.2.4　标准直齿圆柱齿轮轮齿的尺寸计算公式

基本参数：模数 m；齿数 z		已知：$m=2$；$Z=20$	
名　称	代　号	计算公式	计算举例
齿顶高	h_a	$h_a=m$	$h_a=2$
齿根高	h_f	$h_f=1.25m$	$h_f=2.5$
齿高	h	$h=2.25m$	$h=4.5$
分度圆直径	d	$d=m\times Z$	$d=40$
齿顶圆直径	d_a	$d_a=d+2h_a=m(Z+2)$	$d_a=44$
齿根圆直径	d_f	$d_f=d-2h_f=m(Z-2.5)$	$d_f=35$

二、圆柱齿轮的画法

（一）单个圆柱齿轮的画法

如图 4.2.13 所示，单个圆柱齿轮的画法为：

1. 轮体部分按实际形状绘制。

2. 轮齿部分的画法：

（1）在非剖视图中：齿顶圆和齿顶线用粗实线绘制；分度圆和分度线用细点画线绘制；齿根圆和齿根线用细实线绘制或省略不画；若为斜齿轮或人字齿轮，可以在未剖部分画出三条表示齿向的细实线，如图 4.2.13（a）所示。

（2）在剖视图中，轮齿部分按不剖绘制，齿根线用粗实线绘制。其余画法与非剖视图相同，如图 4.2.13（b）所示。

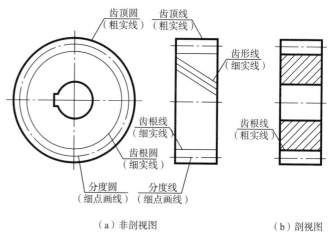

（a）非剖视图　　　　　（b）剖视图

图 4.2.13　圆柱齿轮的画法

（二）圆柱齿轮啮合的画法

如图 4.2.14 所示，两圆柱齿轮的啮合画法为：

1. 非啮合区的画法与单个齿轮的画法相同。

2. 啮合区的画法：

（1）在反映圆形的视图中，节圆相切（标准齿轮的分度圆相切），齿顶圆均用粗实线绘制或省略不画，如图 4.2.14（a）、（b）所示。

（2）在非圆视图中，当采取不剖画法时，节线用粗实线绘制，不画齿顶线和齿根线，如图 4.2.14（c）所示；采取剖视画法时，一个齿轮按可见画法用粗实线绘制齿顶线、齿根线，另一个齿轮的轮齿被挡住，其齿顶线用虚线绘制，如图 4.2.14（d）所示。图 4.2.15 进一步说明了轮齿啮合区在剖视图上的画法。

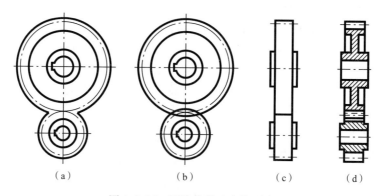

（a）　　　　　　（b）　　　　　　（c）　　　（d）

图 4.2.14　圆柱齿轮啮合的画法

三、圆锥齿轮和蜗轮、蜗杆的画法

圆锥齿轮和蜗轮、蜗杆的画法，分别如图 4.2.16～图 4.2.20 所示。

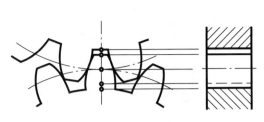

图 4.2.15 轮齿啮合区在剖视图上的画法

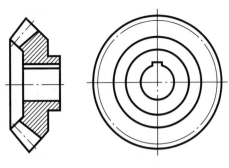

图 4.2.16 单个圆锥齿轮的画法

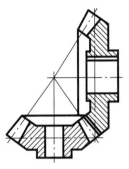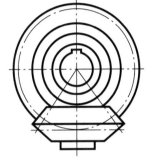

图 4.2.17 圆锥齿轮的啮合画法

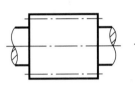

图 4.2.18 蜗杆的画法

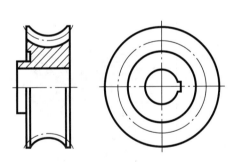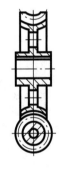

图 4.2.19 蜗轮的画法

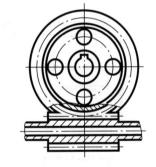

图 4.2.20 蜗轮和蜗杆的啮合画法

第三节 键、销、弹簧和滚动轴承表示法

一、键

键用于将轮和轴连接在一起，使它们共同转动。连接时，键的一部分嵌入轴的键槽中，另一部分嵌入轮孔的键槽中，如图 4.2.21 所示。

键是标准件，常见的类型如图 4.2.22 所示。有时直接在轴和轮孔上制出键齿，配合传动，如图 4.2.23 所示。

键的形式、标记和画法见表 4.2.5。

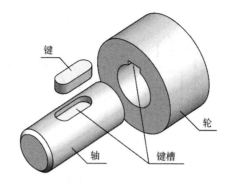

平键连接   半圆键连接

图 4.2.21 键的作用

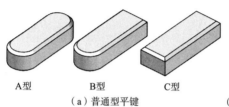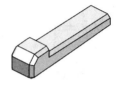

A型   B型   C型

（a）普通型平键   （b）普通型半圆键   （c）钩头型楔键

图 4.2.22 常用的键

表 4.2.5 键的形式、标记及画法

名称	形 式	标记示例	键的连接画法
普通平键		GB/T 1096 键 16×10×100 含义：宽度 $b=16\,mm$、高度 $h=10\,mm$、长度 $L=100\,mm$ 普通 A 型平键。 GB/T 1096 键 B16×10×100 含义：宽度 $b=16\,mm$、高度 $h=10\,mm$、长度 $L=100\,mm$ 普通 B 型平键 （GB/T 1096—2003）	
半圆键		GB/T 1099.1 键 6×10×25 含义：宽度 $b=6\,mm$、高度 $h=10\,mm$、直径 $D=25\,mm$ 普通型半圆键 （GB/T 1099.1—2003）	
钩头楔键		GB/T 1565 键 16×100 含义：宽度 $b=16\,mm$、高度 $h=10\,mm$、长度 $L=100\,mm$ 钩头型楔键 （GB/T 1565—2003）	

名称	形　式	标记示例	键的连接画法
矩形花键	（图：矩形花键截面，标注 B、D、d）	花键副：$6\times23\dfrac{H7}{f7}\times26\dfrac{H10}{a11}\times$ $6\dfrac{H11}{d10}$（GB/T 1144—2001） 内花键：$6\times23H7\times26H10\times$ $6H11$（GB/T 1144—2001） 外花键：$6\times23f7\times26a10\times$ $6d10$（GB/T 1144—2001） 含义：键数 $N=6$、小径 $d=23\,mm$、大径 $D=26\,mm$、键宽 $B=6\,mm$ 及配合公差带代号	（图：花键连接画法及 $D—D$ 剖视图）

除了花键有规定的画法（GB/T 4459.3—2000）外，其他键的画法如下：

1. 均按实际形状绘制，在连接图中可以省略倒角。

2. 在连接图中，当剖切平面通过轴和键的基本轴线时，轴和键按不剖绘制；为了表示轴上的键槽，采用局部剖画法。

3. 在连接图中，键的工作面（传力面）与键槽的相应面相接触，用一条线表示；非工作面不与键槽表面相接触，故需要画出两条线。

图 4.2.23　花键

二、销

销所起的作用是定位和连接。常用的销有圆柱销、圆锥销、开口销等，均是标准件。

常用销的形式，标记和画法见表 4.2.6。

从表 4.2.6 中可以看出，销是按实际形状绘制的。在剖视图中，当剖切平面通过销的轴线时，按不剖绘制。

表 4.2.6　销的形式、标记和连接画法示例

名称	型　式	标　记	连接画法
圆锥销	（图：圆锥销，标注 d、l、1:50）	销 GB/T 1176×30 含义：公称直径 $d=6\,mm$、公称长度 $l=30\,mm$、材料为 35 钢、热处理硬度 28～38HRC、表面氧化处理的 A 型圆锥销（GB/T 117—2000）	（图：圆锥销连接画法）
圆柱销	（图：圆柱销，标注 d、l）	销 GB/T 119.1 6 m6×30 含义：公称直径 $d=6mm$、公差为 m6、公称长度 $l=30mm$、材料钢、不经淬火、不经表面处理的圆柱销（GB/T 119.1—2000）	（图：圆柱销连接画法）
开口销	（图：开口销，标注 b、l、a、c、d）	销 GB/T 916×50 含义：公称规格为 5 mm、公称长度 $l=50\,mm$、材料为 Q215 或 Q235、不经表面处理的开口销（GB/T 91—2000）	（图：开口销连接画法）

三、弹簧（GB/T 4459.4—2003）

弹簧具有储存能量的特点，在机器中广泛用于减振、夹紧、测力等方面。它的种类很多，图 4.2.24 所示为三种螺旋弹簧。

弹簧不是标准件。因其形状复杂，故制图标准中规定了统一画法，如图 4.2.25 所示。

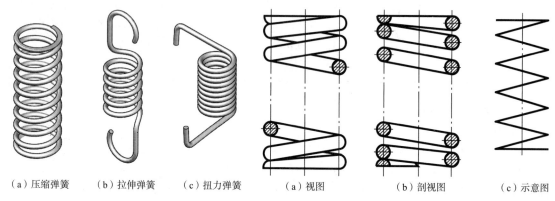

（a）压缩弹簧　（b）拉伸弹簧　（c）扭力弹簧

图 4.2.24　三种螺旋弹簧

（a）视图　　　（b）剖视图　　（c）示意图

图 4.2.25　圆柱螺旋压缩弹簧画法

单个弹簧的画法本文不作具体介绍。下面仅对装配图中弹簧的画法作简要说明，如图 4.2.26 所示。

1. 被弹簧挡住的结构一般不画出；可见部分应从弹簧的外轮廓线或弹簧钢丝剖面的中心线画起，如图 4.2.26（a）、（b）所示。

2. 簧丝直径在图上≤2 mm 时，允许用示意图绘制，如图 4.2.26（d）所示；当其被剖切时，也可以用涂黑表示，如图 4.2.26（c）所示。

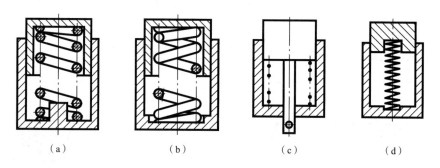

（a）　　　　　（b）　　　　　（c）　　　　　（d）

图 4.2.26　弹簧在装配图中的画法

四、滚动轴承（GB/T 4459.7—2017）

滚动轴承是一种支承旋转轴的组件，由内圈、外圈、滚动体、隔离圈等零件组成。它具有摩擦力小，结构紧凑的优点，因此得到广泛的应用。

滚动轴承的类型很多，如图 4.2.27 所示为常用的三种滚动轴承。其中向心球轴承，主要承受径向载荷；推力球轴承只能承受轴向载荷；圆锥滚子轴承则可以同时承受径向和轴向的载荷（以径向为主）。

| （a）向心球轴承 | （b）圆锥滚子轴承 | （c）推力球轴承 |

图 4.2.27　三种滚动轴承

在装配图中画滚动轴承时，可根据需要采用规定画法、通用画法或特征画法，其画法和标记示例见表 4.2.7。

表 4.2.7　滚动轴承画法和标记示例

类型	规定画法（画出剖面线）和通用画法	规定画法（不画剖面线）和通用画法	特征画法	标记示例
向心球轴承				滚动轴承 6012 GB/T 276—2013 其中 6012 为滚动轴承代号，含义：6—类型代号，为深沟球轴承；0—尺寸系列代号，表示 10 系列（宽度代号为 1、直径代号为 0）；12—内径代号。 查该标准文件可知： $d=60\,mm$、$D=95\,mm$、$B=18\,mm$
圆锥滚子轴承				滚动轴承 30205 GB/T 297—2015 含义：3—圆锥滚子轴承；02—尺寸系列代号，宽度代号为 0、直径代号为 2；05—内径代号。 查该标准文件可知： $d=25\,mm$、$D=52\,mm$、$B=15\,mm$
推力球轴承				滚动轴承 51210 GB/T 301—2015 含义：5—推力球轴承；12—高度代号为 1、直径代号为 2；10—内径代号。 查该标准文件可知： $d=50\,mm$、$D=78\,mm$、$T=22\,mm$

规定画法是比较详细的画法，在剖视图中各套圈画方向和间隔相等的剖面线，在不致引起误解时，也可以省略不画。规定画法一般绘制在轴的一侧，另一侧按通用画法绘制。

通用画法是简化画法，用矩形线框及位于线框中央正立的十字形符号表示滚动轴承。

特征画法是简化画法，用矩形线框及位于线框内的结构要素符号形象地表示滚动轴承。不同种类的滚动轴承有不同的结构要素符号。

第三章 零 件 图

表达机械零件的结构、形状、尺寸和技术要求的图样称为零件图。零件图是加工和检验零件的依据。本章介绍零件图的内容及阅读方法。

第一节 零件图的内容和表达方法

一、零件图的内容

如图 4.3.1 所示，一张完整的零件图包括以下内容：

1. 一组视图——用来表达零件的结构和形状。

2. 完整的尺寸——用来确定零件各部分的大小及相对位置。

3. 技术要求——说明零件在制造和检验时应达到的要求，如表面结构、公差、热处理的要求等。

4. 标题栏——标明零件的名称、材料、数量和绘图比例、图号及必要的签名等。

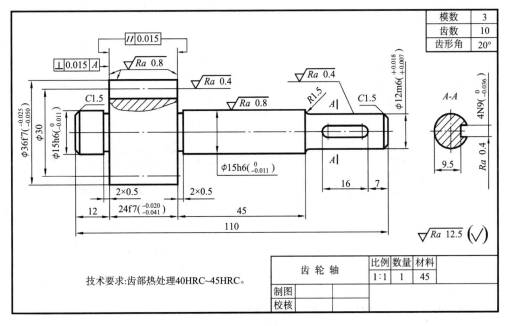

图 4.3.1 齿轮轴零件图

二、零件图的表达方式

零件的结构十分复杂。不同类型的零件，所需要的视图数量、表达方法也不同。下面简要介绍四种典型零件的表达方式。

（一）轴套类零件

这类零件主要有轴、套筒和衬套等，其基本形状为同轴回转体。轴套类零件，用一个视图即可表达清楚主体的结构。为了表示零件上的孔、键槽、退刀槽等结构的形状和位置，辅以适当的剖面图，如图 4.3.1 所示。

（二）轮盘类零件

这类零件主要有齿轮、带轮、手轮及端盖等，其基本形状多为扁平的盘状结构。轮盘类零件通常选用主、左两个视图，并多用剖视表达内部结构，如图 4.3.2 所示。

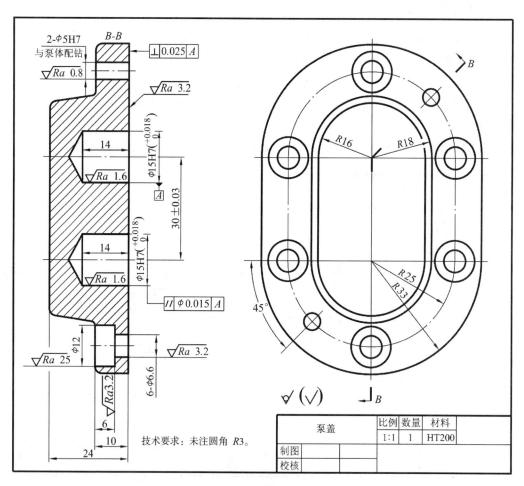

图 4.3.2　泵盖零件图

（三）叉架类零件

这类零件包括拨叉、连杆、支架等，其结构常有倾斜部分或弯曲部分。对于叉架类零件，除了主视图外，还需要有斜视图、局部视图、局部剖视、剖面等表达方法，如图 4.3.3 所示。

（四）箱体类零件

这类零件主要有各类泵体、阀体、箱体、机座等，用于容纳和支承其他零件，是机器或部件的主体。箱体类零件的内部和外部结构形状均较复杂，一般需要两个或两个以上的基本视图，并根据需要选用适当的剖视图、剖面图或其他辅助视图来表达。

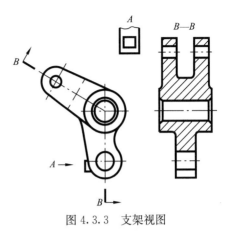

图 4.3.3 支架视图

第二节 零件图的尺寸标注

一、零件图尺寸标注的合理性

零件图的尺寸标注，应做到正确、完整、清晰、合理。其中正确、完整、清晰的问题，已经在前面有关章节进行了介绍。下面仅简要介绍零件图中尺寸标注合理性的基本知识，以便于读图。

（一）尺寸基准的选择

零件有长、宽、高三类尺寸，在每个方向至少应有一个尺寸基准。为了便于标注尺寸及满足设计、工艺上的要求，通常选取零件的重要平面（如底面、端面、对称面）或回转轴线作为尺寸基准，如图 4.3.4 所示。

（二）标注尺寸

标注尺寸应考虑设计和工艺的要求，见表 4.3.1。

二、常见零件的结构尺寸注法

常见零件的结构尺寸注法见表 4.3.2。

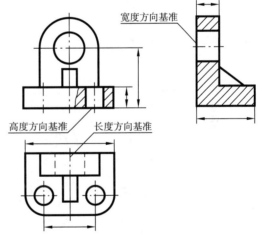

图 4.3.4 零件图的尺寸基准

表 4.3.1 零件尺寸的合理性示例

说　明	正确图例	错误图例
重要尺寸直接注出		

265 ·

说　　明	正确图例	错误图例
避免出现封闭的尺寸链	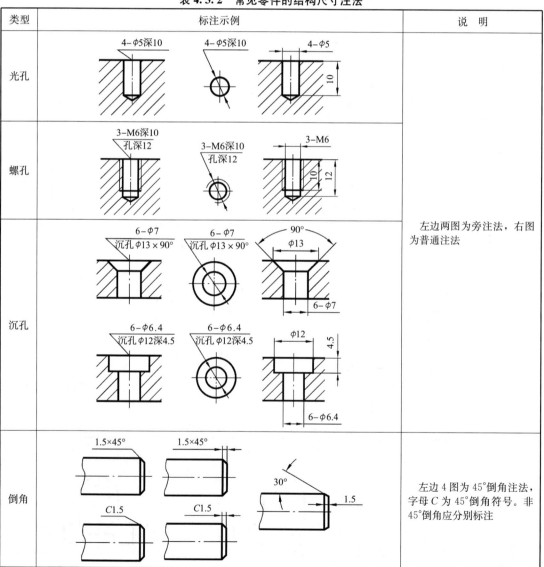	
尺寸应便于加工和测量		

表 4.3.2　常见零件的结构尺寸注法

类型	标注示例	说　明
光孔	4-φ5深10　　4-φ5深10　　4-φ5	左边两图为旁注法，右图为普通注法
螺孔	3-M6深10 孔深12　　3-M6深10 孔深12　　3-M6	
沉孔	6-φ7 沉孔φ13×90°　　6-φ7 沉孔φ13×90°　　90° φ13 6-φ7 6-φ6.4 沉孔φ12深4.5　　6-φ6.4 沉孔φ12深4.5　　φ12 4.5 6-φ6.4	
倒角	1.5×45°　　1.5×45°　　30° 1.5 C1.5　　C1.5	左边4图为45°倒角注法，字母 C 为45°倒角符号。非45°倒角应分别标注

类型	标注示例	说　明
退刀槽	2×φ8　　　2×1	一般的退刀槽，可按"槽×直径""槽宽×槽深"的形式标注
正方形结构	□8　　　8×8	正方形结构可用符号□表示，或用"边长×边长"的形式标注

第三节　零件图中技术要求的表达方法

零件的技术要求包括表面结构、极限与配合、形状与位置公差、材料及热处理和表面处理等，是对零件几何特征、测量与加工方法的具体要求，用于指导加工生产。技术要求通常以符号、代号、文字等标注在视图的适当位置。

一、表面结构表示法（GB/T 131—2006）

（一）表面结构的基本概念

零件表面不会是理想的光滑平整，而是十分复杂，其表面结构按多种几何特征分别进行描述、测量和控制，包括轮廓参数、图形参数、支承率参数、表面缺陷等。

轮廓参数是在零件图中最常标注的表面结构。图 4.3.5（a）所示为零件某断面的实际表面轮廓，其轮廓参数包括粗糙度参数、波纹度参数和原始轮廓参数。

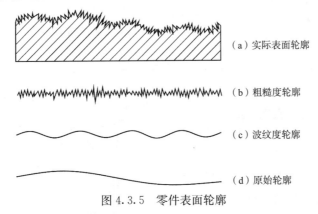

（a）实际表面轮廓

（b）粗糙度轮廓

（c）波纹度轮廓

（d）原始轮廓

图 4.3.5　零件表面轮廓

粗糙度轮廓是零件实际表面的微观轮廓（波距小于 1 mm），又称 R 轮廓，如图 4.3.5（b）所示。在粗糙度轮廓上计算所得参数称为粗糙度参数。粗糙度参数有很多种，如：轮廓算术平均偏差（用 Ra 表示）、轮廓最大高度（Rz）、轮廓单元平均高度（Rc）、轮廓总高度（Rt）、轮廓单元平均宽度（Rsm）等。

波纹度轮廓是比粗糙度轮廓更大尺度的轮廓（1～10 mm），又称 W 轮廓，如图 4.3.5（c）所示。在波纹度轮廓基础上计算所得的参数称为波纹度参数。类似粗糙度参数，同样有 Wa、Wz、Wc、Wt、Wsm 等波纹度参数。

原始轮廓是更加宏观尺度的轮廓（大于 10 mm），又称 P 轮廓，如图 4.3.5（d）所示。在原始轮廓基础上计算所得的参数称为原始轮廓参数。同样有 Pa、Pz、Pc、Pt、Psm 等多种 P 参数。

（二）表面结构要求符号的组成部分

表面结构要求是对完工零件表面的要求。

完整的表面结构要求符号包括图形符号、表面结构单一要求和补充要求。

表面结构要求注写位置如图 4.3.6 所示。

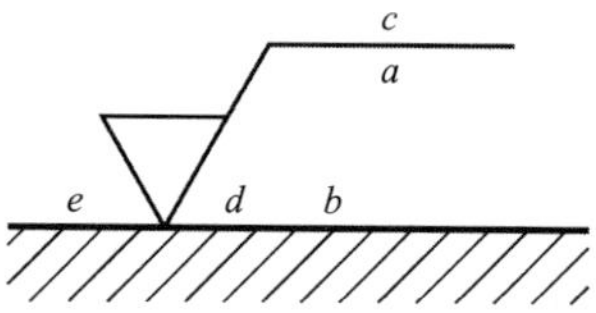

位置 a 注写表面结构的单一要求，包括表面结构参数代号和数值、传输带、取样长度等。

图 4.3.6　表面结构要求注写位置

其余位置注写补充要求。位置 a 和 b 注写两个或多个结构要求，位置 c 注写加工方法，位置 d 注写表面纹理和方向，位置 e 注写加工余量。

表面结构要求符号示例见表 4.3.3。

表 4.3.3　表面结构要求符号示例

符　号	含　义	符　号	含　义
√	基本图形符号，一般不单独使用	U Ra 3.2　L Ra 1.6	去除材料，上限值：Ra 为 3.2 μm，下限值：Ra 为 1.6 μm
√ Ra 3.2（带圆圈）	用不去除材料的方法获得的表面，Ra 的最大允许值为 3.2 μm	Fe/Ep · Ni25b　Rz 0.8	去除材料，Rz 的最大允许值为 0.8 μm。表面处理工艺：在钢铁基体上镀 25 μm 光亮镍
√ Ra 3.2	用去除材料的方法获得的表面，Ra 的最大允许值为 3.2 μm	0.008-/Pt max 25	去除材料，传输带 λ_s = 0.008 mm，P 轮廓，轮廓总高 25 μm，评定长度等于工件长度
铣　√ Rz 6.3	去除材料，Rz 的最大允许值为 6.3 μm，加工方法为铣削	-0.3/6/AR 0.09	任意加工方法，A＝0.3 mm，评定长度 6 mm，粗糙度图形参数，粗糙度图形平均间距 0.09 mm

（三）表面结构要求标注方法

表面结构要求对每一表面一般只标注一次，并尽可能注在相应的尺寸及其公差的同一视图上。

表面结构要求可标注在轮廓线、尺寸线上或其延长线上，符号尖端从材料外指向表面，也可用带箭头或黑点的引出线引出标注。

当零件多数表面有相同的表面结构要求，可统一标注在标题栏附近。此时表面结构要求符号后面应有圆括号，括号内为基本符号或不同的表面结构要求。

在零件图上的表面结构要求标注示例如图 4.3.7 所示。

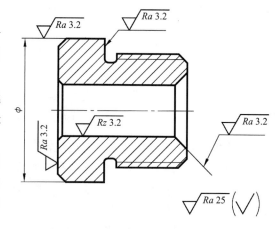

图 4.3.7　表面结构要求标注示例

二、尺寸公差与配合注法（GB/T 4458.5—2003）

（一）公差与配合的概念

零件在制作过程中，由于各种原因，必然存在加工误差。为了满足零件的使用要求，要限定零件尺寸的变动范围。允许的变动范围越小，说明尺寸精度越高，相应地制造成本也越高。

图 4.3.8（a）标注了孔和轴直径尺寸的变动范围。公差相关概念见表 4.3.4。

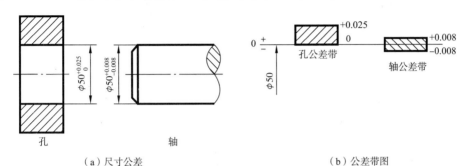

（a）尺寸公差　　　　　　　　　　　　　　　（b）公差带图

图 4.3.8　尺寸公差和公差带图

表 4.3.4　公差相关概念（mm）

术　语	含　义	示例（孔直径）	示例（轴直径）
公称尺寸	给定的理想尺寸	$\phi50$	$\phi50$
上极限尺寸	允许的最大尺寸	$\phi50.025$	$\phi50.008$
下极限尺寸	允许的最小尺寸	$\phi50.000$	$\phi59.992$
上极限偏差	上极限尺寸—公称尺寸	0.025	0.008
下极限偏差	下极限尺寸—公称尺寸	0.000	−0.008
基本偏差	最接近公称尺寸的那个极限偏差	0.000	±0.08
尺寸公差（简称公差）	上极限偏差—下极限偏差	0.025	0.016
公差带	公差极限之间区域	0.00～0.25	−0.08～0.08

图 4.3.8（b）中的矩形表示孔和轴的公差带，可以直观地看出公差有关数值与公差带图的对应关系。

类型相同且待装配的轴和孔之间的关系称为配合。组成配合的轴和孔的尺寸公差之和成为配合公差。

通常配合尺寸要求公差小、精度高，非配合尺寸要求公差大、精度低。

根据公差尺寸生产的孔和轴可能存在三种配合关系：间隙配合（孔和轴装配时总是存在间隙的配合）、过盈配合（孔和轴装配时总是存在过盈的配合）、过渡配合（孔和轴装配时可能具有间隙或过盈的配合）。

（二）标准公差和基本偏差系列

为了保证零件的互换性，国家标准（GB/T 1800.2—2020）规定了标准公差和基本偏差系列。

标准公差分为 20 个等级，分别记为 IT01、IT0、IT1、IT2······IT18。等级依次降低，公差值依次增大。

基本偏差分为 28 种，用字母表示，称为基本偏差代号。孔的基本偏差代号用大写字母表示，轴的基本偏差代号用小写字母表示。各种基本偏差相对于公称尺寸位置如图 4.3.9 所示。

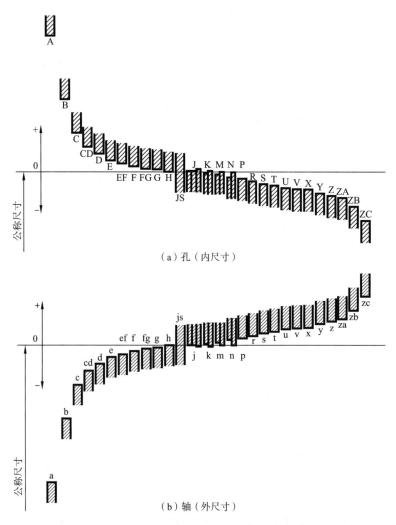

图 4.3.9　公差带（基本偏差）相对于公称尺寸位置示意图

基本偏差和标准公差组成了公差带。基本偏差确定了公差带相对于公称尺寸的位置，标准公差确定了公差带的大小。

（三）尺寸公差与配合的注法

1. 在零件图中的注法

配合尺寸的公差应在零件图上进行标注。非配合尺寸的偏差值由有关生产文件统一规定，一般不在图上标注。

线性尺寸的公差应按表 4.3.5 所示的三种形式之一标注。

表 4.3.5　尺寸公差中零件图中的注法

标注公差带代号	标注极限偏差	同时标注公差带代号的极限偏差
$\phi65K6$	$\phi65^{+0.021}_{+0.002}$	$\phi65K6(^{+0.021}_{+0.002})$
$\phi65H7$	$\phi65^{+0.03}_{0}$	$\phi65H7(^{+0.03}_{0})$

当尺寸仅需要限制单个方向的极限时，应在该极限尺寸的右边加注符号"max"或"min"，如图 4.3.10 所示。

角度公差的标注如图 4.3.11 所示。

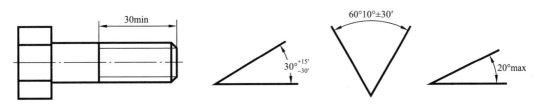

图 4.3.10　单项极限尺寸注法　　　　图 4.3.11　角度公差的注法

2. 在装配图中的注法

在装配图中，应分别注出孔和轴的公差带代号或极限偏差，见表 4.3.6。

表 4.3.6　配合尺寸在装配图中的注法

标注孔和轴公差带代号（分子为孔代号，公母为轴代号）	标注极限偏差（孔偏差在上，轴偏差在下）	标准件不需要标注，仅注相配零件的公差带代号
$\phi65\dfrac{H7}{k6}$	$\phi65^{+0.03}_{0}$ $\phi65^{+0.021}_{+0.002}$	$\phi65k6$

三、几何公差注法（GB/T 1182—2018）

零件的几何公差是指在形状、位置、方向、跳动等几何要素上的公差。

几何公差规范标注的组成包括公差框格、辅助平面和要素标注以及相邻标注，并用带箭头的指引线指向图中相应位置，如图 4.3.12（a）所示。

公差框格包括符号部分，公差带、要素与特征部分，基准部分，如图 4.3.12（b）所示。

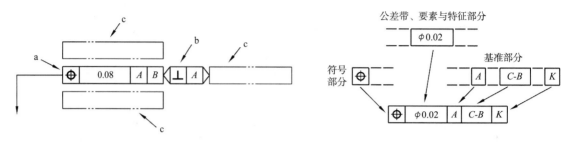

（a）几何公差标注的组成部分

a—公差框格；b—辅助平面和要素框格；c—相邻标注

（b）公差框格的组成部分

图 4.3.12　几何公差标注的组成部分

几何公差名称与符号见表 4.3.7。

表 4.3.7　几何公差名称与符号

公差类型	公差名称	符　号	公差类型	公差名称	符　号
形状公差	直线度	──	方向公差	面轮廓度	⌒
	平面度	▱	位置公差	位置度	⊕
	圆度	○		同心度	◎
	圆柱度	⌭		同轴度	◎
	线轮廓度	⌒		对称度	≡
	面轮廓度	⌓		线轮廓度	⌒
方向公差	平行度	//		面轮廓度	⌓
	垂直度	⊥	跳动公差	圆跳动	↗
	倾斜度	∠		全跳动	⤴⤴
	线轮廓度	⌒			

四、材料（GB/T 10609.1—2008、GB/T 10609.2—2009）

在零件图中，零件的材料牌号注写在标题栏内。在装配图中，材料牌号注写在明细栏内。

零件材料的类型和牌号示例见表 4.3.8。

表 4.3.8　零件材料的类型和牌号示例

材料种类	牌　　号	含　　义
普通碳素结构钢	Q235A	屈服强度为 235 N/mm²，质量等级为 A 级
优质碳素结构钢	45	含碳量为 0.45%
	65Mn	含碳量为 0.65%，含锰量较普通碳素钢高
合金结构钢	20Cr	含碳量为 0.20%，含铬量为 1%
碳素工具钢	T7A	T 为材料种类符号，含碳量为 0.7%，A 表示高级优质钢
一般工程用铸造碳钢件	ZG270-500	ZG 为材料种类符号，屈服强度为 270 N/mm²，抗拉强度为 500 N/mm²
灰铸铁	HT200	HT 为材料种类符号，抗拉强度为 200 N/mm²
普通黄铜	H62	H 为材料种类符号，平均含铜量为 62%

五、热处理和表面处理

为了提高零件的机械性能或提高美观度等，需要对零件进行热处理和表面处理。

热处理和表面处理的方法有退火、正火、回火、调质、渗碳、渗氮、机械打磨、镀镍、镀铬、涂油、喷漆等。

热处理和表面处理可以在图内用文字说明，也可以注写在零件的处理部位。

第四节　零件图的识读

阅读零件图，应看懂零件的结构形状，分析其尺寸大小和技术要求，并了解零件的名称、材料和用途等。

下面以图 4.3.13 为例，说明读零件图的方法和步骤。

一、了解概况

首先通过标题栏了解零件的名称、材料及绘图比例等，然后对全图作大致的观察，了解零件的形状及其在机器中的作用。

图中零件名称为"泵体"，这是齿轮油泵的主要零件。泵体的空腔是用来安放一对互相啮合的齿轮，泵体前后的两个孔 $Rc3/8$ 和 $\phi10$，分别是液油的入口和出口。

二、分析表达方法，看懂视图

首先分析零件图选用了哪些视图、采用了哪些表达方法，对于剖视图应搞清剖切的位置和剖视方向。在此基础上，由大到小、由整体到局部进行详细分析，看懂全图。

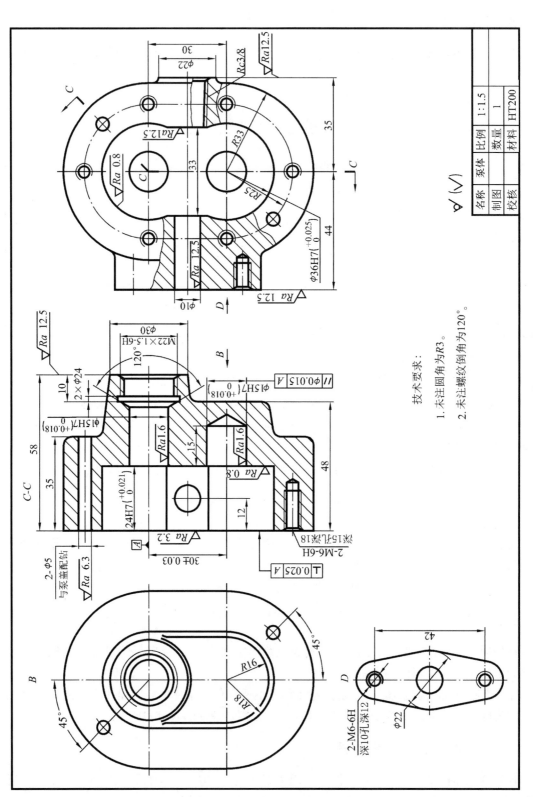

技术要求:

1. 未注圆角为R3。

2. 未注螺纹倒角为120°。

图4.3.13 泵体零件图

泵体零件图由主、左、右（B向）三个基本视图和一个局部视图（D向）组成。主视图为C—C旋转剖视，它表示了泵体从正面看的内部结构及外形轮廓，清楚地表达了两个齿轮轴孔、销孔、螺钉孔、油孔的形状和位置；左视图表示了泵体，特别是空腔的基本轮廓形状，两个局部剖视，则主要表达了两个油孔的情况；右视图与主视图配合，表达了泵体右侧的各部结构；D向视图与左视图一同，表达了泵体后部的结构。

至此已经基本看懂了泵体的形状、结构。读者还应通过深入分析，搞清每一个局部的形状、每一条线的含义，从而对泵体的结构形状有一个全面彻底的了解。图4.3.14为从泵体左前方和右后方看的立体图。

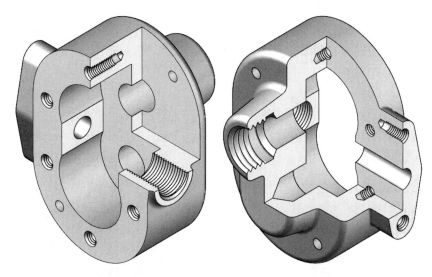

图 4.3.14　泵体立体图

三、分析零件图的尺寸及技术要求

分析其尺寸，首先要找到三个方向的主要尺寸基准。泵体长度方向的基准为左端面；高度方向的基准为通过主动轴轴孔（上轴孔）轴线的水平面；宽度方向的基准是通过两个齿轮轴轴孔的正平面。然后从尺寸基准出发，搞清各部分的定形、定位尺寸以及总体尺寸。

配合表面通常对精度要求较高，应注出尺寸公差、形位公差，其表面粗糙度的数值也较小，读者可以自行阅读。由于零件图中的技术要求包含了机械制造专业的许多专业知识，在读者不具备这些专业知识时，只能对零件图中的技术要求有一个初步的概括了解。

四、总结归纳

通过以上分析，将零件的结构形状、尺寸和技术要求等综合起来，就能对零件有一个较为全面的了解，从而达到读懂零件图的目的。

应注意：上述读图步骤不能截然分开，应使其有机结合、相辅相成，才能提高读图效率。另外，形体分析、线面分析的读图方法，在此仍然适用。

第四章 装　配　图

机器或部件是由一定数量的零件装配而成的。表达机器或部件的结构、工作原理和零件之间装配关系的图样，称为装配图。

在进行产品设计时，通常先画出装配图，然后进行零件设计并画出零件图；在生产和使用过程中，装配图用于指导装配、检验、安装和维修。同时，装配图也是技术交流的重要文件。

本章介绍装配图的内容和阅读方法（为了叙述方便，将装配图表达的机器或部件统称为装配体）。

第一节　装配图的内容和表达特点

一、装配图的内容

图 4.4.1 为螺旋千斤顶的立体图，图 4.4.2 为螺旋千斤顶的装配图。

装配图的内容包括：

（一）一组视图——用来表达装配体的整体结构形状、工作原理、各个零件的装配关系和主要零件的结构。

（二）必要的尺寸——标注与装配体的性能、外形及装配、检验、安装等有关的尺寸。

（三）技术要求——说明装配体在装配、检验、安装、调试中应达到的要求。

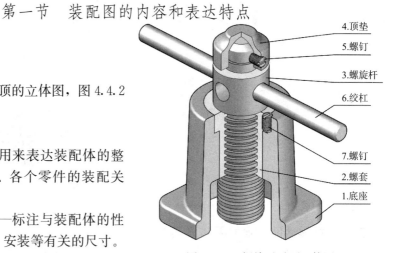

图 4.4.1　螺旋千斤顶立体图

（四）标题栏、零件序号和明细栏——标题栏用来说明装配体的名称、重量、绘图比例及图号等；除此以外，在装配图上还应对所有零件统一编号，并在标题栏上方的明细栏中填写零件的简要情况。

二、装配图的表达特点

（一）视图表达

装配图需要表达清楚装配体的装配关系和工作原理，包括相互位置、拆装顺序、运动过程等；同时还要表达清楚主要零件的结构形状。为此，应合理选择视图的数量和投影方向，并充分运用剖视、剖面、简化画法等各种表达方法。

（二）图样画法

在第四篇第二章第一节中介绍了装配图的三种规定画法，这里不再重复。下面进一步介绍装配图中的一些特殊表达方法。

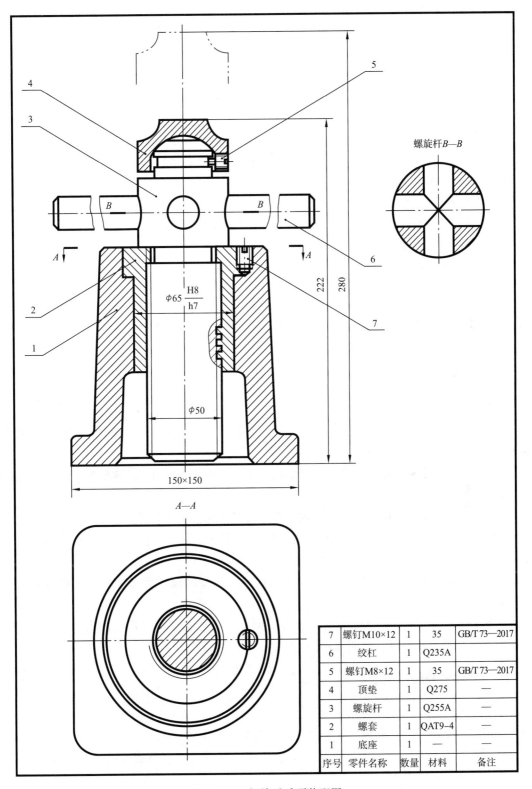

螺旋杆B—B

7	螺钉M10×12	1	35	GB/T 73—2017
6	绞杠	1	Q235A	
5	螺钉M8×12	1	35	GB/T 73—2017
4	顶垫	1	Q275	—
3	螺旋杆	1	Q255A	—
2	螺套	1	QAT9-4	—
1	底座	1	—	—
序号	零件名称	数量	材料	备注

图 4.4.2 螺旋千斤顶装配图

1. 拆卸画法和沿零件结合面剖切的画法

当某些零件遮断了需要表达的部位或结构时，可以采用拆去这些零件的画法；或假想沿零件的结合面剖切后进行绘制。

2. 单独表示某个零件

为了进一步表达某个零件的结构形状，可以单独画出零件的视图，如图 4.4.2 中的"螺旋杆 $B—B$"。

3. 假想画法

对于零件的运动极限位置或不属于本装配体而又与本装配体密切相关的零件，可以用双点画线表示，如图 4.4.2 中的顶垫最高位置。

4. 简化画法

（1）宽度小于或等于 2 mm 的狭小面积的剖面，可用涂黑表示。

（2）零件的工艺结构如倒角、退刀槽等，允许省略不画。

（3）若干相同的零件组（如螺栓连接等），可以详细画出一组或几组，其余仅用点画线表示其位置。

第二节　装配图的尺寸、零件序号和明细栏

一、装配图的尺寸

装配图需要标注下列尺寸：

（一）性能尺寸——说明装配体的性能或规格的尺寸，它是设计和选用产品的主要依据，如图 4.4.2 中的螺杆直径 $\phi50$。

（二）装配尺寸——包括配合尺寸（如图 4.4.2 中的 $\phi65\mathrm{H}8/\mathrm{h}7$）和需要保证的相对位置尺寸。

（三）安装尺寸——将装配体安装到支座上或其他部件上的尺寸。

（四）外形尺寸——表示装配体总长、总高、总宽的尺寸，如图 4.4.2 中的 $150×150$ 及 222。

（五）其他重要尺寸——反映主要零件结构特征或运动极限位置等有必要标注的尺寸，如图 4.4.2 中的 280。

在画和读装配图时，应考虑这五类尺寸，但在一张装配图内，不一定同时具备这五类尺寸，有时一个尺寸又同时具有两种作用。

二、零件序号和明细栏

（一）零件序号

在装配图中，必须对每种零件编写序号，其编排方法为：

1. 指引线自所指部分的可见轮廓内引出，并在末端画一个小圆点，序号注写在指引线前端的水平线上或圆圈内。

2. 零件序号在图上按顺时针或逆时针方向顺次排列，并应按水平和垂直方向排列整齐。

3. 对一组紧固件以及装配关系清楚的零件组，可以采用公共指引线。

（二）明细栏

明细栏位于标题栏的上方，位置不够时，可移至标题栏的左侧。在明细栏中自下而上填写零件序号、名称、数量、材料及备注等。装配图中零件的序号应与明细栏中的序号一致。

第三节　装配图的识读

一、读装配图的要求

1. 了解装配体的作用和工作原理。
2. 了解零件之间的相互位置、装配关系和拆装顺序。
3. 了解主要零件的结构和作用。

二、读装配图的步骤和方法

下面以图 4.4.3 为例，说明读装配图的步骤和方法：

（一）了解概况

阅读标题栏、明细栏及有关资料，了解装配体的名称、作用，以及零件的数量、名称、材料等。

本图所示装配体为齿轮油泵。这是一种升压装置，用于输送润滑油或驱动液压设备。从明细栏内看出，这个油泵由 13 种零件组成。

（二）分析视图

搞清视图的名称、数量、各视图之间的关系以及每个视图的表达方法和表达内容。一般从主视图着手，结合其他视图进行分析。

本图主视图为 A—A 剖视，表达了主要零件的相对位置和装配关系。根据规定，实心轴应按不剖画出，但为了表达齿轮轴上的轮齿、键、螺钉等，又采取了局部剖视。

左视图分三个层次表达：上半部分为外形，主要是泵盖的外部结构；下半部分采用了假想从泵盖与泵体结合面剖切的画法，表示了齿轮的啮合位置、齿轮与泵体的结合关系及螺钉、销的位置；中间部分则从油孔中心线处作局部剖视图，表示出、入油孔的内部结构及位于泵体后部螺钉孔的结构。

零件 7C 向视图表达了泵体后部凸台的结构和尺寸，用于指导安装；零件 9B 向进一步表达了螺塞头部的形状，用于指导采用何种工具将其旋入。

通过以上对视图的分析，对主要零件的位置和结构有了大致了解。

（三）分析零件

详细分析零件的位置、结构形状以及相互间的连接关系。

在复杂的装配图中分离出单个的零件，并找到其他相应的视图，进而看懂零件的结构形状，并不是很容易的事情。因此，读者要熟悉装配图的表达方法。如：同一个零件的剖面线方向应相同、间隔相等；相邻金属零件剖面线的倾斜方向应相反或方向一致而间隔不等；对于紧固件及轴、销等实心零件，当剖面通过其轴线或对称面时，按不剖绘制等。另外，要充

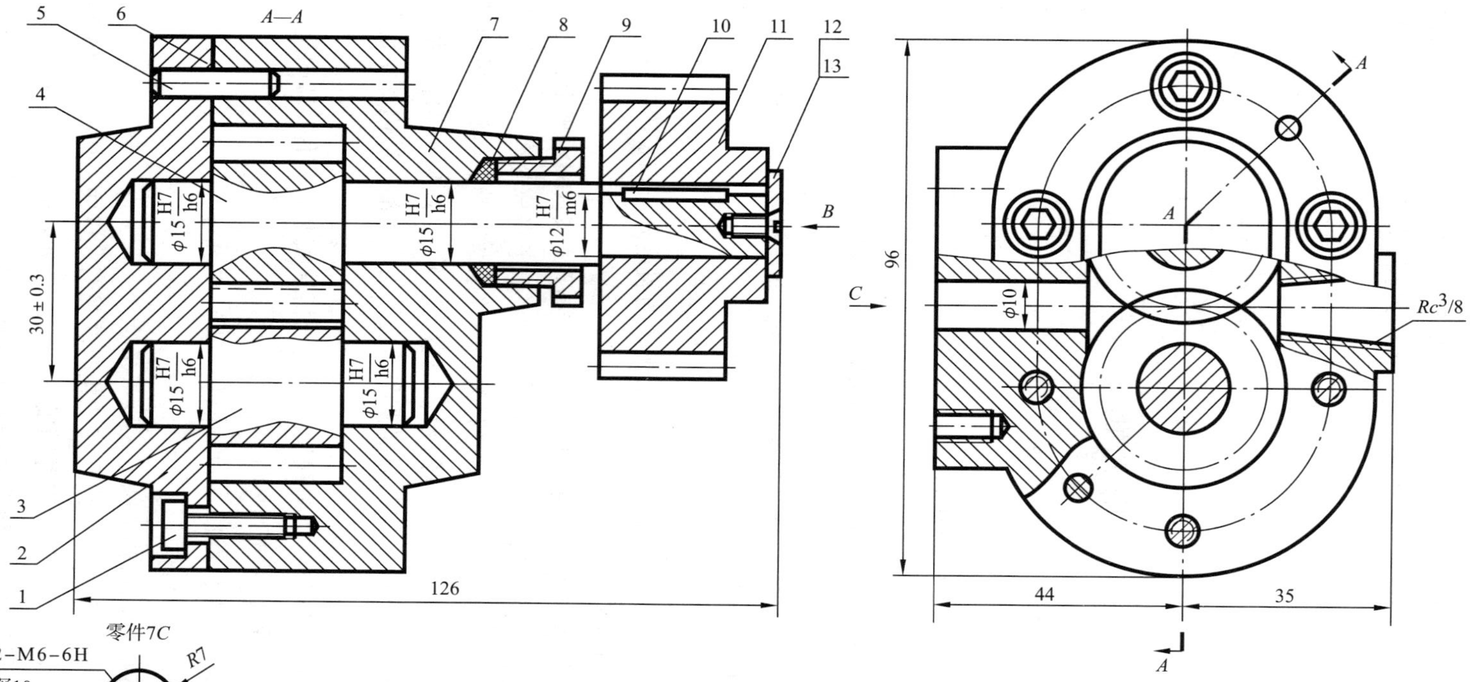

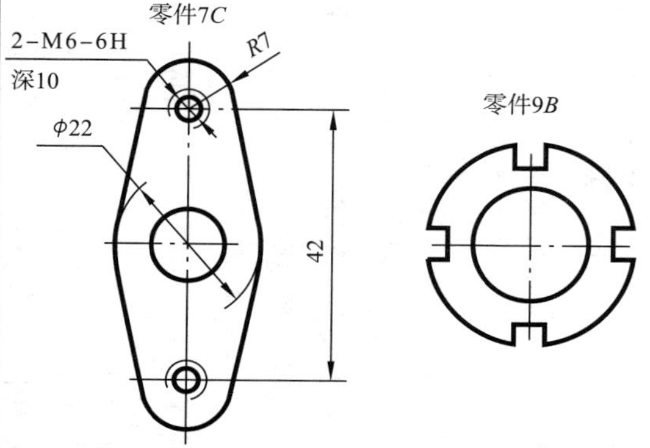

图 4.4.3 齿轮油泵装配图

13	螺钉M5×10	1	Q235A			4	主动齿轮轴	1	45	$m=3$; $z=10$
12	挡圈B20	1	45	GB/T 891—1986		3	从动齿轮轴	1	45	$m=3$; $z=10$
11	传动齿轮	1	45	$m=2.5$; $z=20$		2	泵盖	1	HT200	
10	键5×5×16	1	45	GB/T 1096—2003		1	螺钉M6×16	6	Q235A	GB/T 70.1—2008
9	螺塞	1	Q235A			序号	零件名称	数量	材料	备注
8	填料	1	半粗毛毡							
7	泵体	1	HT200				齿轮油泵		比例	
6	垫片	1	工业用纸						重量	
5	销5 m6×20	2	Q235A	GB/T 119.1—2000		制图				
						校核				

零件9B

零件7C

2-M6-6H
深10

ϕ22

R1

42

分利用相关资料，如模型、零件图（本例中主动齿轮轴 4、泵盖 2、泵体 7 的零件图已在本篇第三章介绍过）等帮助读图。

分析零件的思路（步骤）有两种，一种是从明细栏入手，按零件序号—零件名称—零件视图（各种视图）—零件的结构形状，这一顺序逐个搞清各个零件的结构、作用及相互关系；另一种思路是，从反映零件相对位置清楚的视图（零件序号多集中在此图上）入手，根据零件的主次关系或相邻关系，按零件视图—零件序号—明细栏—零件名称—零件其他视图—零件的结构形状，这一顺序读懂各个零件。

本例按第二种思路分析。泵体 7 与泵盖 2 合为一体，在它们形成的空腔里安放一对互相啮合的齿轮，即主动齿轮轴 4 和从动齿轮轴 3，传动齿轮 11 通过键 10 与主动齿轮轴 4 联为一体。以上是主体结构。

其他零件为：6 个螺钉 1 用于连接泵体 7 和泵盖 2，两根圆柱销 5 用于螺钉 1 前，先将泵体 7 和泵盖 2 定位；垫片 6 和填料 8 用来防止漏油，螺塞 9 用于压紧填料 8；挡圈 12 和沉头螺钉 13 用于固定传动齿轮 11，防止其脱落。

通过对泵体 7 深入的分析可以看出，油泵前部的进油孔为螺纹密封的管螺纹；油泵后部的出油孔为光圆孔，凸台上两个螺钉孔用来连接出油管，并将油泵固定在其他设备上。

（四）总结归纳

搞清工作原理、拆装顺序。

通过对各个零件和整个装配体的分析，不难看出齿轮油泵的工作原理为：传动齿轮 11 传入动力，带动主动齿轮和从动齿轮转动。两齿轮的啮合处紧密贴合，油不能通过。因此，通过轮齿的运动，油从入口吸入，从出口压出。油泵的工作原理如图 4.4.4 所示。

零件安装顺序：先将主动齿轮轴 4 从左端装入泵体 7，并装入从动齿轮轴 3；装入垫片 6 和泵盖 2，先用圆柱销 5 定位，然后用螺钉 1 紧固；再从右端装入填料 8，旋紧螺塞 9；最后装入键 10、传动齿轮 11，并用挡圈 12、沉头螺钉 13 固定。

至此完成了齿轮油泵装配图的读图过程。读者可以参照图 4.4.5 所示的齿轮油泵立体图加以验证。

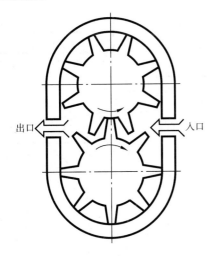

图 4.4.4　齿轮油泵工作原理图

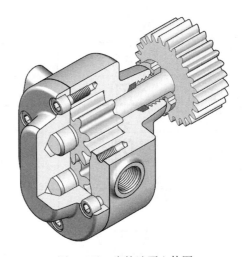

图 4.4.5　齿轮油泵立体图

第四节　机构运动简图

机构运动简图是用规定符号画出机构运动的图样。因为零件或部件是用简单的符号表示的，所以机构运动简图具有图形简单、易画、易懂的特点。

机构运动简图主要用于表达机器或机构的工作原理，以及说明构成该机器或机构的重要零件和部件。

常用的机构运动简图符号见表 4.4.1（GB/T 4460—2013）。

表 4.4.1　机构运动简图符号摘录

名　称	基本符号	可用符号	名　称	基本符号
轴、杆		—	机架	
组成部分与轴（杆）的固定连接			压缩弹簧	
圆柱齿轮			联轴器	
			可控离合器	
圆柱齿轮传动			制动器	
圆锥齿轮			带传动	
向心滚动轴承				
推力滚动固轴承			链传动	
向心推力滚动轴承				
齿条传动				

图 4.4.6 所示为钢筋切断机运动简图。

工作原理：电动机提供动力，经过皮带轮传动、齿轮传动降低转速，曲轴将旋转运动变为直线往复运动，并带动滑块；活动刀与固定刀相对运动切断钢筋。

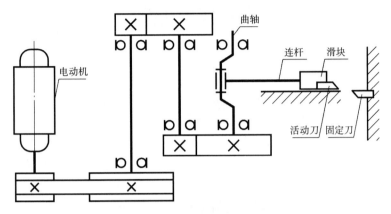

图 4.4.6　钢筋切断机运动简图

参考文献

［1］杨桂林. 工程制图［M］. 北京：中国铁道出版社，2013.

［2］尚云东. 土木工程识图［M］. 北京：高等教育出版社，2010.

［3］毛之颖. 机械制图［M］. 北京：高等教育出版社，2007.

［4］杨桂林. 工程制图及 CAD［M］. 北京：中国铁道出版社，2007.

［5］国家铁路局. 铁路工程制图标准：TB/T 10058—2015［S］. 北京：中国铁道出版社，2015.

［6］住房和城乡建设部. 房屋建筑制图统一标准：GB/T 50001—2017［S］. 北京：中国建筑工业出版社，2017.

［7］国家市场监督管理总局，国家标准化管理委员会. 几何公差形状、方向、位置和跳动公差标注：GB/T 1182—2018［S］. 北京：中国标准出版社，2018.

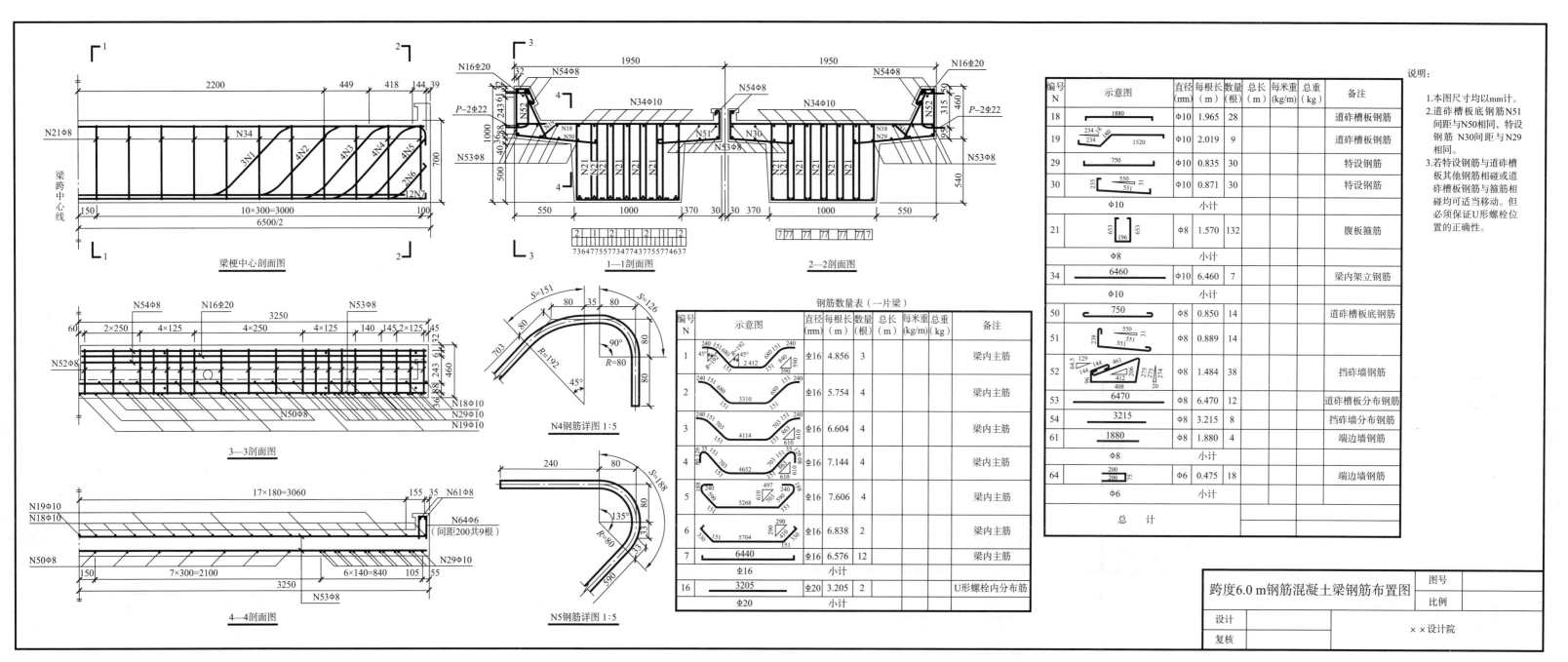

图3.2.24 钢筋混凝土梁的钢筋布置图

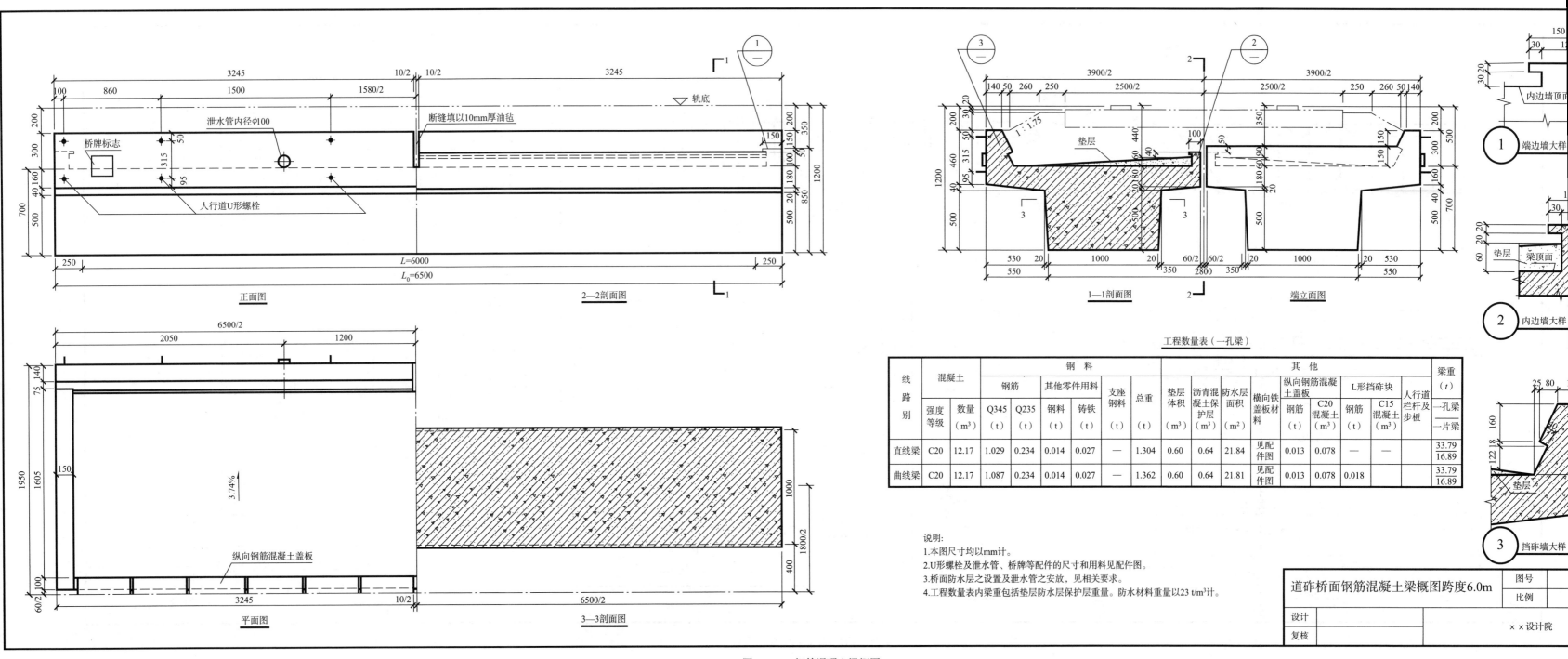

工程数量表（一孔梁）

线路别	混凝土		钢 料						其 他								梁重 (t)
			钢筋		其他零件用料		支座钢料	总重	垫层体积	沥青混凝土保护层	防水层面积	横向铁盖板材料	纵向钢钢筋混凝土盖板		L形挡砟块		人行道栏杆及步板	
	强度等级	数量 (m³)	Q345 (t)	Q235 (t)	钢料 (t)	铸铁 (t)	(t)	(t)	(m³)	(m³)	(m²)		钢筋 (t)	C20混凝土 (m³)	钢筋 (t)	C15混凝土 (m³)		一孔梁 一片梁
直线梁	C20	12.17	1.029	0.234	0.014	0.027	—	1.304	0.60	0.64	21.84	见配件图	0.013	0.078	—	—		33.79 16.89
曲线梁	C20	12.17	1.087	0.234	0.014	0.027	—	1.362	0.60	0.64	21.81	见配件图	0.013	0.078	0.018			33.79 16.89

说明:
1.本图尺寸均以mm计。
2.U形螺栓及泄水管、桥牌等配件的尺寸和用料见配件图。
3.桥面防水层之设置及泄水管之安放,见相关要求。
4.工程数量表内梁重包括垫层防水层保护层重量。防水材料重量以23 t/m³计。

道砟桥面钢筋混凝土梁概图跨度6.0m

图号
比例
设计
复核	××设计院

图3.2.22 钢筋混凝土梁概图

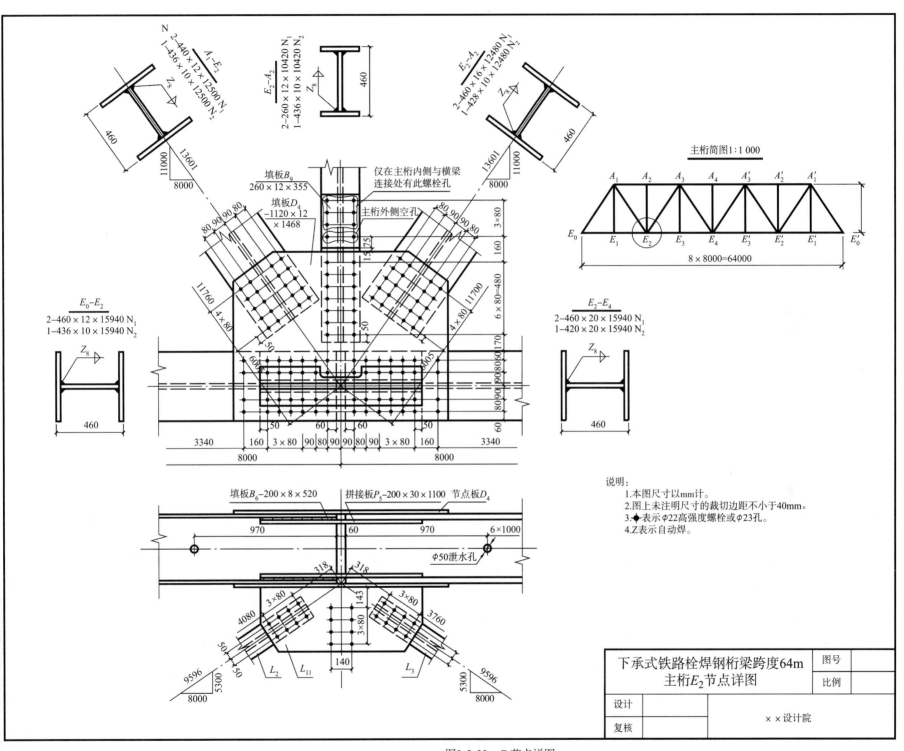

图3.2.32 E₂节点详图

主桁简图1:1000

A_1 A_2 A_3 A_4 A'_3 A'_2 A'_1

E_0 E_1 E_2 E_3 E_4 E'_3 E'_2 E'_1 E'_0

$8 \times 8000 = 64000$

N
$A_1 - E_2$
2-440 × 12 × 12500 N_1
1-436 × 10 × 12500 N'_2

$E_2 - A_2$
2-260 × 12 × 10420 N_1
1-436 × 10 × 10420 N'_2

$E_2 - A_2$
2-460 × 16 × 12480 N_1
1-428 × 10 × 12480 N'_2

$E_0 - E_2$
2-460 × 12 × 15940 N_1
1-436 × 10 × 15940 N_2

$E_2 - E_4$
2-460 × 20 × 15940 N_1
1-420 × 20 × 15940 N_2

填板B_9
260 × 12 × 355

填板D_4
-1120 × 12 × 1468

仅在主桁内侧与横梁连接处有此螺栓孔

主桁外侧空孔

填板B_6-200 × 8 × 520

拼接板P_5-200 × 30 × 1100 节点板D_4

ϕ50泄水孔

说明:
1.本图尺寸以mm计。
2.图上未注明尺寸的裁切边距不小于40mm。
3.◆表示φ22高强度螺栓或φ23孔。
4.Z表示自动焊。

下承式铁路栓焊钢桁梁跨度64m
主桁E_2节点详图

图号
比例

设计
复核

× ×设计院

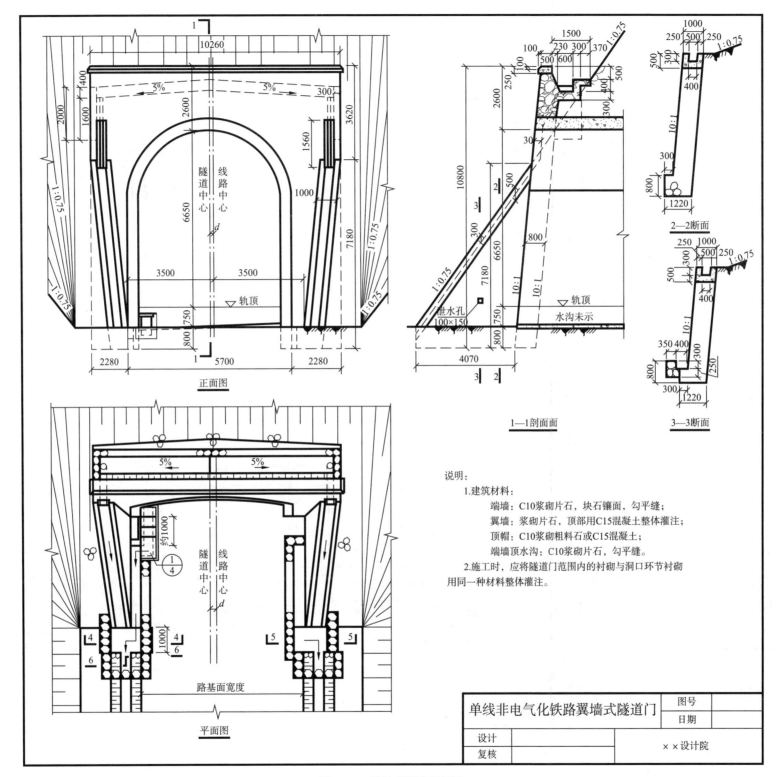

正面图

平面图

1—1剖面面

2—2断面

3—3断面

说明:
1.建筑材料:
  端墙:C10浆砌片石,块石镶面,勾平缝;
  翼墙:浆砌片石,顶部用C15混凝土整体灌注;
  顶帽:C10浆砌粗料石或C15混凝土;
  端墙顶水沟:C10浆砌片石,勾平缝。
2.施工时,应将隧道门范围内的衬砌与洞口环节衬砌
用同一种材料整体灌注。

单线非电气化铁路翼墙式隧道门	图号	
	日期	
设计		××设计院
复核		

图3.4.2 翼墙式隧道洞门图

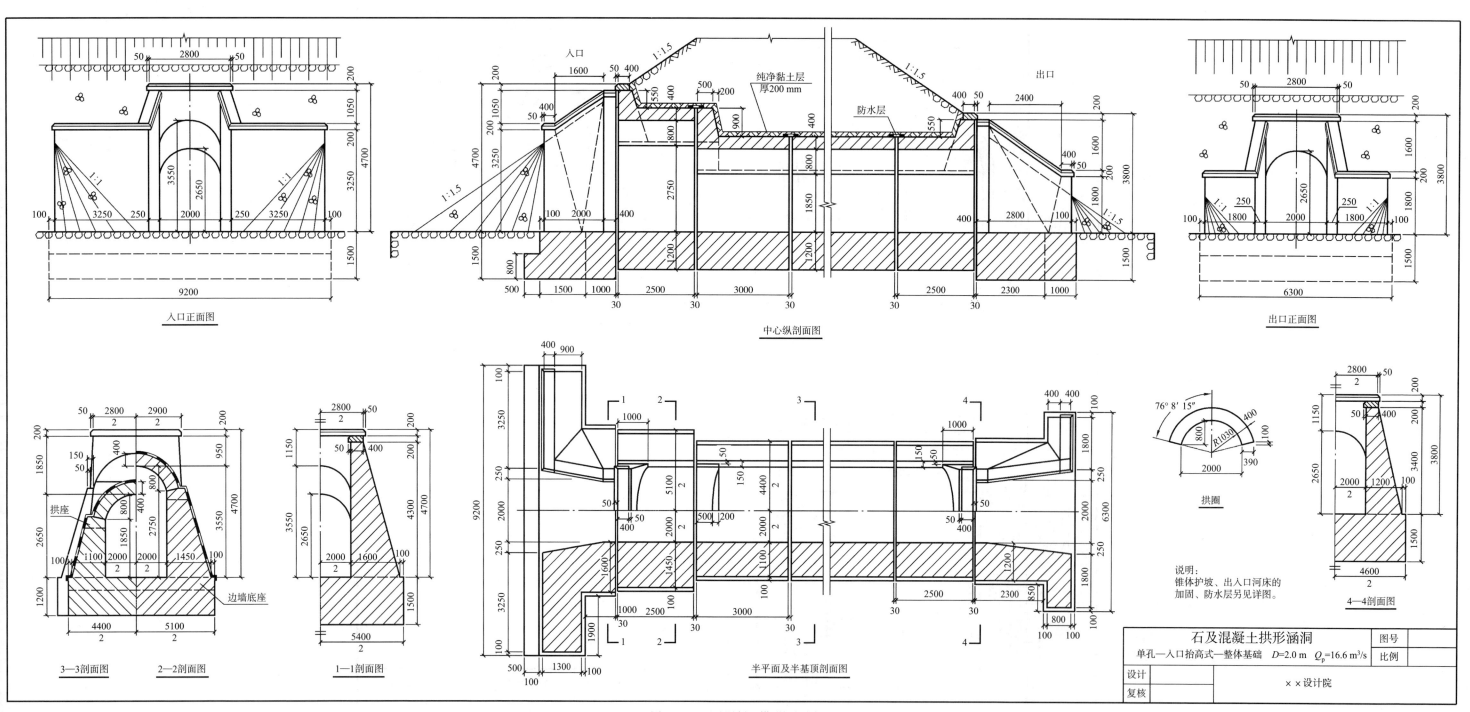

图3.3.4 石及混凝土拱形涵洞图